ZHONGGUO YINGYOU'ER PEIFANG RUFEN
ZHILIANG ANQUAN FAZHAN YANJIU BAOGAO

中国婴幼儿配方乳粉
质量安全发展研究报告

毛文娟 主 编

华 欣 廖振宇 副主编

经济日报 出版社

图书在版编目（CIP）数据

中国婴幼儿配方乳粉质量安全发展研究报告／毛文娟主编. -- 北京：经济日报出版社，2017.8

ISBN 978 - 7 - 5196 - 0189 - 8

Ⅰ. ①中… Ⅱ. ①毛… Ⅲ. ①婴幼儿 - 乳粉 - 食品安全 - 研究报告 - 中国 Ⅳ. ①TS252.7

中国版本图书馆 CIP 数据核字（2017）第 206880 号

中国婴幼儿配方乳粉质量安全发展研究报告

作　　者	毛文娟
责任编辑	张　莹
责任校对	徐建华
出版发行	经济日报出版社
社　　址	北京市西城区白纸坊东街 2 号 A 座综合楼 710
邮政编码	100054
电　　话	010 - 63567683（编辑部）
	010 - 63588446　63567692（发行部）
网　　址	www. edpbook. com. cn
E - mail	edpbook@ 126. com
经　　销	全国新华书店
印　　刷	北京京华虎彩印刷有限公司
开　　本	710 × 1000 mm　1/16
印　　张	17. 75
字　　数	286 千字
版　　次	2017 年 8 月第一版
印　　次	2017 年 8 月第一次印刷
书　　号	ISBN 978 - 7 - 5196 - 0189 - 8
定　　价	52. 00 元

序　言

　　人们至今都不会忘记 2003 年安徽阜阳劣质奶粉引发的"大头娃娃"和 2008 年河北石家庄三鹿奶粉三聚氰胺污染事件，这些奶粉质量安全重大事件带来了严重的后果和惨痛的教训，重挫了中国奶业，也导致国产婴幼儿奶粉失去了消费者的信任。对于"一切为了孩子"的家长来说，最关注婴幼儿奶粉质量安全，很多家长不愿意购买国产婴幼儿奶粉，洋奶粉大举进入国内市场，有些消费者开启了海外代购之旅，还由此引发了荷兰、香港等国家和地区游客奶粉抢购风波。面对严酷的现实，中国婴幼儿奶粉行业必须浴火重生，一定要让祖国的下一代喝上国产好奶粉，政府很重视，国民在期盼。

　　天津科技大学"食品安全治理与社会责任研究"青年学术团队是一支年轻的科研队伍，近年来致力于奶业食品安全研究，围绕中国婴幼儿配方乳粉质量安全问题开展了系列研究并取得了多项成果，获得教育部人文社会科学研究项目等课题资助。这本《中国婴幼儿配方乳粉质量安全发展研究报告》是该团队近期研究成果的一部分，以婴幼儿配方乳粉质量安全为切入点，从乳制品行业环境及现状、产业组织与供应链、企业行为与社会责任、消费者认知及网络信息等多个视角进行了全面系统性的分析，得出了有意义的观点和研究结论，该成果填补了我国婴幼儿配方乳粉质量安全研究领域的空白，具有学术意义和实用参考价值。

　　全书共分为九章，通篇围绕婴幼儿配方乳粉质量安全问题展开分析。第一章利用资料数据分析了行业环境与市场格局，展示了近些年乳粉市场格局的变化；第二章分析了质量安全状况和风险因素，阐述了企业风险管理要点及管理过程；第三章介绍了相关政策法规、监管体制及标准体系；第四章对行业利益主体、产业链运行机制、组织模式以及行业竞争结构进行了深入分析；第五章对加工企业的原料生鲜乳采购垄断问题进行探讨，并借鉴国外经验提出了我国

1

生鲜乳供应链安全对策建议；第六章通过理论和案例事件对企业战略性并购与质量安全进行分析，探讨了资产专用性、纵向一体化与并购效应；第七章分析了企业社会责任会计与财务状况之间的关系，探讨了食品安全事件导致企业财务风险问题；第八章进行了消费者质量安全信息认知问卷调查和数据分析，讨论了消费者信息需求与供给、认知维度和供需匹配，研究了消费者网络搜寻行为、信息的评价和持续搜寻行为；第九章对网络舆情的总体现状进行把握和分析，例举了网络舆情典型案例事件，探讨了网络舆情构成要素、网络舆情分析模型及引导策略等。本书通过大量详实的数据和案例对婴幼儿配方乳粉质量安全问题进行了深入的探讨，力求呈现给读者一个全面而有意义的婴幼儿配方乳粉质量安全发展研究报告，体现了作者严谨的学风和解民生之忧的科学精神。

两年前，我从中国农业大学经管学院退休后被天津科技大学聘任为食品安全战略与管理研究中心研究员，初识"食品安全治理与社会责任研究"青年学术团队。当时一群青年教师正围坐会议桌前进行课题研讨，团队带头人毛文娟老师组织大家发言讨论，学术气氛十分活跃。这个青年学术团队的教师分别来自经管学院、法学院、食品学院等多个院系，是多学科交叉型团队，伙伴们定期集中在一起交流，集思广益，互帮互学。我很欣赏这种有利于年轻教师成长的学术团队模式，应邀加入其中充当了一个大伙伴的角色，和小伙伴们在一起讨论问题成为我的一种乐趣和精神享受。

食品安全任重道远，需要全社会的共同努力。本书选题具有理论和现实意义，研究视角新颖、内容丰富，从理论和实证上对中国婴幼儿配方乳粉质量安全相关问题做了深入分析和系统论证，具有可读性和学术参考价值，不失为一本优秀的专业书籍，特向读者推荐。我相信本书的出版将为同行研究者和乳品行业人士提供有价值的参考，为推动中国现代奶业发展，促进企业乳品质量安全水平提升，恢复消费者的信心发挥积极的作用。

中国农业大学经管学院博士生导师

安玉发

2017 年 6 月

前　言

民以食为天，食以安为先。食品安全是关乎国民公共健康、经济可持续发展和社会和谐稳定的重大问题。随着我国人民生活水平的普遍提升，人们所需食品的数量、种类和层次都发生了很大的变化，从而对食品的生产质量、安全质量都提出新的要求，也为政府监管带来新的挑战。我国新生儿每年平均1400万左右，1~3岁婴幼儿超过4 800万，乳粉是这一特殊营养需求群体除母乳以外的唯一营养来源，具有不可替代性，所含营养素的数量、质量和均衡都对婴幼儿发育及未来成长至关重要，因此经常成为政府和民众关注的焦点。首先，乳粉质量直接关系到婴幼儿的身体健康和生命安全。婴幼儿时期是一生中身体和智力发育最为迅速的时期，这一关键时期营养素摄入的数量和质量将对其未来产生重大影响，而由于婴幼儿自身代谢系统发育尚未完全，对营养素的摄入要求全面均衡；其次，婴幼儿的生命健康关系到千家万户的幸福，婴幼儿的生命健康关系到未来社会公民的身体素质和精神素质的发展，因此成为一个社会性问题；再次，乳粉质量安全问题关系到生产经营企业的生死存亡，决定着整个行业能否健康可持续发展；最后，乳粉行业的兴衰影响其上游的现代农业的发展。

我国婴幼儿配方乳粉产生于20世纪70年代中期的内蒙古和黑龙江地区。1998年1月，我国实施首个关于婴幼儿乳粉的国家标准，规定了婴幼儿配方乳粉的技术要求、试验方法、检验规则及产品的标签、包装、贮存及运输要求，填补了国内婴幼儿配方乳粉执行标准上的空白。2011年4月，新的婴幼儿配方乳粉国家标准开始实施，分为婴儿配方食品安全标准、较大婴儿和幼儿食品安全标准两个类别。由于我国生活习惯和西方发达国家存在差异，传统上我国婴幼儿母乳喂养更为普遍。20世纪80年代对外开放以来，一方面中西方生活习俗互相交融，一方面国内生活水平提高，生活节奏加快，导致母乳喂养率下降，由此催生了国内对婴幼儿配方乳粉的大量需求，国内生产大幅增加，国外著名品牌如雀巢，也开始进入我国市场。然而，十几年前安徽假奶粉导致的"大头娃娃"事件和河北三鹿奶粉的三聚氰胺事件，导致国产乳粉的声誉大幅下降，市场遭到重创，国外婴幼儿配方乳粉趁虚而入，赢得消费者信任，占领了我国婴幼儿乳粉市场的半壁江山。事实上，我国食品药品监管部门对婴幼儿配方乳粉进行了严格的监管。2013 年 6 月，国家 9 部门联合下发了《关于进一步加强婴幼儿配方乳粉质量安全工作的意见》，要求我国婴幼儿配方乳粉参照药品管理的有关措施严格生产许可，并参照药品生产企业 GMP 认证模式；生产企业全面实施粉状婴幼儿配方食品良好生产规范；建立婴幼儿配方乳粉产品配方、原辅料使用备案制度；推行婴幼儿配方乳粉电子信息化管理，努力实现产品全程可查询、可追溯；加强流通领域经营单位许可管理，严格审核经营条件。

我们不禁有所疑问：现阶段我国婴幼儿配方乳粉的质量安全状况究竟怎样？我国消费者对婴幼儿配方乳粉的质量安全是如何认知的？婴幼儿配方乳粉生产企业经营对其质量安全有何影响？我国的婴幼儿配方乳粉市场如何实现可持续发展和良性竞争？这些关系到国民健康、企业和行业发展、市场运行的重要问题必须得以厘清、剖析并进行风险预判和提前防范。这正是本书编纂的意义所在。

要想呈现给广大读者一部我国婴幼儿配方乳粉质量安全发展报告，需要具备厚植的理论基础，多维的研究角度，宽广的研究范围，翔实的数据信息，以此赋予这份报告的实用价值与理论意义。对此，本书作者的用心体现在研究内容上：从婴幼儿配方乳粉的生产过程角度，论述了生鲜乳的采购与供应链、我国婴幼儿配方乳粉的市场环境、进出口贸易、产业组织、质量安全及风险状况；从乳粉生产企业的角度，分析了我国婴幼儿配方乳粉厂商的并购对质量安全的影响、企业社会责任的履行、企业生产成本与质量安全的相互关联；从政府监管角度，阐述了我国婴幼儿配方乳粉发展的制度环境、消费者对产品质量安全的认知行为以及产品质量安全的网络舆情分析。同时，本书特别关注了我国消费者对婴幼儿配方乳粉质量安全信息的认知、搜寻和评价以及网络舆情，探寻了现阶段我国婴幼儿配方乳粉消费者的信息处理的基本规律；在研究方法上，本书基于产业组织理论、消费者行为理论、利益相关者理论，采用了层次分析法、结构方程模型、阶层多元回归分析的方法，处理真实数据，剖析典型案例，探寻保证我国婴幼儿配方乳粉质量安全的有效路径。

　　本书的作者团队是一支充满活力、对我国婴幼儿食品安全充满责任心的队伍，其中还有正在哺育婴幼儿的年轻妈妈，她们多年来跟踪婴幼儿配方乳粉的生产、销售和监管，既是消费者又是研究者，对该研究选题具有亲身感受和发言权，在调研的同时也加入了自己的思考，这就进一步增加了研究的信度和深度。纵观我国近年来关于婴幼儿配方乳粉的研究，技术层面研究的常见，而社科层面的专门研究很少，对该问题的生产、销售、舆情分析、企业社会责任等较为全面的综合研究就更少。特别是探索消费者、生产者、政府监管部门有效进行食品安全风险交流、实现食品安全多元社会共治的路径和方式方法的研究极为鲜见，也正是本书的创新点所在。

　　鉴于作者水平和精力，书中疏漏在所难免，敬请广大读者批评指正，不吝赐教。欢迎读者和同行来函或当面与我们共同探讨我国婴幼儿配方乳品的质量安全问题，对此我们求之不得。

天津科技大学经济与管理学院院长

华　欣

2017 年 6 月

目　录

第一章　婴幼儿配方乳粉的市场环境与进出口格局分析

一、婴幼儿配方乳粉行业经济运行情况

中国婴幼儿配方乳粉市场大致经历了三个发展阶段：第一阶段是2000—2007年，中国乳粉市场经历快速发展期，城市化带来母乳喂养率降低等因素，促使乳粉消费量快速增长；第二阶段是2008—2012年，著名的三聚氰胺事件冲击国内乳粉市场，而洋乳粉受到热捧；第三阶段2013年—至今，跨境电商等低价进口乳粉的销量冲击原有的乳粉体系，国家出台政策严格把控国内乳粉质量，鼓励进一步形成强强联合的乳企。虽然过去的婴幼儿配方乳粉市场发展坎坷，但随着国家兼并重组乳粉企业及国家二胎政策的出台，国内市场将会逐渐回暖，乳粉市场前景可观，值得期待。

（一）乳制品①行业发展现状

1. 乳制品产量逐年攀升

2015年，全国奶类总产量达到3883.7万吨，仅次于印度和美国，居世界第三位，其中，牛奶产量3758.3万吨，比2005年增长1005万吨，年平均增长率为2.87%。2015年，全国乳制品产量达到2781.5万吨，其中液态奶②产量2521万吨，比2005年增长1374.35万吨，年平均增长率为8%；乳粉产量

---

① 广义的乳制品指以生鲜牛（羊）乳及其制品为主要原料，经加工制成的产品。根据我国食品工业标准体系，乳制品按制造工艺分为六大类：液体乳类、乳粉类（含婴幼儿配方乳粉）、炼乳类、乳脂肪类、干酪类、其他乳制品类。

② 液态奶是由健康奶牛所产的鲜乳汁，经有效的加热杀菌处理后，分装出售的饮用牛乳。根据国际乳业联合会（IDF）的定义，液体奶（液态奶）是巴氏杀菌乳、灭菌乳和酸乳三类乳制品的总称。

118.56 万吨，比 2005 年增长 71.4 万吨，年平均增长率为 8.74%。2015 年全国奶牛存栏数 1468.5 万头，比 2007 年增长 249.6 万头，年平均增长率 2.09%；奶牛平均单产 6000 千克，比 2005 年增长 2109 千克，年平均增长率 4.02%。

我国 2005—2015 年奶类总产量、牛奶产量、乳制品产量、液态奶产量、乳粉产量、奶牛存栏和奶牛平均单产的变化趋势见图 1-1、图 1-2。

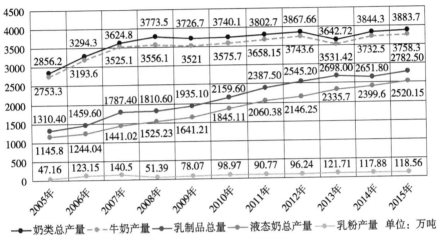

图 1-1 2005—2015 年我国奶类、牛奶、乳制品、液态奶、乳粉产量变化趋势

数据来源：中国奶业质量报告（2016）

图 1-2 2005—2015 年我国奶牛存栏和平均单产

数据来源：中国奶业质量报告（2016）

2. 乳制品价格逐年上扬

（1）乳制品原料生鲜乳收购价格持续上涨

从 2008 年三聚氰胺事件后，国内乳粉市场一片狼藉，乳粉产量低迷，作为乳制品的原料生鲜乳也成为了供大于求的产品，因此在 2009 年迎来了生鲜乳的最低价 2.45 元/千克，但是随着乳粉市场的回暖，原料奶的价格也开始复苏，一路上涨。而在 2015 年生鲜乳价格又开始了下跌，究其原因，是洋牛奶、洋乳粉疯狂涌入冲击了国内市场，危及了养牛业。2014 年液态奶进口量达 28万吨，而在 2005 年才只有 3800 吨，从 2010 年开始，仅 4 年的时间进口量就增长了 10 多倍。另外，大包装洋乳粉进口也在逐年增加。而且国际进口乳粉的价格从 2013 年 4 月就不断下滑，从 5.5 万元一吨降到了目前 1.9 万元一吨，国内乳业企业当时不断囤货，造成库存太多，资金被占用，只能减少国内的收购量。2008—2015 年主产省区①生鲜乳平均价格趋势见图 1 - 3。

图 1 - 3　2008—2015 年主产省区生鲜乳平均价格趋势

数据来源：农业部

　　据农业部对河北、山西、内蒙古等 10 个生鲜乳主产省（自治区）的调查数据，2015 年我国生鲜乳平均每公斤价格从年初 1 月份的 3.48 元逐渐下降到5 月份的 3.40 元之后又开始上涨，到 12 月达到全年最高，每公斤 3.54 元。2015 年生鲜乳平均收购价具体变化趋势见图 1 - 4。

---

① 注：生鲜乳主产省统计范围是：河北、山西、内蒙古、辽宁、黑龙江、山东、河南、陕西、宁夏、新疆。2014 年 10 省（区）生鲜乳产量占全国的 78.0%。

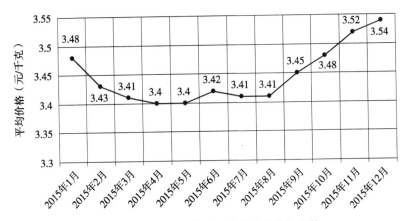

图 1－4　2015 年生鲜乳平均收购价变化趋势

数据来源：农业部

（2）乳制品零售价格呈上升趋势

2015 年，受生鲜乳收购价格影响，乳制品年均价格总体呈上升趋势。根据农业部发布的监测数据，2015 年 12 月，牛奶平均每升的零售价格为 11.13 元，比 2009 年提高 3.32 元，年平均增长率为 5.19%；酸奶平均每升的零售价格为 13.99 元，比 2009 年提高 4.22 元，年平均增长率为 5.26%。12 月份，国内市场乳粉平均零售价格每斤 93.46 元，同比涨 1.3%。其中，进口乳粉价格每斤为 107.79 元，同比涨 1.8%；国产乳粉价格每斤为 79.14 元，同比涨 0.6%。2009—2015 年牛奶、酸奶平均零售价格变化趋势见图 1－5。

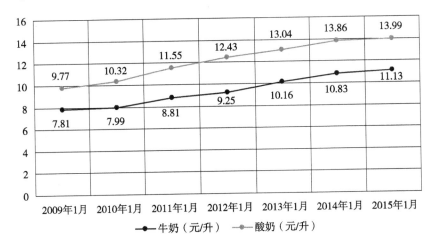

图 1－5　2009—2015 年牛奶、酸奶平均零售价格变化趋势

数据来源：wind 资讯

3. 乳制品销量逐年上涨

近 10 年，我国乳制品销售额呈现逐年上涨趋势，但销售增长率却呈现波动下降趋势。具体原因一方面是由于经济下行，消费者对乳制品的需求减少，另一方面是由于国外乳制品大量进口对国内乳制品行业造成巨大的冲击。

2015 年，较高的乳制品销售价格影响了消费的增长，再加上优质低价的进口产品的冲击，国内乳制品销售，尤其是乳粉的销售出现困难。2015 年年底，乳制品行业销售总额为 3328.52 亿元，同比增长 0.93%；利润总额为 241.65 亿元，同比增长 7.25%。由图 1-6 可以看出，2005—2015 年乳制品销售总额与利润总额总体呈上升趋势，但由于三聚氰胺事件的发生，2008 年乳制品利润总额明显下降，2008 年以后随着国家监管力度的不断增强以及乳制品行业生产的日益规范，消费者对国产乳制品信心逐渐提升，因而销售总额和利润总额开始上升，但 2015 年国内乳制品销售总额与利润总额增速明显下降。2005—2015 年乳制品企业利润总额、利润增长率变化趋势见图 1-7。

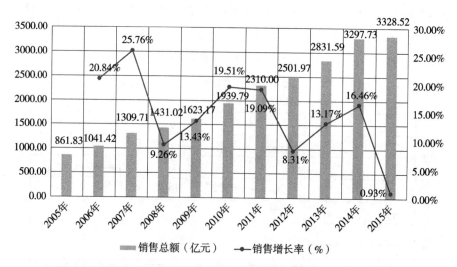

图 1-6　2005—2015 年乳制品企业销售总额、销售增长率变化趋势

数据来源：wind 资讯

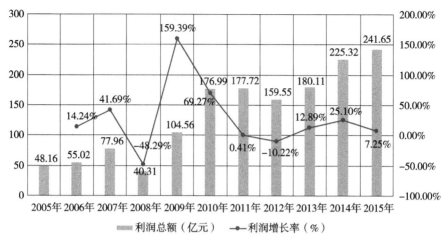

图 1-7 2005—2015 年乳制品企业利润总额、利润增长率变化趋势

数据来源：wind 资讯

（二）婴幼儿配方乳粉市场发展现状

1. 产能供给过剩，市场需求呈明显下滑趋势

2015 年全国婴幼儿配方乳粉年产量 100 万吨左右，其中境内生产加工约 70 万吨，原装小包装成品进口 17.5972 万吨（同比增长 45%），境外代购、海淘、网购、入境自带等 13 万吨；婴幼儿年均消费乳粉 22 公斤。2006 年到 2015 年，我国婴幼儿配方乳粉销售额呈逐年上涨趋势，但销售增长率却呈现下降趋势。究其原因，一方面是近年来由出生率的下降所引起的乳粉消费需求下降，另一方面是由于国外乳粉快速增长，对国内乳粉造成很大的冲击。"原装进口"和"有机奶"，已经成为 2015 年婴幼儿配方乳粉市场最显著的卖点。大型超市、母婴店、电商平台三大市场格局已基本形成。

据智研咨询发布的《2016—2022 年中国婴幼儿配方乳粉行业运营态势与投资战略咨询报告》，2015 年我国婴幼儿乳粉的市场规模约为 800 亿元（出口价口径），占全国乳品加工业总产值的 25%，比 2014 年同比下滑约 9%，2014 年以前行业保持较快增长，增速超过 20%，2006 年的市场规模为 200 亿元，2013 年达到最高点，约 900 亿元，增长超过 3 倍，年复合增长率将近 25%。2000—2016 年中国乳粉总消费量增长率变动趋势见图 1-8。

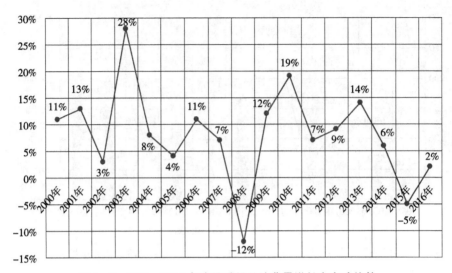

图1-8 2000—2016年中国乳粉总消费量增长率变动趋势

数据来源：360智库

近5年来，新生婴幼儿数量增长稳定，均维持在1600万～1700万，但随着全面二胎政策的放开，或将带动人口增量和新一轮的消费红利。婴幼儿配方乳粉需求下滑的趋势也将会得到改善。2000—2015年中国新生婴幼儿数量见图1-9。

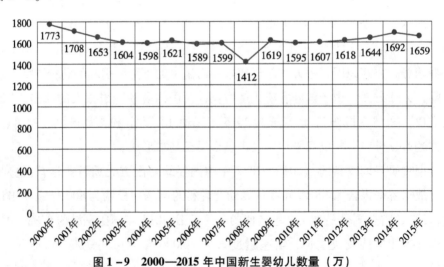

图1-9 2000—2015年中国新生婴幼儿数量（万）

数据来源：360智库

2. 销售渠道以母婴店和电商平台为主

2014 年，母婴店、超市、电商销售渠道分别占比 42%、30%、28%，其中母婴店比 2011 年提升 6%，电商提升 13%，而且据统计，电商销售前几大品牌均为海外品牌。未来几年内，由于婴幼儿配方乳粉的主要消费群体将集中于 85 后、90 后，作为线上交易的主要使用者，他们将进一步推动电商渠道在乳粉市场的占有率。据估计，到 2018 年，电商渠道将会成为行业第一大销售渠道，占乳粉市场 49% 以上的份额。乳粉销售渠道分布见图 1 – 10。

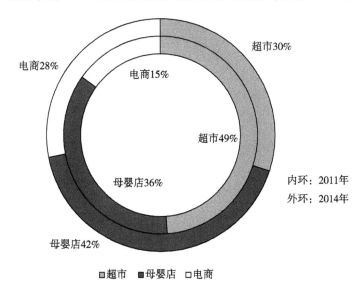

图 1 – 10　乳粉销售渠道分布

数据来源：国家统计局，统计公报

3. 原装乳粉进口增速放缓

2015 年原装婴幼儿配方乳粉进口量占乳制品进口量的 10%，仅仅比 2009 年提高两个百分点，鲜奶进口由 2009 年的 2% 提高到 26%，但与此同时，乳清粉与乳粉进口量均有不同程度的下降，其中乳清粉下降 21%，乳粉下降 7%。各类乳制品进口量占乳制品总进口量百分比变化见图 1 – 11。

2008 年是我国婴幼儿配方乳粉的分水岭，2007 年，国产品牌占据 60% 的市场份额，其中伊利、圣元等品牌稳稳占据了中高端市场，三鹿、完达山等品牌则固守中低端市场，而国外品牌主要定位于高端市场。

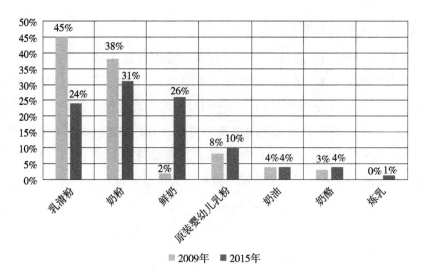

图1-11 各类乳制品进口量占乳制品总进口量百分比变化图

数据来源：中国海关

导致进口乳粉占比不断提升的重要原因在于2008年三聚氰胺事件的爆发。随着当时的国产乳粉龙头三鹿的破产，消费者对于国产乳粉的信心大幅下降，进口乳粉品牌大幅替代国产乳粉，进口乳粉品牌占比曾经最高达60%左右。但是随着之后乳粉行业逐渐规范，消费者信心逐渐恢复，国产乳粉份额开始逐渐回归，当前进口乳粉增速已逐渐放缓。婴幼儿配方乳粉国内外品牌市场份额分布见图1-12。

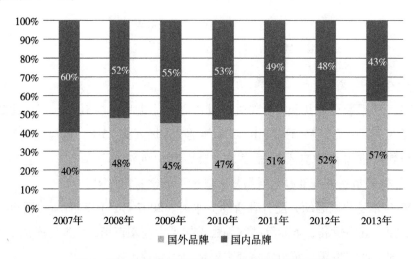

图1-12 婴幼儿配方乳粉国内外品牌市场份额分布

数据来源：中国海关

4. 行业集中度将进一步提高

2007 年中国配方乳粉零售的前三大品牌三鹿、伊利、完达山占据的市场份额就已超过 40%，而 2015 年中国婴幼儿配方乳粉零售的前 10 大品牌市场份额合计接近 75%，其中包括 6 个国际品牌（美赞臣、惠氏、雅培、雀巢、美素佳儿和多美滋），还有 4 个国产品牌（贝因美、合生元、伊利以及雅士利），不难看出，海外乳粉品牌地位强势，而且中国乳粉行业的品牌集中度低。

但是随着新《食品安全法》和《婴幼儿配方乳粉配方注册管理办法》等一系列政策法规的出台，以及工信部、发改委等制定的《推动婴幼儿配方乳粉企业兼并重组工作方案》的发布，我国婴幼儿配方乳粉市场的行业集中度越来越高。

工信部消费品工业司食品处处长张军在婴幼儿配方乳粉企业兼并重组工作座谈会上表示，"目前，国内品牌前 10 家企业行业集中度已经超过了 65%，2018 年的目标应该可以实现。"距工信部、发改委等制定的《推动婴幼儿配方乳粉企业兼并重组工作方案》的发布已过去 4 年，目前中期的目标也已经基本完成。该方案要求到 2015 年底，我国力争形成 10 家左右年销售额超过 20 亿元的大型婴幼儿配方乳粉企业集团，前 10 家企业的集中度达到 65%；到 2018 年底，形成 3~5 家年销售额超过 50 亿元的大型婴幼儿配方乳粉企业集团，前 10 家企业的集中度超过 80%。

一系列政策法规的出台将有助于清理国内市场的婴幼儿配方乳粉品牌，淘汰一部分质量不达标的企业，同时加快婴幼儿配方乳粉行业兼并重组的速度。在这些政策法规的影响下，多家企业参与了兼并重组，如伊利、蒙牛等乳企通过收购、控股等形式进行兼并重组活动。国内乳粉行业出现了多起行业并购整合事件，如蒙牛收购雅士利、圣元收购育婴博士、飞鹤收购艾贝特乳业等。

二、婴幼儿配方乳粉的进出口状况

（一）乳制品行业进出口状况

从进口数量及金额来看，三聚氰胺事件发生后，消费者对国产乳制品的信任下降，这在一定程度上导致进口乳制品数量逐年递增，从 2008 年的 70.1 万吨开始增长，到 2014 年达到最高值 361.6 万吨，2015 年乳制品进口数量在 2008 年之后首次出现下滑，全年乳制品进口 311.46 万吨，较 2014 年同比下降 13.87%。2015 年乳制品进口金额 60.89 亿美元，较 2014 年同比下滑 52.48%。其中，鲜奶、乳粉、乳清、干乳制品、液态奶进口量较大。2008—2015 年乳制品进口数量变化趋势、2008—2015 年乳制品进口金额变化趋势见图 1 – 13、1 – 14。

图 1 – 13 2008—2015 年乳制品进口数量变化趋势

数据来源：中国海关

图 1 – 14 2008—2015 年乳制品进口金额变化趋势

数据来源：中国海关

从进口来源看，新西兰是我国最大的乳制品进口来源地，其次是美国、德国、澳大利亚和法国，2015 年我国分别从这些国家进口乳制品 124.96 万吨、

52.52 万吨、47.87 万吨、29.29 万吨和 20.68 万吨，5 个国家合计占总进口量的 85.44%。2015 年乳制品进口来源地分布见图 1-15。

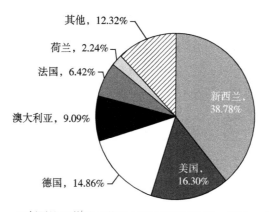

图 1-15　2015 年乳制品进口来源地分布

数据来源：中国海关

2015 年，在进口有所下降的同时，我国乳制品出口也有一定的下降，全年乳制品出口 6.48 万吨，出口金额 0.86 亿美元，分别同比下降 17.74% 和 42.83%。其中，鲜奶、液态奶、干乳制品和乳粉是出口的主要产品，具体出口情况和变化趋势如图 1-16、表 1-1 所示。

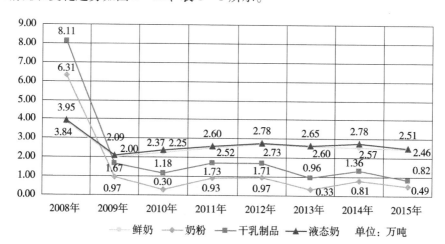

图 1-16　2008—2015 年乳制品出口量变化趋势

数据来源：中国海关

表 1-1 2015 年全国乳制品出口情况

商品名称	出口数量		出口金额	
	实际值（万吨）	同比增长（%）	实际值（亿美元）	同比增长（%）
鲜奶	2.46	-4.46%	0.24	-7.06%
奶粉	0.49	-40.08%	0.11	-65.99%
酸奶	0.05	-12.19%	0.01	-6.48%
乳清	0.00	-52.71%	0.00	-12.65%
奶油	0.14	-51.47%	0.04	-55.59%
奶酪	0.01	3.86%	0.01	-9.51%
干乳制品	0.82	-39.41%	0.20	-58.04%
液态奶	2.51	-9.61%	0.25	-23.81%
出口合计	6.48	-17.74%	0.86	-42.83%

数据来源：中国海关

（二）婴幼儿配方乳粉行业进出口状况

2000—2016 年，我国婴幼儿配方乳粉进口增长率一直处于波动状态，在 2009 年迎来了进口量的最高值，这主要还是因为三聚氰胺事件，使国民对国产乳粉失去了信心，而对进口乳粉趋之若鹜，但随着国内乳粉市场的逐渐完善和健全，洋乳粉热逐渐冷却，2015 年创下历史最低增长率。2000—2016 年中国乳粉总进口量增长率变动趋势见图 1-17。

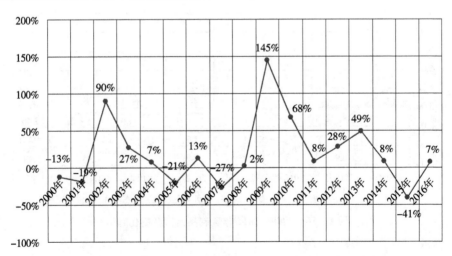

图 1-17 2000—2016 年中国乳粉总进口量增长率变动趋势

数据来源：360 智库

2015 年，我国包装婴幼儿配方乳粉进口总量 175972.27 吨，进口金额为 247098.09 万美元，2014 年进口总量为 121319.63 吨，金额为 154881.71 万美元，分别同比上涨 45.05% 和 59.54%。2014—2015 年包装婴幼儿配方乳粉进口数量及进口金额变化趋势见表 1 - 2。

表 1 - 2　2014—2015 年包装婴幼儿配方乳粉进口数量及进口金额变化趋势

单位：吨、万美元、%

	数量			金额		
	2014	2015	同比	2014	2015	同比
总计	121319.63	175972.27	45.05	154881.71	247098.09	59.54
荷兰	33563.09	57693.84	71.90	41858.14	81177.57	93.93
爱尔兰	17096.51	24435.61	42.93	27562.72	40802.81	48.04
德国	4627.39	17099.54	269.53	5855.70	29707.21	407.32
法国	16381.05	15714.80	- 4.07	16219.58	13152.83	- 18.91
新西兰	10483.41	14468.78	38.02	15388.64	19516.31	26.82
丹麦	12442.29	10864.85	- 42.68	11149.65	9566.48	- 14.20
澳大利亚	4479.03	10686.77	138.60	5256.31	15033.74	186.01
新加坡	8909.36	8023.84	- 9.94	15626.10	13976.14	- 10.56
韩国	5786.46	7298.85	26.14	6773.69	8726.59	28.83
瑞士	2973.36	2953.57	- 0.67	3517.56	4027.94	14.51
美国	1503.09	2527.09	68.13	1732.96	4516.45	160.62
英国	1232.09	1749.63	42.01	1448.94	3754.38	159.11
奥地利	987.27	1180.76	19.60	1512.87	1567.55	3.61
西班牙	549.65	652.02	18.62	584.91	760.10	29.95
波兰	205.73	209.96	2.06	293.52	237.62	- 19.04
意大利	0.27	181.47	68122.18	0.59	261.70	44255.93
阿根廷	87.15	116.23	33.37	71.33	94.81	32.92
瑞典	2.12	61.87	2821.29	6.31	121.94	1832.49
马来西亚	6.30	23.50	273.02	7.47	8.34	11.65
加拿大	0.02	15.13	83966.67	0.09	56.72	62922.22
日本	3.93	7.00	78.11	14.40	15.33	6.46
其他	0.07	7.14	10562.69	0.23	15.55	6660.87

数据来源：中国海关

从进口来源看，2015 年，包装婴幼儿配方乳粉进口主要来源地前 7 分别为荷兰、爱尔兰、德国、法国、新西兰、丹麦、澳大利亚，来源于这 7 个国家的进口总量占总进口量的 84.56% 。2015 年包装婴幼儿配方乳粉进口来源地分布见图 1 - 18。

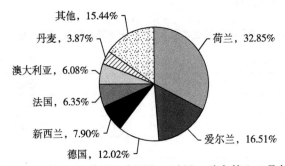

图 1 - 18　2015 年包装婴幼儿配方乳粉进口来源地分布

数据来源：中国海关

包装婴幼儿配方乳粉进口主要地区前 10 分别为广东、上海、浙江、湖南、北京、山东、重庆、四川、江苏和辽宁。2014—2015 年包装婴幼儿配方乳粉进口主要地区见表 1 - 3。

表 1 - 3　2014—2015 年包装婴幼儿配方乳粉进口主要地区

单位：吨、万美元、%

	数量			金额		
	2014	2015	同比	2014	2015	同比
全国	121319.63	175972.27	45.05	154881.71	247098.09	59.54
广东	49478.52	73890.37	49.34	67699.85	113479.83	67.62
上海	45877.64	57498.24	25.33	55401.83	67420.21	21.69
浙江	2349.24	12726.07	441.71	4371.50	25901.24	492.50
湖南	4500.44	6537.48	45.26	5164.50	6693.23	29.60
北京	4413.14	6441.49	45.96	4641.08	6331.97	36.43
山东	6814.88	4771.76	-29.98	7693.00	5558.35	-27.75
重庆	198.46	3412.75	1619.59	462.53	7965.08	1622.06
四川	448.28	2014.87	349.47	558.21	2181.14	290.74
江苏	2218.29	1785.40	-19.51	2802.51	2108.79	-24.75
辽宁	1872.50	1711.49	-8.60	1813.89	1603.06	-11.62

续表

	数量			金额		
	2014	2015	同比	2014	2015	同比
河南	208.38	1350.57	548.12	556.39	3269.46	487.62
天津	562.52	997.40	77.31	649.51	1154.28	77.72
福建	775.79	826.24	6.50	941.20	1079.68	14.71
湖北	826.21	668.24	−19.12	1207.36	856.53	−29.06
海南	225.73	430.41	90.67	271.08	487.96	80.00
安徽	91.75	281.13	206.42	129.11	319.14	147.18
江西	179.63	279.50	55.59	193.48	288.26	48.99
陕西	20.64	200.40	870.76	24.84	214.71	764.53
黑龙江	0.02	78.20	325741.67	0.03	92.42	320814.93
河北	152.75	47.91	−68.63	179.24	59.96	−66.55
吉林	33.15	19.57	−40.96	44.59	25.73	42.29
广西	71.67	2.26	−96.84	75.97	4.79	−93.70
宁夏		0.54			2.25	

数据来源：中国海关

第二章　婴幼儿配方乳粉质量安全状况及风险问题分析

一、婴幼儿配方乳粉质量安全状况

婴幼儿配方乳粉作为母乳替代品,成为广大婴幼儿重要的营养来源,其质量安全对婴幼儿这一特殊人群的健康成长有着重要影响。在过去 10 年里,随着国内婴幼儿配方乳粉产量和消费量的提高,中国发生了一系列婴幼儿配方乳粉的质量安全问题,尤其三聚氰胺事件爆发后,公众对国产婴幼儿配方乳粉的信任彻底崩塌,进口奶粉随之大举进军中国市场,甚至出现了消费者海外抢购奶粉的现象。

近几年,政府相继出台实施了一系列保障婴幼儿配方乳粉质量安全的有力举措,发布施行了"最严奶粉新规"——《婴幼儿配方乳粉生产许可审查细则(2013 版)》,大幅提高了婴幼儿配方乳粉生产准入门槛,淘汰了生产工艺落后、规模小、技术能力低的婴幼儿配方乳粉生产企业,全面推动了婴幼儿配方乳粉企业规范化、规模化、现代化,提高了产品质量安全保障水平。同时,国家食药总局近年来一直将婴幼儿配方乳粉列为日常重点监管食品类别,综合运用行政许可、监督检查、监督抽检、风险监测、行政执法等手段,督促企业落实主体责任,从原辅料采购、过程控制、检验检测、出厂放行等各个环节入手,改进企业生产条件,切实从源头上保障婴幼儿配方乳粉质量安全。

2014 年,国家食药总局累计抽检全国婴幼儿配方乳粉样品 1565 批次,检出不合格样品 48 批次,涉及 23 家国内生产企业和 4 家进口经销商[①],2015年,国家食药总局对全国婴幼儿配方乳粉共抽检 3397 批次,检出不符合食品

---

① 国家食品药品监督管理总局. 国家食品药品监督管理总局关于 2014 年婴幼儿配方乳粉监督抽检情况的通报. http://www.sda.gov.cn/WS01/CL1199/118442.html。

安全国家标准、存在食品安全风险的样品 36 批次，占样品总数的 1.1%；检出符合国家标准、不符合产品包装标签明示值的样品 58 批次，占样品总数的 1.7%①。2016 年，总局共抽检婴幼儿配方乳粉 2532 批次，产品总体合格率为 98.7%。

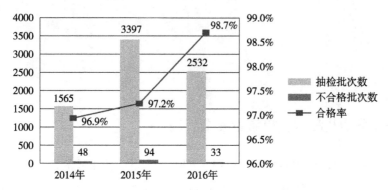

图 2 - 1　2014—2016 年国家婴幼儿配方乳粉监督抽检合格率

数据来源：国家食品药品监督管理总局网站

　　通过近 3 年抽检结果分析，国内婴幼儿配方乳粉总体合格率呈逐年上升趋势，检出的不合格项目主要是品质指标（占抽检不合格样品数量的 82%）和微生物指标（其中阪崎肠杆菌占 11%）。品质指标不合格频次较高的原因为维生素 B1、维生素 C、泛酸、牛磺酸、亚油酸与 α - 亚麻酸比值、钠、氯、锰、锌、硒、铁、铜、钙等营养指标与标签明示的含量不符。同时由于企业卫生条件控制不当易导致阪崎肠杆菌、菌落总数等微生物超标。少数婴幼儿配方乳粉中黄曲霉毒素 M1、硝酸盐等指标出现不同程度的超标。

　　婴幼儿配方乳粉是一个风险控制点繁多的行业，产业链长、环节多，从奶牛养殖、原料奶采购，到制成中间产品以及最终产品，涉及全部第一、二、三产业链，任何一个环节出现质量问题都会影响婴幼儿配方乳粉的质量安全，并最终影响到婴幼儿的食用安全。通过国家食药总局和全国各省区市近年来对婴幼儿配方乳粉的监督抽检结果发现，我国婴幼儿配方乳粉总体质量水平较高，食品安全总体形势稳中向好，但由于其适用人群的特殊性，任何质量问题都不容忽视，尤其是风险较高的质量安全问题，更应引起高度重视。

①　国家食品药品监督管理总局. 国家食品安全监督抽检显示：2015 年食品安全整体形势稳中趋好. http：//www. sda. gov. cn/WS01/CL0051/143680. html。

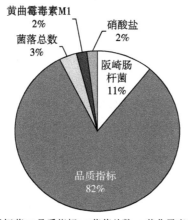

图 2 - 2　婴幼儿配方乳粉抽检不合格项目分布（2014—2017 年 2 月）

资料来源：国家食药总局网站

二、婴幼儿配方乳粉质量安全风险分析

（一）营养成分不达标

婴幼儿因其特殊生长发育阶段，一方面自身代谢系统不完善，需要全面的营养；另一方面其生长发育旺盛，需要大量营养，这时期的营养将影响终生。婴幼儿配方乳粉是根据不同时期婴幼儿生长发育所需营养特点设计的产品，应是一种营养物质最全、最利于婴幼儿消化吸收的食品，是婴幼儿成长的主要营养来源，因此对其营养指标要求也是最为严格的[1]。

婴幼儿配方乳粉中蛋白质、脂肪是评价奶粉的重要营养指标。蛋白质是供给婴幼儿组织器官发育的重要原料，如果长期食用蛋白质缺乏的奶粉，会导致恶性营养不良症，孩子器官无法正常发育，同时，由于钙的缺乏或吸收不好，会致骨骼钙化障碍，骨骼变大，骨与骨之间骨缝开大，这时婴儿就极有可能出现佝偻病合并症，表现为头大、身体比例不协调，成为畸形的"大头娃娃"。发生在 2003 年阜阳的劣质奶粉事件，导致 12 个孩子死亡，100 多个

---

[1]　田洪芸、徐立清、任雪梅等．国产婴幼儿配方乳粉的质量安全现状及监管对策［J］．中国乳业，2016（174）：62 - 65。

孩子不同程度受到伤害，惨痛的教训令人深思。人体内的维生素和微量元素虽然含量很少，但对婴幼儿健康起着重要作用，参与生命的代谢过程。小孩若长期食用维生素和微量元素不足或比例失衡的奶粉，会引起各种生理和病理改变。

通过近几年国家和各省区市对婴幼儿配方乳粉的抽检结果发现，有80%以上不合格产品因其部分营养指标不符合食品安全国家标准，或者符合国家标准但不符合产品包装标签明示值，包括蛋白质、脂肪、亚油酸、泛酸、牛磺酸、维生素以及各种微量元素等。国家食药总局2015年第二季度对陕西省婴幼儿配方乳粉专项监督抽检中，检出陕西圣唐秦龙乳业有限公司2015年1月~5月生产的16批次婴幼儿配方乳粉不合格。其中，不符合国家安全标准、存在食品安全风险的3个批次（硒不达标，亚油酸超标），陕西省食药部门对涉事企业进行了重罚，对全部不合格产品进行了无害化处理。

婴幼儿配方乳粉营养指标不合格主要原因是企业对使用的很多复合营养素配料查验不严，产品均匀度和稳定性控制不当，对包装标签未严格审核以及出厂检验未能有效执行。因此企业在产品研发和生产过程中要充分考虑加工过程中营养元素的可能损耗，原辅料中营养元素本底值，各类营养元素在货架期内的损耗比例，检验方法带来的偏差以及检验结果的准确性等各种带来质量隐患的风险因素。

（二）食源性致病菌及生物毒素污染

营养丰富的原料乳及婴幼儿配方乳粉是微生物的良好培养基，是最易遭受病菌污染而腐败变质的食物之一。婴幼儿配方乳粉中易造成人群食源性疾病发生的主要微生物包括阪崎肠杆菌、大肠菌群、蜡状芽孢杆菌、沙门氏菌、金黄色葡萄球菌、单增李斯特氏菌、乳杆菌、链球菌以及毛霉、曲霉、根霉等。同时，婴幼儿配方乳粉还存有致病菌自身分泌、饲料携带或环境污染等各种生物毒素的风险。

1. 阪崎肠杆菌

阪崎肠杆菌（又称阪崎氏肠杆菌），是肠杆菌科的一种，1980年由黄色阴沟肠杆菌更名为阪崎肠杆菌。阪崎肠杆菌属条件致病菌，对大多数人群没有感染能力，发病率也低，但对于特殊人群如新生儿、婴幼儿及年老体衰者却有较高的感染率和致死率，能引起严重的新生儿脑膜炎、小肠结肠炎和菌血症，死亡率高达50%以上，已经引起各国食品安全监管部门的高度关注①。

2016年，在国家食药总局组织的婴幼儿配方乳粉抽检中，因阪崎肠杆菌超标导致产品不合格的约占所有不合格产品的20%以上，可见婴幼儿配方乳粉遭受阪崎肠杆菌污染的严重性。实际上，阪崎肠杆菌污染奶粉的问题并非我国仅有。美国、欧洲、澳大利亚、新西兰、日本都有阪崎肠杆菌污染奶粉的案例，例如2011年，美国美赞臣婴儿奶粉遭阪崎肠杆菌污染事件。鉴于婴幼儿饮食健康与配方奶粉之间密切相关，FAO/WHO已经将阪崎肠杆菌纳入婴幼儿配方食品严密监测的菌种之一。我国《食品安全国家标准　婴儿配方食品》（GB10765—2010）也明确规定供（0~6月月龄）婴儿食用的配方食品中阪崎肠杆菌不得检出。除此之外，国家也制定了《食品安全国家标准　粉状婴幼儿配方食品良好生产规范》（GB23790—2010），力求在生产环境、设备、清洁消毒、人员、生产过程等方面加强控制，避免乳粉遭受阪崎肠杆菌等微生物污染。

阪崎肠杆菌在自然环境中广泛存在，其虽对热敏感，但可忍耐干燥和高渗透压。此外，阪崎肠杆菌可形成生物膜，以抵御水、营养缺乏和杀菌剂等不利条件，上述特性促使其能够存活于婴儿配方奶粉中和设备表面，包括粉尘、真空吸尘器袋，甚至生产用水和CIP阀，都曾分离出阪崎肠杆菌。因此通过生产婴儿配方奶粉的原料；在巴氏杀菌后，由配方奶粉污染或其他添加剂干粉带入；以及婴儿食用前被污染等，都是导致婴儿配方奶粉遭受阪崎肠杆菌污染的主要途径。

对于在婴幼儿配方乳粉中的阪崎肠杆菌的污染问题，可以从产品的源头、加工过程以及包装材料等环节控制该菌的污染。首先加强婴幼儿配方乳粉原料的污染防控，例如，婴幼儿配方乳粉的原料牛奶，在采购时尽量减少微生物的污染，对原料要进行严格的消毒和检验，对被污染的原料，要及时进行处理，不可进入生产车间，以免对其他原料造成污染。其次在加工过程中对各个环节进行严格消毒，如对操作人员的口、手、足、头、鞋、帽、工作服等，都要做好卫生工作。同时通过加工过程中的巴氏杀菌、超高温杀菌或其他高温工艺彻底杀灭该菌。要防止阪崎肠杆菌的污染，在生产过程中还应当建立并严格执行

---

① 王蓓、王蕾、孙健. 婴幼儿奶粉中阪崎肠杆菌的研究进展［J］. 中国奶牛，2009（5）：45–47。

行之有效的危害分析和关键控制点管理体系（HACCP）。还有要对包装材料进行有效的消毒，对生产及包装的整个车间的环境要定期进行消毒。另外，在婴幼儿喂养的环节上，由于家庭中也具有感染阪崎肠杆菌的风险，建议盛装奶粉用的瓶子和其他喂养用具要彻底地清洗和消毒。

2. 蜡样芽孢杆菌

蜡样芽孢杆菌是一种好氧性、可以形成芽孢的革兰阳性杆菌，是导致食源性疾病的常见致病菌，感染症状通常表现为恶心、呕吐、腹泻等胃肠道感染症状，也可导致胃肠外感染，如脑膜炎、肺炎、心内膜炎和全身性感染等。在奶品行业，由蜡样芽孢杆菌引起的食物中毒经常被误认为是乳糖不耐症而被忽视。乳制品在加工、运输、储存等环节均易受蜡样芽孢杆菌污染[①]。

蜡样芽孢杆菌分布广泛，常见于土壤、灰尘和污水中，植物性食品和许多生熟食品中均常见。奶牛的饲料、粪便、饲养场的水和土壤都有可能含有蜡样芽孢杆菌而对原料奶造成污染。另外，储藏和发酵奶罐以及加工厂的机械管道等，也是蜡样芽孢杆菌的污染来源。因为巴氏杀菌的温度不能完全破坏蜡样芽孢杆菌的芽孢，所以，巴氏奶尽管经过杀菌，但是残留的蜡样芽孢杆菌的芽孢在流通过程中，由于不当的贮藏条件，也会引起蜡样芽孢杆菌的生长繁殖，产生毒素，这也成为巴氏牛奶的潜在危害。近年来，研究人员经常开展婴幼儿配方乳粉中蜡样芽孢杆菌污染的调查研究，该菌对婴幼儿配方乳粉的污染普遍存在，并有部分样品的蜡样芽孢杆菌检测结果超过100cfu/g，检出率超过10%。

防止蜡样芽孢杆菌污染婴幼儿配方乳粉，首先应从原料乳开始，对生产的各个环节进行风险分析，制订相应的防控措施，建立监测方法，将原料乳生产中微生物指标提前控制，尤其要控制芽孢的数量，使其危害程度降到最低。建立并严格执行行之有效的 HACCP 系统，并把蜡样芽孢杆菌作为生产线的卫生指标菌。同时，从食品安全的角度需对婴幼儿配方乳粉中检出的蜡样芽胞杆菌菌株进行产毒分析以了解其致病性，并对存在问题的婴幼儿配方乳粉生产企业开展生产过程调查，发现问题，解决问题，进一步提高其产品质量。我国《食品安全国家标准　婴儿配方食品》（GB10765—2010）对蜡样芽孢杆菌等条件致病菌没有明确的规定。鉴于蜡样芽孢杆菌的致病性以及其芽孢很强的抵抗

① 赵月明、任国谱. 乳制品中蜡样芽孢杆菌的研究进展 [J]. 中国乳品工业，2014，42（4）：46 - 49。

能力和繁殖能力，未来制修订相关标准时，可考虑增加蜡样芽孢杆菌等条件致病菌指标，确保婴幼儿配方乳粉的安全可控。

3. 黄曲霉毒素 M1

黄曲霉毒素 M1（AFM1）属于真菌毒素，是黄曲霉毒素 B1 在动物体内羟基化代谢产物，物理化学性质稳定，不易被巴氏杀菌破坏，具有剧毒性和强致癌性，由于其可能诱发肝癌，早在 1993 年就被世界卫生组织癌症研究机构列为 I 类致癌物。

婴幼儿配方乳粉被黄曲霉毒素 M1 污染的主要途径有：奶牛吃了霉变的饲料，导致原奶出现了问题；生产过程中机器清洗不干净，出现了有机物霉变；产品生产完成后，包装不够紧密，漏气之后，与空气中的有机物结合，有可能产生黄曲霉毒素。2012 年广州市工商局抽检发现湖南长沙亚华乳业有限公司生产的南山奶粉系列中 5 个批次的婴幼儿配方奶粉的黄曲霉毒素 M1 含量超标，当时厂商立即召回了所有问题产品，并暂停生产，全面整改。此前部分知名品牌的纯牛奶也曾出现过黄曲霉毒素 M1 超标的问题。

由于牛乳及其制品是人类特别是婴幼儿的主要食品，所以被黄曲霉毒素 M1 污染的牛乳及其制品危害性更大。鉴于黄曲霉毒素 M1 对乳和乳制品的污染，目前世界上包括我国在内的 60 多个国家和地区制定了乳及乳制品中黄曲霉毒素 M1 的限量标准。国际上食品中黄曲霉毒素 M1 的限量值主要为 0.05μg/kg 和 0.5μg/kg。采用 0.05μg/kg 的国家绝大部分是欧盟成员国。而美国、部分亚洲国家等则采用 0.5μg/kg 的限量标准。国际食品法典委员会 CAC 规定乳中黄曲霉毒素 M1 限量为 0.5μg/kg。我国现行《食品安全国家标准食品中真菌毒素限量》（GB 2761—2011）规定婴幼儿配方乳粉中黄曲霉毒素 M1 限量为 0.5μg/kg，可以充分保护居民的健康。为了降低黄曲霉毒素 M1 对婴幼儿的健康风险，许多国家和地区对婴幼儿食品中的黄曲霉毒素 M1 采取了更严的限量标准，如欧盟规定婴幼儿食品（包括婴幼儿奶）中黄曲霉毒素 M1 限量为 0.025μg/kg[①]。

（三）化学性污染及非法添加风险

随着中国工业和城市化的快速发展，环境污染日益严重，同时伴随着中国

---

① 熊江林、王艳明、刘建新. 牛奶中黄曲霉毒素 M1 的来源和控制途径 [J]. 中国畜牧杂志，2012，48（23）：82-87。

经济社会的巨大转型，人们的诚信道德观念有下滑的趋势，致使婴幼儿配方乳粉遭受重金属污染、有毒有害化学品以及非食用物质等化学性污染的概率大幅增加。与此同时，还有国家奶牛检疫防疫制度和兽医服务体系还不够完善，奶牛养殖方式相对落后，通常在奶牛发生乳腺炎等疾病时，饲养人员滥用各种抗生素等药物，造成原料奶中农兽药残留的现象比较普遍。

1. 塑化剂

自台湾起云剂事件爆发以来，邻苯二甲酸酯（PAEs）开始为人们所知，作为一种增塑剂，常添加到高分子塑胶中，以增强弹性、透明度和耐用性，而这些塑料制品被广泛应用于食品包装材料等产品中。PAEs 是一类内分泌干扰物，具有生殖毒性。美国国家环境保护局将邻苯二甲酸二（2-乙基）己酯（DEHP）列为 B2 类致癌物质。随着人类对 PAEs 毒性认识的深入，发达国家逐步限制 PAEs 的使用，如减少毒性较大的邻苯二甲酸二正丁酯（DBP）和 DEHP 使用量，使用毒性较低的邻苯二甲酸二异壬酯（DINP）和邻苯二甲酸二异癸酯（DIDP）替代 DEHP。而我国是世界上最大的 PAEs 消费国，占全球总消费量的 1/4，目前仍在大量使用 DBP 和 DEHP。

研究证实，饮食是人群 PAEs 的主要暴露来源。几乎所有食品都有不同程度的 PAEs 污染，主要来自加工运输过程、食品包装材料迁移等污染。一般情况下，PAEs 在塑料中是较为稳定的，但由于 PAEs 增塑剂与塑料分子间是通过氢键和范德华力结合的，彼此保持相对独立的化学性质，随着时间的推移，PAEs 会由塑料迁移出来进入到原料乳和婴幼儿配方乳粉中。

DEHP 脂溶性强，极易污染鱼、畜禽肉类等高脂肪食物，在食品中检出率及含量较高，平均含量约 10-300μg/kg，最高为 1000μg/kg。其次是 DBP 和邻苯二甲酸异二丁酯（DIBP），在乳制品、酒类和谷物中含量相对较高。Muller 的研究显示，6 个月以下、体重 5.5kg 的婴儿每日摄取 900g 奶粉的 DEHP 暴露量是 9.8μg/kg bW/d；6 个月以上、体重 8kg 的婴儿每日摄取 525g 奶粉的 DEHP 暴露量为 3.9μg/kg bW/d。另外，对于 6 个月以上的婴儿也考虑了 DEHP 在即食食品中的暴露，将其 DEHP 总的膳食暴露量评定为 23.5μg/kg bW/d。

目前，各个国家均没有制定食品中塑化剂限量标准。卫办监督函 [2011] 551 号规定食品中 DEHP、DINP 及 DBP 最大残留量分别为 1.5mg/kg、9.0mg/

kg 和 0.3mg/kg。以上限量不是食品安全国家标准，仅用作排查违法添加行为。当发现食品中 DEHP、DINP 和 DBP 含量超过以上数值时，需要溯源，排查含量过高的原因，排除违法添加行为。2014 年，国家食品安全风险评估专家委员会基于风险评估结果认为，白酒中 DEHP 和 DBP 的含量分别在 5.0mg/kg 和 1.0 mg/kg 以下时，对饮酒者的健康风险处于可接受水平。

2. 抗生素残留

抗生素在畜牧业的广泛应用，不可避免地造成生鲜乳中抗生素的残留，而《乳品质量安全监督管理条例》第十四条规定"禁止销售在规定用药期和休药期内的奶畜产的生鲜乳"，因此生鲜奶中的抗生素残留成为监控的重点，这些抗生素主要包括：青霉素、链霉素、庆大霉素、卡那霉素、β - 内酰胺类抗生素等。一般的抗生素热稳定性高，高温杀菌无法将其破坏，所以混有抗生素的原料奶加工成婴幼儿配方乳粉后仍会有大量的抗生素残留。抗生素一般不对人体产生急性毒理作用，但婴幼儿经常食用这类含低剂量抗生素残留的配方乳粉，可在体内蓄积，导致耐药性增加和免疫力下降，对于过敏体质的婴幼儿还可能出现荨麻疹、发热甚至过敏性休克。美国、欧盟和日本等世界许多国家都已对原料奶中的抗生素实行强制性检测，欧盟对最大残留量（MRL）作了详细的规定。

原料奶中抗生素的来源一般有以下四种[①]：一是对泌乳期的奶牛用药不当或不注意休药期，是牛乳中抗生素残留的主要原因之一。乳腺炎是困扰奶牛养殖业的难题之一，在许多国家，50% 以上的奶牛有亚临床的乳腺炎，会造成奶产量和质量下降，以及母牛过早淘汰，而抗生素一直是控制奶牛乳腺炎的基本药物。对泌乳期乳腺炎进行治疗时，抗生素会在挤奶时随着奶液排出体外，多数情况下，牛奶中抗生素浓度降到 MRL 水平的时间为停药后 2 - 5 天。二是在奶牛的饲料中添加一定比例的抗生素，用于预防疾病，也是牛乳中抗生素残留的重要原因。三是挤奶造成的抗生素残留，用经抗生素治疗的乳牛用过的挤奶器给正常乳牛挤奶，可使正常牛的奶中残留抗生素。四是高温季节，为防止牛乳的酸败而添加的抗生素。

早些年我国国产婴幼儿配方乳粉中抗生素残留超标情况严重，主要由于早

---

① 张彩红、索宝、李正洪等．原料奶中抗生素残留及快速检测方法［J］．当代畜禽养殖业，2012（7）：33 - 36。

期的奶粉生产的奶源来源于散户，兽药管理不严格，食品安全意识较差。但《婴幼儿配方乳粉生产许可审查细则（2013版）》实施以后，抗生素残留的风险较之前有所缓解，《细则》规定："主要原料为生牛乳的，其生牛乳应全部来自企业自建自控的奶源基地"，并"建立生乳进货批批检测记录制度"，但婴幼儿配方乳粉中抗生素残留的风险仍然要高度重视。

尤其需要重视的是，由于近几年国家对乳制品中抗生素残留的关注、检验方法的不断完善以及"无抗"作为原料奶的重要质量指标，很多不法企业为逃避抗生素的检测，用β-内酰胺酶来分解原料奶中抗生素，以冒充无抗生素残留的牛奶。β-内酰胺酶的危害目前还无法定论，但β-内酰胺酶的添加可能会造成β-内酰胺类抗生素产生耐药性，所以早在2009年，β-内酰胺酶就出现在我国《食品中可能违法添加的非食用物质名单（第二批）》的名单中[1]。

为减少或避免原料奶中抗生素的残留，一是在兽医的指导下科学合理用药，不能将使用抗生素作为预防疾病的唯一措施，也不能超量使用，同时要控制牛乳腺炎的发病几率，减少抗生素的使用；二是加强对饲料供应商的管理，采购正规、合格的饲料，避免在不知情的情况下喂食奶牛含有抗生素的饲料；三是加强奶牛饲养管理，患病和用药的奶牛隔离饲养，做好标记和用药记录，包括得病的名称、时间、用药名称和剂量等，并严格执行停药期，只有过了休药期的奶牛所产鲜奶检测抗生素指标合格后，才能用于婴幼儿配方乳粉的生产；四是挤奶器具不得混用，防止交叉污染[2]。

3. 非法添加物

2008年爆发三聚氰胺事件后，原卫生部相继发布了食品中可能违法添加的非食用物质和易滥用的食品添加剂名单（1~6批），其中与乳及乳制品相关的违禁添加物有三聚氰胺、皮革水解物、硫氰酸钠及β-内酰胺酶等。三聚氰胺俗称蛋白精，用来冒充蛋白质，对身体有害，国家对婴幼儿配方乳粉中三聚氰胺的限量值为1mg/kg。

皮革水解蛋白的生产原料是制革工业的边角废料，将其掺入牛奶或奶粉中可提高蛋白质的含量，会影响牛奶的口感，改变产品中氨基酸的组成，会导致

---

[1] 张鑫潇、谢岩黎、王金水等. 牛乳中β-内酰胺酶的检测方法研究进展［J］. 中国乳品工业，2011，39（2）：45-47。
[2] 刘亚男. 牛奶检测抗生素阳性原因归纳及预防措施［J］. 北方牧业，2011（14）：20-20。

人体不易消化，吸收利用率降低，影响婴幼儿健康状况，同时易造成重金属中毒。皮革水解蛋白特有的氨基酸为 L - 羟脯氨酸，牛奶中不含此 L - 羟脯氨酸。L - 羟脯氨酸是人体非必需的氨基酸，目前主要通过对该氨基酸测定来判定乳中是否非法添加皮革水解蛋白。

硫氰酸钠（NaSCN）易溶于水、乙醇和丙酮，在 20 世纪 80 年代，国内许多地区由于奶户分散、交通不便、冷却设施欠缺等原因，在牛奶收购、运输和贮藏过程中因酸败造成牛奶资源大量浪费。国家标准《食品添加剂使用卫生标准》（1986 年版本）即 GB 2760—1986 中，曾将硫氰酸钠列为允许使用的食品添加剂，用于乳制品的保鲜。1995 年国家颁布实施了国标 GB/T 15550—1995《活化乳中乳过氧化物酶体系保存生鲜牛乳实施规范》，规定硫氰酸钠可以作为牛乳保鲜剂限量使用。近年来，随着国家对食品安全重视程度的提高以及我国经济条件的进步和原奶的冷链运输不断完善，硫氰酸钠的毒副作用引起了人们的广泛关注，人体长期食用严重损害身体健康。硫氰酸盐的毒性主要由其在体内释放的氰根离子能很快与人体细胞素氧化酶中的三价铁离子结合，抑制该酶活性，使组织不能利用氧而产生中毒，主要临床症状为出现神经系统抑制、代谢性酸中毒及心血管系统不稳定等。基于安全考虑，我国于 2005 年废止了 GB/T15550—1995，而且 2007 年公布的 GB2760—2007《食品添加剂卫生标准》也取消了硫氰酸钠的保鲜用途。2008 年 12 月，卫生部发布《食品中可能违法添加的非食用物质和易滥用的食品添加剂品种名单（第一批）》，明确规定硫氰酸钠属于违法添加的非食用物质。然而，有些不法奶农为延长原料乳的保质期，仍人为加入硫氰酸盐作为牛奶保鲜剂。由于硫氰酸根是乳过氧化物酶抗菌体系的主要成分之一，天然存在于原料乳中，我国目前尚无食品中硫氰酸根检测的国家或行业标准，也没有生鲜乳中正常生理浓度的硫氰酸根限值规定。

β - 内酰胺酶主要成分是青霉素酶。奶牛在治疗中常用的抗生素有 β - 内酰胺类、氯霉素类、四环素类、氨基糖苷类以及大环内酯类。不法分子添加 β - 内酰胺酶是为了降解牛乳中残留的抗生素。其解抗的原理是：对 β - 内酰胺类抗生素耐药的细菌分泌的一种胞外酶，该酶可特异性分解和掩蔽牛奶中残留的 β - 内酰胺类抗生素。在婴幼儿配方乳粉生产所需生鲜乳中添加 β - 内酰胺酶，可掩盖抗生素的存在，会导致相关的青霉素、头孢菌素等抗生素类药物的细菌耐药性增高，从而使喝牛奶的人抵抗细菌传染病的能力大大降低。同时

在分解 β - 内酰胺类药物后，可能引进其他有害物质。

婴幼儿配方乳粉除以上可能非法添加物外，还有一些碱性物质如苏打、小苏打、工业火碱等，不法分子为降低牛奶酸度，掩盖牛奶酸败的现象，常会加入碱或碱性物质。工业火碱对人体危害巨大，属于剧毒化学品，具有极强的腐蚀性，只需食用 1. 95g 就能致人死亡，国家明令禁止在食品加工过程中使用工业火碱。长时间食用含有工业火碱的食品会出现头晕、呕吐等症状，食用过量会导致昏迷、休克等。

（四） 物理性污染

婴幼儿配方乳粉的物理性污染物主要有来自乳制品产、储、运、销的一些外来物质，如原料乳挤奶过程中误入的外来异物包括牛粪、牛毛、泥沙、昆虫、木头和玻璃等；生产加工过程中设备零部件的落入和金属碎屑，以及环境卫生条件不达标带入灰尘和墙皮剥落碎屑等。这些异物如果被婴幼儿随奶粉食用后，容易卡住咽喉或食道、划破消化道甚至引起窒息，所以婴幼儿配方乳粉防止物理性危害是尤其重要的[①]。

婴幼儿配方乳粉中的物理性杂质从源头上要靠牧场良好规范和外来污染物的防控程序来解决。原料奶中的物理性杂质一般通过净乳环节的过滤方式去除；其他来源的异物会在婴幼儿配方乳粉填充包装前的过滤筛网，结合在生产设备和系统末端安装的金属探测设备或 X - 光探测器去除。企业在作业生产时应严格执行相关操作规范，必须对设备的有效性进行确认，确保每一件产品出厂前不含有任何可能威胁婴幼儿身体损伤的异物[②]。

三、婴幼儿配方乳粉企业生产管理风险

自 2013 年发布实施《婴幼儿配方乳粉生产许可审查细则（2013 版）》开始，国家食药总局部署各地开展了婴幼儿配方乳粉生产许可审查和再审核工作，建立实行了婴幼儿配方乳粉产品配方、原辅料使用相关审查制度，并督促婴幼儿配方乳粉企业落实主体责任，从生产源头上保证质量安全，加强质量自

---

① 刘晓晴. 乳业安全现状及发展对策 [D]. 河南科技大学，2011。
② 师坤海、刘建光、贾军燕等. HACCP 体系在干法婴幼儿乳粉生产中的研究 [J]. 农业工程技术：农产品加工，2013（8）：39 - 43。

管自控，严格落实原辅料进厂检验、生产过程控制、产品出厂批批检验和质量安全授权、全过程记录等制度，确保企业持续满足获证生产条件，引导企业建立可追溯体系。但不可否认，少数婴幼儿配方乳粉生产企业在获证后，在生产许可条件保持、食品安全管理制度落实等方面存在缺陷，带来食品安全风险，需引起高度关注。

（一）供应商管理风险

婴幼儿配方乳粉原辅料和包材的种类繁多，故对供应商的管理是实现精益化生产的要求和质量安全的前提。婴幼儿配方乳粉企业在供应商管理评价方面的风险问题主要集中在生产企业未查验原辅料供应商提供的生产经营资质和许可范围，以及检验报告和质量标准不符合原辅料产品的标准要求；企业制定的主要原料供应商现场审核制度及频次不符合要求，或未实施现场审核；未按照供应商名录进行原料采购和对供应商评价不及时等。以上对供应商管理的疏漏，易导致采购的原辅料不能满足生产质量合格产品的要求。

（二）原辅料进货查验风险

原辅料的质量问题直接决定着终产品的质量，《婴幼儿配方乳粉生产许可审查细则（2013 版）》规定"生产婴幼儿配方乳粉使用的原辅料和包装标签应按规定进行备案"，可见原辅料在婴幼儿配方乳粉生产中的重要性。

少数婴幼儿配方乳粉企业在执行进货查验制度方面未真正落实到位，例如产品包装袋未经验证检验直接使用，对奶源基地和奶站的奶牛数量、用药情况调查不充分，未能针对兽药实际使用情况检测所收购生乳的兽药残留情况，对生鲜乳或乳粉未进行全项目批批检验，或者验收报告中的标准要求和验收标准中不一致；原辅料进货查验制度不合理，检验项目规定不明确，或缺少部分检验项目；生产用水未按照《生活饮用水卫生标准》（GB 5749—2006）进行全项目监测和检测等。以上对原辅料进货查验把关不严，易导致婴幼儿配方乳粉中营养指标不合格以及化学污染物、农兽药、生物毒素等危害物的残留。

（三）物料储存和分发管理风险

《细则》中对物料的储存要求为"仓储区应有足够的空间，确保分区有序存放待检验、合格、不合格、退货或召回的原辅料、包装材料和成品等各类物料和产品"，尤其"合格、退货或召回的物料或产品应隔离存放"。但部分企业未严格执行物料储存制度，存在原料和成品混放现象等。部分企业存在仓库面积较小，正常生产时不能保证物料分类、分区、离墙、离地的要求。部分企业仓库环境条件较差，房顶霉变、漏水，缺少通风、防蝇、防鼠装置，无照明设施或者照明强度不足，无温湿度监控设施。库房物料标识牌信息不全，缺少名称、生产日期、进货日期、数量等信息。

（四）人员管理风险

婴幼儿配方乳粉生产企业在质量管理中存在的问题归根到底是人员管理的问题，是投资者观念及员工素质的问题。常见的人员管理风险问题有：生产现场员工没有健康证；重要工段的生产、质量、检验技术人员及岗位责任与《细则》要求不符；未按照生产许可要求建立食品安全管理机构，未配备相关的质量安全管理人员；生产负责人、质量安全负责人、生产管理人员资质和培训不符合生产许可要求；生产管理人员不了解良好生产规范（GMP）管理体系和产品清场等规定；新聘检验人员学历、专业或检验工作年限不符合《细则》关于检验人员的资质要求；人员上岗前未充分得到相关培训等。

（五）生产过程控制风险

生产过程控制上风险主要体现在部分生产场所、设备设施未持续保持生产许可条件。企业厂区及周边环境卫生状况较差；车间内部分设备设施改造不合理；设备变更未及时提出生产许可变更申请；企业生产、检验设备精确度不能满足实际要求；清洁作业区与一般作业区未有效隔离，人流物流共用同一通道；清洁作业区正压差小于10Pa，未设置更衣区域，或更衣室设置和管理达不到更衣目的和要求；洁净空调系统设备不能满足清洁区湿度、除菌等参数或功能的要求；未及时验证清洁作业区维修后的效果；不能按照生产清洁作业区动态标准来定期监测微生物最大允许数、换气次数、压差、温湿度；洗手、消毒、干手设备设施均为手持式；灌装间的定量包装设备未进行计量检定等。

部分企业存在产品实际生产的配方与备案的配方不一致，新增产品配方未备案，使用一个配方生产两种以上产品；对不合格品的界定不明确，导致在生产中没有不合格品出现；生产尾料退库及再使用管理不到位；不合格品管理制度缺乏可操作性；产品保质期与保质期实验设计不一致，产品包装标示的保质期超过实际保质期等。

（六）检验管理风险

婴幼儿配方乳粉质量的好坏不只是生产出来的，也要依靠检测来保障。对生产成品的检测是产品出厂放行把关的最后一道关口。品控人员只有根据产品的检验报告才能判定原辅料及成品是否合格，是否能够采购或是否能够出厂。如果实验室条件不达标，缺乏检验能力或者检测结果有偏差，给企业和消费者带来的后果是不可想象的。因此，企业对检验管理必须非常重视，检测设备、环境、人员的技术水平及责任心是决定检测水平的关键因素。

在实验室硬件方面，企业实验室条件和设备校准状态等有时经常不能持续保持或更新，实验室缺少通风橱、分析天平等必备实验设施。仪器设备未能及时校准检定，天平台无防震功能，精密仪器室排风设施效果差，化学药品库不通风，试剂混放，实验室布局不合理等。

在检验技术方面，相当一部分企业存在部分项目的检验能力不足的问题。部分检验人员资质不符，新聘检验人员学历、专业或检验工作年限不符合《细则》关于检验人员的资质要求。检验人员上岗安全培训有缺陷，提供的培训记录与考核记录内容不一致，没有针对不同岗位人员提供岗前培训内容。同时，部分企业不能按照计划实施全项目检验能力验证，实验室快速检验方法未进行比对验证，部分检验项目未按标准规定进行平行样检验，检验记录填写不规范、不完整等，检测结果与原始记录不能一一对应，甚至未按企业制定的检验制度开展半成品检验工作等。

（七）研发能力风险

《婴幼儿配方乳粉生产许可审查细则（2013版）》规定婴幼儿配方乳粉生产企业应建立自主研发机构，配备相应的专职研发人员，跟踪评价婴幼儿配方乳粉的营养和安全，研究生产过程中存在的风险因素，提出防范措施。可是少数企业未按要求配备专职研发人员，或研发人员能力较弱；研发场所、设备、经费、资料等条件不足，研发机构不能正常运转；同时，未对研发的婴儿配方产品进行营养安全性评价；研发资料中缺少原辅材料的安全性、配方数据的适用性、营养成分的合理性等方面的评估证据以及未按要求进行保质期加速实验等。

（八）产品追溯及召回管理风险

婴幼儿配方乳粉企业应在产品追溯制度上确保产品从原料采购到最终成品完成及产品销售都有记录，确保所有环节都可有效追溯。部分企业存在生产经营、检验记录缺失或不完整、不真实，缺少原辅料的投料记录，电子信息记录系统中的部分关键工序控制参数信息记录不齐全、不准确、不及时，无法实现产品追溯。同时存在产品销售记录不完整，成品入库量与出库量、库存量记录数据不一致；原辅料领用记录与实际生产量记录数据不一致；不合格品记录与实际情况不一致；伪造检验、配料、产量、销售、水处理及不合格样品处理等记录。

部分企业在不合格产品处置程序上不符合要求，原因分析、整改预防措施不到位，未排查不合格产品是否波及其他批次产品，未评估是否需要扩大召回范围，缺少不合格品分类及处理规定，对退回、召回的不合格品没有相应的处理规定等。

四、小结

自 2008 年三鹿奶粉事件后，国产婴幼儿配方乳粉的声誉严重受损，使中国乳业经历了各种磨难，监管部门和乳品行业为此付出了巨大努力，试图重塑国产婴幼儿品牌品质形象。当前，我国婴幼儿配方乳粉企业的生产能力和产品质量水平大幅提升，质量整体发展呈现了稳中向好的态势。但婴幼儿配方乳粉作为婴幼儿主食，其质量安全不仅关系着国家下一代的健康成长，更关系着千万个家庭的幸福与全社会的和谐稳定。为此，企业必须要从生产原料、生产工艺、贮存等环节上层层把关，加强对婴幼儿配方乳粉生产全过程的控制，不存侥幸心理。政府监管部门更应厘清监管职责，做到生产、流通等环节全方位监控，不要有漏网之鱼。同时，我们消费者也应树立正确消费观和提升识别食品安全的科学认知，让婴幼儿配方乳粉的消费回归理性，进口的不一定是高品质。因此，只有形成社会各方充分参与的社会共管共治格局，才能让中国婴幼儿配方乳粉破茧涅槃，迈入新纪元。

第三章 婴幼儿配方乳粉的制度环境分析

一、婴幼儿配方乳粉相关政策法规建设进展

（一）婴幼儿配方乳粉政策法规建设情况概述

2000年以后，中国奶业持续快速发展，乳品消费稳步提高，一方面促进了奶牛养殖业的发展，另一方面提高了对奶牛养殖业的要求，加速了奶牛淘汰，多地出现宰杀奶牛现象，奶农效益下降。为避免奶牛养殖业大起大落，促进奶业的持续健康发展，国务院于2007年9月提出《关于促进奶业持续健康发展的意见》，要求各级政府高度重视奶业的发展。为贯彻此《意见》精神，国家发改委于2008年5月发布了《乳制品工业产业政策》。然而上述《意见》和《产业政策》还未及更深入的贯彻落实，2008年9月初，震动全中国的婴幼儿配方乳粉三聚氰胺事件就爆发了。

三聚氰胺事件是中国婴幼儿配方乳粉的法规建设发展的一个重要分水岭，事件的发生是中国奶业发展中长期的矛盾和问题积累的结果，暴露了中国乳制品行业生产流通秩序混乱、企业诚信缺失等突出问题，也反映出中国食品安全法制建设的不完善，促进了后续一系列与食品安全，尤其是与婴幼儿配方乳粉安全密切相关的重要政策法规的出台。

2008年10月，国务院第二十八次常务会议通过的《乳品质量安全监督管理条例》，为确保乳品质量安全提供了有效的法律保障，也是政府部门对三聚氰胺事件在立法上第一时间作出的重要快速响应。婴幼儿配方乳粉安全问题关乎每个家庭，三聚氰胺事件使消费者信心严重受挫，乳制品消费市场一度陷入低迷。为了社会的稳定和奶业的发展，做好事件安置工作，同年11月7日，

国务院办公厅发布了由发改委等部门制定的《奶业整顿和振兴规划纲要》；同时，作为事件发生的关键点，生鲜乳是乳制品的源头，保证生鲜乳质量安全、加强生鲜乳生产收购管理成为迫切需要。农业部因此发布《生鲜乳生产收购管理办法》，从产业链前端加强乳品安全管理。

鉴于中国食品安全监督管理机制建设不健全，在食品安全事件中具体表现出的市场监管存在缺位、有关部门配合不够等问题，2009 年 2 月 28 日，在原《食品卫生法》的基础上，国家制定和颁布了《食品安全法》，法规中完善了食品安全监管体制，针对性加强了食品添加剂的监管，要求行业共建等。2009 年 6 月底，为规范乳制品行业发展，保障乳制品质量安全，根据《乳品质量安全监督管理条例》《食品安全法》及相关法律法规规定，结合乳制品工业发展的实际情况，国家工信部、发改委联合发布《乳制品工业产业政策》（2009 修订），2008 年 5 月发布的《乳制品工业产业政策》同时废止。为了督促乳制品生产企业落实质量安全主体责任，规范乳制品生产企业质量安全监督检查工作，2009 年 9 月底国家质检总局发布《乳制品生产企业落实质量安全主体责任监督检查规定》。

2010 年 11 月 1 日，国家质检总局发布《企业生产婴幼儿配方乳粉许可条件审查细则（2010 版）》，代替了《乳制品生产许可证审查细则（2006 版）》，要求婴幼儿乳粉生产企业在 2010 年 12 月 31 日前重新提出生产许可申请。自 2008 年起，质检总局组织对 2006 版《细则》进行修订，至 2010 版《细则》最终颁布，经历了多次调整、完善。

中国政府监管部门出台了一系列婴幼儿配方乳粉产品相关政策措施，规范和引导行业健康持续发展，国内乳企也在不断提高生产和质量管理水平，为挽回消费者信心努力。然而三聚氰胺事件带来的信任危机并不容易过去。

在市场需求实际存在的局面下，伴随国产乳品信誉的下滑，洋奶粉进口量增加明显。2008 年以后，中国奶粉进口量逐年增长，洋奶粉价格也一路飞涨。一些国内乳企选择在境外注册商标或贴牌生产洋奶粉，一时间国内洋奶粉品牌让消费者眼花缭乱，很多不法行为也掩盖其中，曝出一些食品安全问题，增加了市场监管难度。为了保障进出口乳品质量安全，加强进出口乳品检验检疫监督管理，国家质检总局起草了《进出口乳品检验检疫监督管理办法》，《办法》于 2010 年 12 月面向社会公开征求意见，并于 2013 年 1 月 24 日国家质检总局令第 152 号正式发布。

此外，为了加强进口食品境外食品生产企业的监督管理，2011年6月21日国家质检总局局务会议审议通过，并于2012年3月22日公布了《进口食品境外生产企业注册管理规定》。至2014年5月1日，质检总局公布了首批进口乳品境外生产企业注册名单。

随着一系列婴幼儿配方乳粉相关的内外政策措施的发布实施，婴幼儿配方乳粉质量安全总体水平不断提升，但影响产品质量安全的因素依然存在，企业规模小、行业集中度不高、品牌多而杂，以及违规生产经营的现象时有发生，影响了消费者对国产乳粉的信心。提升产品质量，提振消费者信心，是乳制品行业，特别是婴幼配方乳粉发展的重要任务。2013年5月31日，国务院第10次常务会议上研究部署了进一步加强婴幼儿配方乳粉质量安全工作。强调把提升婴幼儿配方乳粉质量安全水平，作为抓好我国食品质量安全工作的突破口，要全力以赴打好提高婴幼儿配方乳粉质量安全水平的攻坚战，重塑消费者对国产乳粉的信心。2013年6月4日，工信部印发《提高乳粉质量水平 提振社会消费信心行动方案》。2013年6月16日，国务院办公厅转发了国家食药总局（2013年3月新组建）等九部门《关于进一步加强婴幼儿配方乳粉质量安全工作的意见》，提出要参照药品管理措施严格监管，淘汰落后企业。

为贯彻落实国务院部署和要求，切实保障婴幼儿配方乳粉质量安全，国家食药总局组织制定了《婴幼儿配方乳粉生产许可审查细则（2013版）》，于2013年12月16日正式发布，并要求各地在2014年5月31日前全部完成换证审核。通过制定更加严格的细则，进一步提高婴幼儿配方乳粉生产企业生产条件要求，规范许可机关生产许可审查工作。

随着国务院相关决策部署的贯彻落实，淘汰了一批奶源无保障、生产技术落后的企业，婴幼儿配方乳粉产业结构得到了改善，质量安全总体水平不断提升，但行业集中度不高、自主品牌竞争力不强等问题依然突出。2014年以前的统计数据显示，全国有127家生产婴幼儿配方乳粉的企业，前10家的企业所占比重只占到42%左右。其中，既有年产5万吨以上的企业，也有年产几千吨、几百吨甚至更少的企业。工信部、发改委、财政部、食药总局起草并经国务院同意，于2014年6月13日发布《推动婴幼儿配方乳粉企业兼并重组工作方案》，规定了乳业兼并重组时间表和部门具体分工，对引导和支持婴幼儿配方乳粉企业开展兼并重组，优化产业结构，提高产业规范化、规模化、现代化水平，提高发展质量与效益具有重要意义。

　　2009 年《食品安全法》实施以来，食品安全整体水平得到提升，但食品违法生产经营行为依然存在，食品安全事件时有发生，监管体制、手段、制度等尚不能完全适应食品安全需要，法律责任偏轻，重典治乱威慑作用没有得到充分发挥，食品安全形势依然严峻。为此，党中央、国务院通过一系列文件明确重典治乱，建立最严格的食品安全监管制度。与此同时，国家立法部门也在充分调研论证的情况下，不断完善食品安全法律法规体系。2015 年 4 月 24 日，主席令第二十一号对《食品安全法》进行了修订，以法律形式固定监管体制改革成果、完善监管制度机制，解决当前食品安全领域存在的突出问题。《食品安全法》规定我国实施食品生产许可制度，制度实施以来，对于规范生产、落实食品安全主体责任，以及改善食品安全总体水平，乃至推动食品工业健康持续发展都发挥了积极而重要的作用。但随着我国经济体制改革的不断深入、食品工业的迅猛发展，特别是食品安全监管架构体系的改革完善，食品生产许可在制度、操作运行等方面暴露出了一些问题，需要进行改革和完善。2015 年 8 月 31 日，国家食药总局公布《食品生产许可管理办法》，《办法》针对当时的食品生产许可制度与新修订的《食品安全法》不相符合、与现有监管体制不相适应的地方作了调整，体现了推进行政审批制度改革的要求，适应了监管体制的改革；此办法发布的同时，食药总局还公布了《食品经营许可管理办法》，以规范食品经营许可活动。

　　根据《食品安全法》等法律法规和国务院办公厅转发食品药品监管总局等部门《关于进一步加强婴幼儿配方乳粉质量安全工作意见的通知》（国办发〔2013〕57 号）规定，国家食药总局制定了《婴幼儿配方乳粉生产企业食品安全追溯信息记录规范》，于 2015 年 12 月 31 日印发，至此，婴幼儿配方乳粉企业食品安全信息追溯实现了有规可循。食药总局要求各地食品药品监督管理部门督促指导行政区域内的婴幼儿配方乳粉生产企业真实、准确、有效记录生产经营过程的信息，建立和完善婴幼儿配方乳粉生产企业食品安全追溯体系，实现婴幼儿配方乳粉生产全过程信息可记录、可追溯、可管控、可召回、可查询，全面落实婴幼儿配方乳粉生产企业主体责任。

　　近年来，我国婴幼儿配方乳粉的质量安全水平总体稳定向好，国民对国产奶粉的消费信心正在逐步恢复。但也出现了一些乱象，截止到 2016 年上半年，我国 103 家婴幼儿配方乳粉生产企业共有近 2000 个配方，个别企业甚至有 180 余个配方，婴幼儿配方乳粉配方过多、过滥，配方制定随意、更换频繁等问题突出，存在一定质量安全风险隐患，造成消费者选择困难。按照新修订的《食品安全法》对婴幼儿配方乳粉产品配方进行注册管理的要求，2016年6月6日国家食药总局颁布了《婴幼儿配方乳粉产品配方注册管理办法》，我国婴幼儿配方乳粉配方开始推行注册制管理。

随着电子商务经济的发展，网络食品交易平台成了婴幼儿配方乳粉的一个重要销售渠道。2016年7月14日，为顺应网络食品安全监管工作的实际需要，国家食药总局制定并发布了《网络食品安全违法行为查处办法》，以加强网络食品安全监督管理。

国情变化和市场环境各方因素将继续推动我国婴幼儿配方乳粉相关政策法规体系的不断完善。

（二）婴幼儿配方乳粉政策法规的主要内容

1. 国务院关于促进奶业持续健康发展的意见

国务院于2007年9月27日颁布了《关于促进奶业持续健康发展的意见》。《意见》在奶牛养殖业加速淘汰、养殖户亏损、原料奶定价机制不合理、加工企业恶性竞争、市场秩序不规范的背景下提出，分析了奶业的深层次问题，阐明促进奶业持续健康发展要坚持四个原则，一是立足当前解困，着眼长远发展；二是坚持以农为本，理顺利益关系；三是规范企业行为，维护市场秩序；四是坚持市场导向，加大政策扶持。奶农应提高原料奶的质量，企业要考虑奶农的利益，只有建立奶农与企业的合理利益关系，实现双赢局面，才能使奶业持续健康发展。

《意见》提出了奶业持续健康发展的主要任务，明确了扶持奶业发展的各项政策措施。对于解决奶业发展困境，增加奶农收入，促进奶业持续健康发展具有重要意义。

2. 乳品质量安全监督管理条例

《乳品质量安全监督管理条例》于2008年10月6日国务院第二十八次常务会议通过，自公布之日起施行。

《条例》进一步完善了乳品质量安全管理制度，加强了从奶畜养殖、生鲜乳收购到乳制品生产、乳制品销售等全过程的质量安全管理，加大了对违法生产经营行为的处罚力度，以及监督管理部门不依法履行职责的法律责任。

《条例》从监管部门职责分工、领导责任、监管部门不履行职责的法律责任三方面完善并严格了乳品质量安全监管体制。《条例》规定，监管部门对乳品要定期监督抽查，公布举报方式和监管信息，并建立违法生产经营者"黑名单"制度。发生乳品质量安全事故，造成严重后果或者恶劣影响的，对有关人民政府、有关部门负有领导责任的负责人依法追究责任。

《条例》列明了生鲜乳收购、乳制品生产、乳制品销售等环节生产经营者的禁止行为及其法律责任。

针对三聚氰胺事件暴露出来的问题，为确保婴幼儿配方乳粉质量安全，《条例》还作出了一些专门规定。一是对制定婴幼儿配方乳粉质量安全标准提出明确要求。二是加强对婴幼儿配方乳粉生产环节的监管。规定婴幼儿配方乳粉生产企业应当建立危害分析与关键控制点体系，提高质量安全管理水平；生产婴幼儿配方乳粉应当保证婴幼儿生长发育所需的营养成分，不得添加任何可能危害婴幼儿身体健康和生长发育的物质；婴幼儿配方乳粉出厂前应当检测营养成分，并详细标明使用方法和注意事项。三是规定婴幼儿配方乳粉召回、退市特别制度。

此外，《条例》还规定国家建立奶畜政策性保险制度。

3. 奶业整顿和振兴规划纲要

为做好 2008 年婴幼儿配方乳粉事件处置工作，解决奶业面临的困难和深层次问题，促进奶业稳定健康发展，在继续深入贯彻《国务院关于促进奶业持续健康发展的意见》的基础上，发改委、农业部、工信部等 13 个部门于2008 年 11 月联合制定了《奶业整顿和振兴规划纲要》。

《纲要》提出，要以建设现代奶业为总目标，以全面加强质量管理和制度建设为核心，以整顿乳制品生产企业和奶站、规范养殖为重点，努力开创奶业发展新局面，并推动食品行业质量安全和监管水平的全面提升。为实现以上目标，《纲要》提出了 8 项任务及若干措施。要求全面加强质量监管，包括相关部门要完善乳品有关质量标准体系，加强基层检测能力建设，健全乳品检验、追溯、生产企业质量管理、生鲜乳质量监管等质量管理制度；为重塑消费者信心，要求及时公布信息、加强维权和普及乳品知识；加快市场恢复与培养工作；展开行业整顿、提高企业管理水平、优化产业结构等，全面提升乳制品企业生产企业素质；强化生鲜乳收购管理；提高养殖水平；推进产业化经营；加强行业指导和法制建设。

对于奶粉安全事件以来乳企和奶农面临的困境，《纲要》提出对乳制品生产企业的金融和财政支持政策，对重点地区特别困难奶农实施临时救助政策。《纲要》还明确市场主体责任，并强化地方政府责任。要求乳制品生产企业认真履行社会责任，自觉接受监督，主动为奶农和消费者提供技术咨询、科普宣传。要求有关部门制定相应落实《纲要》的具体方案，并在职责范围内对执行情况进行监督检查，各地结合实际情况制定实施计划和相关政策措施。

4. 生鲜乳生产收购管理办法

生鲜乳作为乳制品的核心原料，它的质量安全直接影响乳制品的质量安全。任何关乎其质量安全的活动都应该严格管理。《生鲜乳生产收购管理办法》于 2008 年 11 月 4 日农业部第 8 次常务会议审议通过，是农业部根据《乳品质量安全监督管理条例》制定的部门规章，自公布之日起施行。

《办法》明确了生鲜乳生产收购等活动中质量安全责任主体，规范了生鲜乳生产、收购、贮存、运输、出售活动。《办法》中强调，禁止在生鲜乳生产、收购、贮存、运输、销售过程中添加任何物质。《办法》还对生鲜乳生产环节、收购环节监督检查作出了规定。

5. 食品安全法

《食品安全法》在 2009 年 2 月 28 日首次发布，于 2015 年 4 月 24 日发布修订版的新《食品安全法》。

2009 年颁布的《食品安全法》共分为 10 章、104 条，对食品安全监管体制、食品安全标准、食品安全风险监测和评估、食品生产经营、食品安全事故处置等各项制度进行了补充和完善，加大了对违法行为的处罚力度。

在食品安全监管体制方面，《食品安全法》规定，国务院设立食品安全委员会。该委员会作为高层次的议事协调机构，对食品安全监管工作进行协调和指导，以消弭各部门的监管缝隙。同时，针对多头监管、政出多门的现状，《食品安全法》还进一步明确了各部门的职责并建立问责制。农业、卫生、工商、质检、食品药品监管等部门分别承担食品安全的相关监管责任，使食品安全监管的链条环环相扣。

法律规定，食品生产经营者应当依照法律、法规和食品安全标准从事生产经营活动，对社会和公众负责，保证食品安全，接受社会监督，承担社会责任。食品生产经营、食品添加剂生产实行许可制度。食品安全监督管理部门对食品不得实施免检。

在管理方面，还规定了食品安全风险监测和评估制度，要求进一步完善食品安全标准制度、食品生产经营行为等基本准则。明确了生产经营当中索证索票制度、食品召回制度、食品安全信息发布制度等一系列规定，实现了风险评估、标准制定、食品检验、信息发布、事故处理相统一、相协调。

《食品安全法》还就保健食品、食品广告等的监管作了规定。另外，法律保障了消费者的权利，消费者若购买了不符合食品安全标准的食品，除要求赔偿损失外，还可向生产者或者销售者要求支付价款 10 倍的赔偿金。

在总结三聚氰胺事件教训的基础上，《食品安全法》特别明确，要对食品添加剂加强监管。食品添加剂应当在技术上确有必要且经过风险评估证明安全可靠，方可列入允许使用的范围，严禁往食品里添加目录以外的物质。针对婴幼儿配方乳粉，法律特别规定，要求制定包括专供婴幼儿主辅食品的营养成分要求的食品安全标准；禁止生产营养成分不符合食品安全标准的专供婴幼儿的主辅食品；婴幼儿主辅食品标签还应当标明主要营养成分及其含量。

2015 年修订后的新《食品安全法》，进一步完善了食品安全监管体制，由多头监管变为集中统一监管，责任明确，力度更大，同时增设了基层食品药品的监管机构；确立了食品安全工作预防为主、风险分级管理等风险治理理念；突出全程治理，加强食品安全的产地、源头的把关，包括加强农业投入的监管，禁止剧毒、高毒农药使用等；建立食品安全全程追溯制度，对原料、种子、生产、批发、销售、餐饮全过程实施索票索证制度；强化了企业自我监管和食品监管部门抽检、日常巡查；完善生产经营者的过程控制等；加大了食品安全违法行为处罚力度，强化法律责任追究，严肃问责制度。

新法还加强了对网购食品的监管，明确对入网食品经营者进行实名登记，消费者合法权益受损，可以向入网食品经营者或生产者要求赔偿；明确了食品安全奖励制度；鼓励推行食品安全责任保险等。

新法还特别规定，婴幼儿配方乳粉的产品配方应当经国务院食品药品监督管理部门注册。注册时，应当提交配方研发报告和其他表明配方科学性、安全性的材料。

6. 乳制品工业产业政策

发改委公告 2008 年第 35 号，公布了《乳制品工业产业政策》，而随后发生的三聚氰胺事件暴露出乳制品行业存在的一些突出问题，如奶牛养殖业落后，加工能力过剩而奶源供应不足，市场竞争秩序规范性差等。2008 年 5 月发布的《乳制品工业产业政策》已经不能完全适应中国乳制品行业发展的需要，为了引导奶牛养殖、实现乳企合理布局，提升乳制品产业水平，加之2009 年《食品安全法》的颁布，也为了法律法规及政策更好地衔接考虑，工信部组织对原《乳制品加工行业准入条件》和《乳制品工业产业政策》进行了整合、修订。

《乳制品工业产业政策（2009 年修订）》突出了乳企质量安全责任，明确乳企在确保奶源供应安全及乳制品质量安全方面的责任；严格了行业准入，明确了投资人资质、准入规模、奶源基地稳定可控等；建立不合格产品召回制度，建立和完善重大事项应急处置制度和机制；明确乳制品行业的监管主体，行业协会做好产业政策宣传引导和协助工作。

针对婴幼儿配方乳粉，《政策》中提出生产企业应实施危害分析与关键控制点体系，婴幼儿配方乳粉应保证婴幼儿生长发育所需的营养成分，不得添加任何可能危害婴幼儿身体健康和生长发育的物质；加工企业加强市场销售跟踪服务，发现可能危害婴幼儿身体健康或生长发育的，立即启动应急处置机制，防止进一步危害。

7. 乳制品生产企业落实质量安全主体责任监督检查规定

国家质检总局于 2009 年 9 月 27 日发布了《乳制品生产企业落实质量安全主体责任监督检查规定》，自 2009 年 10 月 1 日起执行。《规定》中明确了质监部门对乳制品生产企业实施监督检查的方式、范围、程序和工作要求及结果处理，规范了乳制品生产企业质量安全监督检查工作。

对于乳制品生产企业，《规定》还明确了生产企业在保持资质一致，建立和落实原辅料采购查验制度、生产过程控制制度、产品出厂检验制度、不合格品管理制度、食品标识、销售等过程中需要重点落实的责任，并要求严格执行有关食品安全标准，建立从业人员健康档案，开展食品安全风险监测信息收集和评估，开展食品质量安全相关培训，建立消费者投诉受理制度，制定食品安全事故处置方案并定期检查防范措施落实等。

8. 婴幼儿配方乳粉生产许可审查细则

2010 年 11 月 1 日，质检总局发布《企业生产婴幼儿配方乳粉许可条件审查细则（2010 版）》，自公布之日起施行，代替了《乳制品生产许可证审查细则（2006 版）》。此《细则》按照 2010 版《食品生产许可管理办法》和《食品生产许可审查通则》的要求，结合婴幼儿配方乳粉生产的具体特点，对生产企业的质量管理制度、质量控制人员、生产条件、质量检验设备、企业自检项目等方面进行了更为具体和细致的规定和规范。

2013 年 12 月 16 日，食药总局发布《婴幼儿配方乳粉生产许可审查细则（2013 版）》，婴幼儿配方乳粉生产企业的生产许可证有效期届满换证审查、生产许可条件变更审查和新建企业生产许可审查，按照新《细则》执行。新《细则》重点对婴幼儿配方乳粉生产企业的原辅料把关、产品配方管理、生产工艺、过程控制等 9 个方面的内容进行了重新规定，提出了新的更高要求。

新《细则》参考药品良好生产规范，完善了对生产企业质量管理体系的要求，企业应按照 HACCP 和 GMP 要求建立和运行质量管理体系；加强了对生产原料管理的要求，包括奶源自建或自控、关键原料批批检验、建立原料供应商审核制度等；要求质量安全管理制度贯穿生产各个环节，体现在产品配方管理制度、技术标准、工艺文件、过程管理制度、产品防护管理制度、检验管理制度等；提高了生产所需的设备条件和维护管理，如增加了密闭输送系统、在线计量配料设备、金属检测设备等要求，对设备状态标示管理和清洗验证等；提高生产环境洁净度要求；提高了对质量管理人员的专业要求；要求企业实现质量安全追溯，对生产关键工序或关键点形成信息建立电子信息记录系统；要求企业具备一定的研发能力等。

此外，新《细则》还明确了基粉的概念，不再受理新建企业以基粉为原料、采用干湿法复合工艺异地生产婴幼儿配方乳粉的生产许可申请。对集团公司采用干湿法复合工艺异地生产并已取得生产许可的情况，给予一定过渡期限进行工艺整改。在产品分段和生产工艺上，新《细则》的要求也更加明确，包括明确划分 1~3 段婴幼儿配方乳粉产品，规定了湿法工艺、干法工艺和干湿法复合工艺 3 种生产工艺的基本流程和审查要求。

新《细则》与 2010 版相比，无论是企业硬件条件，还是生产管理水平、人员要求等方面都有了明显的提高，大大提高了婴幼儿配方乳粉企业的准入门槛。

9. 进口食品境外生产企业注册管理规定

2012 年 3 月 22 日，质检总局公布《进口食品境外生产企业注册管理规定》，并自 2012 年 5 月 1 日起施行。

《规定》中明确了进口食品境外生产、加工、储存企业注册工作统一由国家质检总局管理，具体的注册前审查、注册和监督管理由国家认监委组织实施，境外企业只有获得了注册，产品方可输入中国。这意味着，境外婴幼儿乳粉生产企业产品要输入中国，需先通过国家认监委注册。

《规定》中还明确了计划产品输华企业的注册条件，提交材料要求，延续注册申请以及注册暂停、整改、撤销等管理规定，注册的有效期为 4 年。

《规定》中强调，国际组织或者向中国境内出口食品的国家（地区）主管当局发布疫情通告，或者产品在进境检验检疫中发现疫情、公共卫生失控等严重问题的，国家质检总局公告暂停进口该国家（地区）相关食品期间，国家认监委不予接受该国家（地区）主管当局推荐其相关食品生产企业注册。

10. 进出口乳品检验检疫监督管理办法

2013 年 1 月 24 日，《进出口乳品检验检疫监督管理办法》经国家质检总局局务会议审议通过，自 2013 年 5 月 1 日起施行。《办法》明确了由国家质检总局主管全国进出口乳品检验检疫监管工作。

《办法》规定，国家质检总局对向中国出口乳品的境外食品生产企业实施注册制度，而在此前需要先对其所在国家或地区的食品安全管理体系和食品安全状况评估。乳品的出口商或者代理商及相关进口商需要向国家质检总局备案，名单应在国家质检总局网站公布。

《办法》还规定，进口乳品生产企业和进口商应保证进口乳品符合中国食品安全国家标准和相关要求，有符合我国相关标准的中文标签和中文说明书，要附上出口国家或者地区政府主管部门出具的卫生证书。需办理检疫审批手续的，应在取得《中华人民共和国进境动植物检疫许可证》后方可进口。境外乳品生产企业要能够提供中国食品安全国家标准规定项目的检测报告。进口商需要公布其进口乳品的种类、产地、品牌。

在此基础上，检验检疫机构将对进口乳品实施检验。进口乳品经检验检疫不合格的，若涉及安全、健康、环境保护项目，检验检疫机构责令当事人销毁，或由进口商办理退运手续。其他项目不合格的，经技术处理、重新检验合格后，方可销售、使用。此外，《办法》还要求，进口乳品存在安全问题，进口商应当主动召回并向所在地检验检疫机构报告。首次进口的乳品，进口商或者其代理人向海关检验检疫机构报检时，应当提供相应食品安全国家标准中列明项目的检测报告。无论《办法》实施之前是否有进口记录，《办法》施行起从境外启运的某一产品从某一口岸第一次进口，均视为首次进口。

11. 提高乳粉质量水平，提振社会消费信心行动方案

"双提方案"由工信部在 2013 年 6 月 4 日印发，方案响应了 2013 年 5 月 31 日召开的国务院第 10 次常务会议精神，提出开展婴幼儿配方乳粉企业质量安全专项检查；强化行业准入管理，严格核准婴幼儿配方乳粉行业新建和改（扩）建项目等；推进产业结构调整，引导企业联合、兼并重组，完善自主创新机制，加快淘汰落后产能，健全产业退出机制；推动企业技术改造，推进企业加快食品安全信息化建设，鼓励企业延伸产业链；完善标准体系建设；加强舆论宣传引导，组织消费者、各新闻媒体到婴幼儿配方乳粉企业实地参观，现场跟踪了解国产乳粉产品质量的真实情况。

12. 关于进一步加强婴幼儿配方乳粉质量安全工作的意见

2013 年 6 月 16 日，国务院办公厅转发了食品药品监管总局、工业和信息化部、公安部、农业部、商务部、卫生计生委、海关总署、工商总局、质检总局 9 部门《关于进一步加强婴幼儿配方乳粉质量安全工作的意见》，《意见》明确了婴幼儿配方乳粉产业下一步工作的目标和重点。

《意见》中提到，我国婴幼儿配方乳粉将参照药品管理的有关措施，严格生产许可，全面实施粉状婴幼儿配方食品良好生产规范；建立婴幼儿配方乳粉产品配方、原辅料使用和包装标签备案制度；推行婴幼儿配方乳粉电子信息化管理，努力实现产品全程可查询、可追溯；按照 2013 年重新修订的许可条件和要求，开展再审核再清理工作，淘汰不达标企业；严格婴幼儿配方乳粉新建和扩建项目的核准；加强流通领域经营单位许可管理，严格审核经营条件。

《意见》突出了企业首负责任。要求生产企业具备自建自控奶源，严格执行生鲜乳收购、贮存、运输制度和不合格生鲜乳主动报告及无害化处理制度，严格生鲜乳质量检验，对原料乳粉、乳清粉等实施批批检验，确保原料乳（粉）质量安全。《意见》明确任何企业必须严格执行"五不准"：不准委托加工，不准贴牌生产，不准分装生产，不准用统一配方生产不同品牌的婴幼儿配方乳粉，不准使用牛、羊乳（粉）以外的原料乳（粉）生产婴幼儿配方乳粉。流通环节要严格执行向供货者索票索证制度，实行婴幼儿配方乳粉专柜专区销

售，试行药店专柜销售。向中国出口婴幼儿配方乳粉的出口商或其代理商和进口商应按规定备案。经营单位和进口商必须落实质量安全责任追究制度，建立先行赔偿和追偿制度。

在监督监管方面，加强对生产企业持续保持许可条件、生产过程记录和备案制度执行情况等方面的监督检查，加强对生产企业检验能力的考核，进一步规范婴幼儿配方乳粉标签标识等。流通环节，将重点加强对母婴用品专营店销售婴幼儿配方乳粉的监管，并研究制定网络销售婴幼儿配方乳粉的管理制度，加强广告宣传监管，并对违法违规单位实行"黑名单"制度。严格实行境外婴幼儿配方乳粉生产企业注册管理，严禁进口大包装婴幼儿配方乳粉到境内分装，进口婴幼儿配方乳粉的中文标签必须在入境前直接印制在最小销售包装上。建立并实施婴幼儿配方乳粉风险监测和定期监督抽检制度。

《意见》要求加大打击惩处倒卖和非法收购不合格生鲜乳，非法添加非食用物质、超范围超限量使用食品添加剂，篡改生产日期、涂改标签标志、仿冒、走私等违法行为的力度，坚持重典治乱，增加违法犯罪成本。同时建立社会监督机制，完善相关保障措施，加大扶持婴幼儿配方乳粉产业发展力度。

13. 推动婴幼儿配方乳粉企业兼并重组工作方案

《方案》由国务院办公厅于 2014 年 6 月 6 日颁发，工信部、发改委、财政部、食药总局联合起草。计划到 2015 年底，争取形成 10 家左右年销售收入超过 20 亿元的大型婴幼儿配方乳粉企业集团，前 10 家国产品牌企业的行业集中度达到 65%；到 2018 年底，争取形成 3～5 家年销售收入超过 50 亿元的大型婴幼儿配方乳粉企业集团，前 10 家国产品牌企业的行业集中度超过 80%。

兼并重组针对在我国境内依法取得婴幼儿配方乳粉生产资质的乳制品企业，对于主体资格强调要有奶源保障、质量控制、资本实力等。

《方案》确定了推动婴幼儿配方乳粉企业兼并重组工作的主要任务，包括建立婴幼儿配方乳粉企业兼并重组工作机制、完善产业政策和准入标准、严格企业生产资质管理、采取多种方式推动企业兼并重组、规范企业兼并重组行为、支持兼并重组企业奶源基地建设，以及简化审批手续、落实税收优惠政策、加大财政资金投入、加大金融支持力度、发挥资本市场作用、落实土地管理政策、妥善处置企业兼并重组的债权债务关系、完善并落实兼并重组企业职工安置政策、消除跨地区兼并重组障碍等政策保障工作。

在国家兼并重组政策推动下，多家乳企通过收购、控股、参股等多种形式开展兼并重组活动，婴幼儿配方乳粉行业集中度进一步提高，在 2016 年 6 月全国食品安全宣传周工信部主题日暨婴幼儿配方乳粉企业兼并重组工作座谈会上，工信部相关发言人表示当前国内品牌前 10 家企业行业集中度已超过 65%。

14. 食品安全抽样检验管理办法

《食品安全抽样检验管理办法》于 2014 年 12 月 31 日由食药总局发布，自 2015 年 2 月 1 日起施行。《办法》是根据《中华人民共和国食品安全法》等法律法规，吸收原质检、工商、食品药品监管等部门相关制度建设的有益经验而制定的。

《办法》中明确专供婴幼儿、孕妇、老年人等特定人群食用的主辅食品应当作为食品安全抽样检验工作计划的重点，规定了食品安全抽样检验的原则、计划、抽样、检验、处理、法律责任等方面的内容。要求食品生产经营者应当依法配合食品药品监督管理部门组织实施的食品安全抽样检验工作，同时要求食品生产经营者收到不合格检验结论后，应当立即采取封存库存问题食品，暂停生产、销售和使用问题食品等措施控制食品安全风险。

15. 食品生产、经营许可管理办法

2015 年 8 月发布的《食品生产许可管理办法》和《食品经营许可管理办法》，规范了食品生产经营活动。

《食品生产许可管理办法》对婴幼儿配方食品生产许可作出了一些特别规定。首先是明确了婴幼儿配方食品的生产许可由省、自治区、直辖市食品药品监督管理部门负责，县级以上地方食品药品监督管理部门对变更或者延续食品生产许可的申请材料进行审查。其次要求许可时提交与婴幼儿配方食品相适应的生产质量管理体系文件以及相关注册和备案文件。

《食品生产许可管理办法》还规定，婴幼儿配方乳粉生产许可在产品注册时经过现场核查的，可以不再进行现场核查。婴幼儿配方食品的生产企业申请延续食品生产许可的，除了提交食品生产许可延续申请书、食品生产许可证正、副本以及与延续食品生产许可事项有关的其他材料，还应当提供生产质量管理体系运行情况的自查报告。此外，婴幼儿配方食品注册或者备案的生产工艺发生变化的，应当先办理注册或者备案变更手续。

《食品经营许可管理办法》中规定食品经营许可实行一地一证原则，同时按照食品经营主体业态和经营项目的风险程度对食品经营实施分类许可，按照《办法》规定，经营销售婴幼儿配方乳粉的其食品经营项目分属于特殊食品销售。

16. 婴幼儿配方乳粉生产企业食品安全追溯信息记录规范

《规范》明确了记录信息包括产品配方研发、原辅材料管理、生产过程控制、成品管理、销售管理、风险信息管理、产品召回等主要内容，并对这些内容的记录所要包含的详细信息作了描述。同时要求生产企业对生产全过程的关键操作人员、关键参数进行如实记录，确保记录真实、可靠，所有环节可有效追溯。鼓励生产企业采用信息化手段采集、留存生产经营记录。生产企业还可结合生产情况和保障婴幼儿配方乳粉质量安全需要，调整或增加记录内容。

《规范》中对婴幼儿配方乳粉基粉、婴幼儿配方乳粉生产企业食品安全追溯体系、批生产记录等术语进行了定义。其中，批生产记录作为婴幼儿配方乳粉生产企业食品安全追溯体系的原始记录，需统一归档保存 3 年以上。规范中的批次，是指按照同一产品配方，在同一条生产线一个生产周期内一次投料、一次连续包装，以相同工艺持续生产出具有预期均一质量及稳定性的一批成品。

17. 婴幼儿配方乳粉产品配方注册管理办法

经国家食药总局局务会议审议通过的《婴幼儿配方乳粉产品配方注册管理办法》于 2016 年 6 月 6 日公布，自 2016 年 10 月 1 日起施行。《办法》明确对境内、境外婴幼儿配方乳粉产品统一施行配方注册管理。

我国婴幼儿配方乳粉生产企业应当依法取得婴幼儿配方乳粉产品配方注册后，再依法取得婴幼儿配方乳粉生产许可，方可组织生产婴幼儿配方乳粉。

《婴幼儿配方乳粉产品配方注册管理办法》进一步督促企业科学研发设计配方，提高婴幼儿配方乳粉生产企业研发能力、生产能力、检验能力要求。对婴幼儿配方乳粉产品配方注册的申请企业条件、申请材料、申请与审批流程、变更注册和延续注册情况及流程、婴幼儿配方乳粉的标签、说明书要求以及注册相关的监督管理、法律责任作出了规定。

《办法》严格限定申请人资质条件。只有具备相应的研发能力、生产能力、检验能力，符合粉状婴幼儿配方食品良好生产规范要求，实施危害分析与关键控制点体系，对出厂产品按照有关法律法规和婴幼儿配方乳粉食品安全国家标准规定的项目实施逐批检验的婴幼儿配方乳粉生产企业才能申请产品配方注册。

《办法》限制了配方数量，要求每个企业原则上不得超过 3 个配方系列 9 种产品配方，旨在通过限制企业配方数，减少企业恶意竞争，树立优质国产品牌。为优化企业产能、满足市场需要，《办法》允许同一集团公司全资子公司使用集团公司内另一全资子公司已经注册的产品配方。

《办法》还规范了标签标识，旨在解决产品包装宣传乱象。如对产品中声称生乳、原料乳粉等原料来源的，要求如实标明具体来源地或者来源国，不允许使用"进口奶源""源自国外牧场""生态牧场""进口原料"等模糊信息；不允许在标签和说明书中明示或者暗示"益智、增加抵抗力或者免疫力、保护肠道"等；不允许以"不添加""不含有""零添加"等字样，强调未使用或不含有按照食品安全标准、不应当在产品配方中含有或使用的物质等。

《办法》的出台将提升婴幼儿配方乳粉行业准入门槛，配方、品牌乱象将有较大改善，品牌集中度进一步提升，市场竞争环境更加趋于良性，有利于形成中国婴幼儿配方乳粉行业健康发展的新格局。

18. 网络食品安全违法行为查处办法

《办法》明令入网食品生产经营者不得在网上刊载婴幼儿配方乳粉产品信息明示或者暗示具有益智、增加抵抗力、提高免疫力、保护肠道等功能或者保健作用。

《办法》要求入网销售婴幼儿配方乳粉及特殊医学用途婴儿配方食品的食品生产经营者在其经营活动主页面显著位置公示其食品生产经营许可证（自建网站交易的还应公示营业执照），并应依法公示产品注册证书或者备案凭证，持有广告审查批准文号的还应当公示广告审查批准文号，并链接至食品药品监督管理部门网站对应的数据查询页面。

依照此《办法》，违反以上规定的将由县级以上地方食品药品监督管理部门责令改正，给予警告；拒不改正的，处 5000 元以上 3 万元以下罚款。

19. 其他

为了促进母乳喂养，1995 年 6 月 13 日由原卫生部、国内贸易部、广播电影电视部、新闻出版署、国家工商行政管理局、中国轻工总会共同参与的《母乳代用品销售管理办法》正式颁布，并于 1995 年 10 月 1 日起施行。《办法》规范了包括婴儿配方食品在内的母乳代用品的销售、广告、宣传等行为。

《办法》对母乳代用品包装标签作出了相关规定，如不得印有婴儿图片，不得使用"人乳化""母乳化"或类似的名词等。《办法》还要求生产者和销售者不得向医疗卫生保健机构、孕妇、婴儿家庭赠送产品、样品，或减价销售产品。同时，禁止发布母乳代用品广告。医疗卫生保健机构及其人员也不得向孕妇和婴儿家庭宣传母乳代用品，不得将产品提供给孕妇和婴儿母亲。

参照《国际母乳代用品销售守则》和世界卫生大会相关决议，原卫生部曾组织起草了《母乳代用品销售管理办法（征求意见稿）》，并于 2011 年 11 月 1 日向社会公开征集意见。目前新《母乳代用品销售管理办法》还未出台，1995 年发布的办法仍旧有效。

此外，关于婴幼儿配方乳粉广告宣传，2015 年 4 月 24 日第十二届全国人民代表大会常务委员会第十四次会议修订的《广告法》中特别规定了，禁止在大众传播媒介或者公共场所发布声称全部或者部分替代母乳的婴儿乳制品、饮料和其他食品广告。

（三）婴幼儿配方乳粉产品监管的改革

1. 监管体制框架

2013 年国务院发布机构改革和职能转变方案，将原隶属于卫生部下的国家食品药品监督管理局，整合原分属于质检、工商、卫生部门（部分）的食品生产、流通、餐饮环节的安全监管职能，组建国家食品药品监督管理总局。主要职责是对生产、流通、消费环节的食品安全和药品的安全性、有效性实施统一监督管理等。将工商行政管理、质量技术监督部门相应的食品安全监督管理队伍和检验检测机构划转食品药品监督管理部门。保留国务院食品安全委员会，具体工作由食品药品监管总局承担。

为做好食品安全监督管理衔接，明确责任，提出方案，新组建的国家卫生和计划生育委员会负责食品安全风险评估和食品安全标准制定。农业部负责农产品质量安全监督管理。

机构改革和职能转变调整后由农业部、卫计委、食药总局、质检总局四大部门对婴幼儿配方食品安全进行监管。

农业部监测婴幼儿配方乳粉奶源质量安全，主要负责对产品投入品的质量监测、鉴定和执法监督管理；组织、监督对国内奶牛饲养的防疫、检疫工作，发布疫情并组织扑灭。

卫计委主要负责食品安全风险监测、风险评估以及国家标准的制定工作。若产品配方中使用了在我国无传统食用习惯的食品原料或未经批准的食品添加剂，需先向卫计委下属的风险评估中心进行新食品原料或食品添加剂新品种的申报。

食药总局对食品的生产、流通以及消费环节实施统一监督管理。婴幼儿配方乳粉企业生产许可审查、婴幼儿配方乳粉产品配方注册和特殊医学用途配方食品注册等活动均归其管理。

此外，质检总局负责食品包装材料、容器、食品生产经营工具等食品相关产品生产加工的监督管理，同时负责进出口食品安全、质量监督检验和监督管理。工商管理部门负责食品广告活动的监督检查。

2. 监管机制的探索之路

2008 年三鹿奶粉的三聚氰胺事件可谓我国乳业的"滑铁卢"，2008 年以来中国出台了一系列的乳业产业调整政策，力图通过产业政策的鼓励和扶持，促进乳制品加工企业的兼并、重组，进一步提高乳制品加工企业的市场集中度。通过近 8 年的监管体制调整及管理制度的完善，现全面实施了《粉状婴幼儿配方食品良好生产规范》（GMP），强化婴幼儿配方乳粉监管。为落实新修订的《食品安全法》要求，2016 年 6 月 6 日国家食药总局颁布了《婴幼儿配方乳粉产品配方注册管理办法》，《办法》明确对境内、境外婴幼儿配方乳粉产品统一施行配方注册管理，为实施全过程、全链条监管提供了制度保障。

本节主要从加强制度建设、严格生产许可、加强监督抽检及实行风险分级管理四个方面对监管举措进行梳理。

（1）加强制度建设

中国政府监管部门先后制定并出台了《关于进一步加强乳品质量安全工作的通知》（国办发〔2010〕42 号）、《关于禁止以委托、贴牌、分装等方式生产婴幼儿配方乳粉的公告》（2013 年总局第 43 号公告）、《食品药品监管总局办公厅关于使用进口基粉生产婴幼儿配方乳粉生产许可审查有关工作的通知》（食药监办食监一〔2014〕54 号）等一系列制度措施，有针对性地提升生产许可门槛，对企业生产经营活动做出更严格的规定。本节对婴幼儿配方乳粉制度建设逐一阐述。

①进一步加强乳品质量安全工作

2010年9月16日国务院办公厅印发《关于进一步加强乳品质量安全工作的通知》（国办发〔2010〕42号），《通知》指出要按照从严管理的原则，进一步严格乳制品生产许可审查条件，禁止以承包、转包或租赁乳制品生产企业等方式逃避监管，禁止将乳粉再还原生产乳粉，依法严格限制乳粉分装生产行为。质检总局要于2010年10月底前修订完成乳制品生产许可审查细则。对新建乳制品生产企业，省级质检部门要严格审核把关，不符合条件的一律不予发放生产许可证；对已获得生产许可证的企业，要于2011年2月底前按照修订后的生产许可审查条件进行重新审核，对不符合条件的企业责令停止生产销售、限期整改。

《通知》还要求有关部门制定三聚氰胺生产流通管理办法，进一步完善和落实三聚氰胺生产企业出厂销售用户登记制度、承诺制度和销售台账制度，并在三聚氰胺从批发商到零售商的流通全程建立销售实名登记等制度，防止三聚氰胺产品及其废料流向食品生产加工企业和饲料生产加工企业。

另外，质检总局、工商总局、农业部、商务部、食品药品监管局要会同有关部门抓紧研究以婴幼儿配方乳粉和原料乳粉为试点推行电子信息追溯系统，实现从奶源、采购、生产、出厂、运输到销售终端的全程有效监管，确保对产品在任何环节都能快速辨别真伪。

其中，国家质检总局办公厅2012年3月16日印发《关于婴幼儿配方乳粉有关问题的复函》（质检办食监函〔2012〕205号），再次重申禁止用成品婴幼儿配方乳粉还原再生产婴幼儿配方乳粉的行为。

②进一步加强乳制品企业电子信息记录系统建设工作

国家质检总局办公厅2011年7月14日印发《关于进一步加强乳制品企业电子信息记录系统建设工作的通知》（质检办食监〔2011〕833号），《通知》要求各地质检部门指导当地乳制品企业开展电子信息记录系统建设工作。《通知》阐述了乳制品企业电子信息记录系统的基本功能及电子信息记录的主要内容。

该电子信息记录使得原先发生问题时存在的资料不全、责任不明等问题得到根本解决。

③切实规范流通环节乳制品经营者履行进货查验和查验记录义务

2011年9月6日国家工商总局发布《关于切实规范流通环节乳制品经营者履行进货查验和查验记录义务的实施意见》（工商食字〔2011〕172号），指出重点监督食品经营企业和乳制品经营者等建立执行进货查验、索票索证和查验记录制度。在巡查中对照实际上架销售的食品，核查经营者的进货台账，对于不执行进货查验、不按规定建立台账和台账不全、台账不实的经营者，责令限期改正；对于逾期不整改的，依法查处，以确保经营者从正规渠道进货。

④加强进出口乳品检验检疫监督管理

为进一步明确《进出口乳品检验检疫监督管理办法》的相关内容，保证《办法》顺利实施，质检总局 2013 年 4 月 15 日发布《关于实施〈进出口乳品检验检疫监督管理办法〉有关要求的公告》（质检总局［2013］53 号）。

明确无论《办法》实施之前是否有进口记录，自 5 月 1 日起从境外启运的某一产品从某一口岸第一次进口，均视为首次进口，尤其是首次进口的婴幼儿配方食品基粉原料（乳基预混料），报检时还要提供微生物、污染物和真菌毒素项目的检测报告。

进口乳品标签上标注获得的国外奖项、荣誉、认证标志等内容，应当提供经外交途径确认的有关证明文件。外交途径确认是指经我国驻外使领馆或外国驻中国使领馆确认。质检总局设立如此严格的官方把关门槛，以杜绝"出身不正"的洋奶粉鼓吹自己的产品。

2015 年 1 月 8 日质检总局发布了《关于实施〈进出口乳品检验检疫监督管理办法〉有关要求的公告》，对非首次进口的乳品进口商或者其代理人报检时所提供的检测报告规定的项目进行了调整，此外，还要求进口的以巴氏杀菌工艺生产加工的调制乳办理进境检疫审批手续。

⑤加强进口婴幼儿配方乳粉管理

质检总局 2013 年 9 月 23 日发布《关于加强进口婴幼儿配方乳粉管理的公告》（2013 年第 133 号），《公告》强调自 2014 年 5 月 1 日起，未经注册的境外生产企业的婴幼儿配方乳粉不允许进口。进口婴幼儿配方乳粉，其报检日期到保质期截止日不足 3 个月的，不予进口。

《公告》提出严禁进口大包装婴幼儿配方乳粉到境内分装，进口的婴幼儿配方乳粉必须已罐装在向消费者出售的最小零售包装中。自 2014 年 4 月 1 日起，进口婴幼儿配方乳粉的中文标签必须在入境前已直接印制在最小销售包装上，不得在境内加贴。产品包装上无中文标签或者中文标签不符合中国法律法规和食品安全国家标准的，一律按不合格产品做退货或销毁处理。

该法规实施后，包括进口奶粉生产企业及产地不明确、产品配方不清楚等隐患，都将得到解决。

⑥禁止以委托、贴牌、分装等方式生产婴幼儿配方乳粉

食药总局 2013 年 11 月 27 日发布《关于禁止以委托、贴牌、分装等方式生产婴幼儿配方乳粉的公告》（2013 年第 43 号），明确指出婴幼儿配方乳粉生产企业不得接受其他单位和个人委托，为其生产婴幼儿配方乳粉。任何单位和个人不得通过合同或者约定，委托婴幼儿配方乳粉生产企业为其加工、制作婴幼儿配方乳粉。婴幼儿配方乳粉生产企业不得为其他品牌持有人或代理人生产婴幼儿配方乳粉，不得冒用他人品牌和包装生产婴幼儿配方乳粉。

《公告》指出，婴幼儿配方乳粉生产企业不得在国内生产其仅在境外注册商标和企业名称、地址的婴幼儿配方乳粉，不得在国内生产标注为境外企业名称、地址的婴幼儿配方乳粉。任何单位和个人不得采购或进口婴幼儿配方乳粉直接进行装罐、装袋、装盒，或者改变包装、标签生产婴幼儿配方乳粉。婴幼儿配方乳粉生产企业不得使用相同的原料、辅料构成的同一种配方，生产不同产品名称的婴幼儿配方乳粉。

《公告》还明确，婴幼儿配方乳粉生产企业不得使用除牛、羊乳及其乳粉、乳成分制品（包括乳蛋白、乳糖等）以外的其他动物乳和乳制品生产婴幼儿配方乳粉。违反《公告》要求的，由县级以上地方食品药品监督管理部门依法予以查处；涉嫌犯罪的，移送司法机关依法追究其刑事责任。

该法规对三类品牌有影响：一、需大量从外国进口奶源原料回国后加工生产的品牌；第二类是在国内分装的品牌；第三类是洋奶粉。从根本上规范了婴幼儿配方奶粉的生产。

⑦药店试点销售婴幼儿配方乳粉

2013 年 12 月 18 日食药总局发布《关于开展在药店试点销售婴幼儿配方乳粉工作的通知》（食药监食监二［2013］252 号），《通知》指出药店可自愿申请试点销售婴幼儿配方乳粉，专柜销售婴幼儿配方乳粉。

《通知》规定，各地应实施药店销售婴幼儿配方乳粉专项许可。已申请取得婴幼儿配方乳粉流通许可的药店，应当在销售场所划定专门的柜台、货架，摆放、销售婴幼儿配方乳粉，并在销售柜台、货架处显著位置设立销售专柜提示牌，采取"绿底＋白字（黑体）"式样。药店应当设立专门区域单独存放库存的婴幼儿配方乳粉，符合标签标注的储存条件，并与库存的药品隔离，禁止混放。

实行参照药品经营质量管理规范对婴幼儿配方乳粉销售进行管理，药店专业人员经过婴幼儿配方乳粉相关管理法律法规以及婴幼儿科学喂养知识培训

后，可就所销售的婴幼儿配方乳粉对消费者进行专业的指导和帮助。专业人员对消费者提供指导和帮助时不得对婴幼儿配方乳粉进行夸大和虚假宣传，误导消费者。

⑧监督食品生产经营者严格落实食品安全主体责任

2015 年 5 月 26 日，食药总局颁布《关于监督食品生产经营者严格落实食品安全主体责任的通告》（2015 年第 16 号），从企业主体责任落实、加大政府监督监管、实现社会共治等方面进入，对企业行业、政府以及消费者进行进一步规范。

⑨配方注册管理办法相关配套文件

为确保《婴幼儿配方乳粉产品配方注册管理办法》顺利施行，食药总局还组织发布《婴幼儿配方乳粉产品配方注册申请材料项目要求》《婴幼儿配方乳粉产品配方注册现场核查规定》等配套文件。文件对研发报告要求、配方差异性原则、检验报告形式等问题进行了详细说明。

（2）严格生产许可

2013 年 12 月，食药总局印发《食品药品监管总局关于贯彻婴幼儿配方乳粉生产许可审查细则严格生产许可工作的通知》（食药监食监一〔2013〕253号），部署开展婴幼儿配方乳粉生产许可审查和再审核工作。

一是严格审查要求。细化审查方案，确定审查进度，明确审查标准，对审查员进行集中培训，解读审查重点和难点，施行了审查员统一考核注册。二是严格现场核查。按照《细则》要求，对企业奶源管理、原辅料进场把关、生产过程控制、检验检测以及自主研发、产品配方、生产工艺、生产条件、制度管理和产品追溯等所有环节，逐项审查，严格把关。三是严格发证检验。按照食品安全国家标准和产品配方，对 82 个检验项目进行全项目检验，保障了检验数据的客观、公正、准确。

2014 年 1 月 28 日，食药总局公布婴幼儿配方乳粉生产许可审查员名单，同日发布婴幼儿配方乳粉生产许可检验机构。2014 年 2 月 20 日，食药总局发布婴幼儿配方乳粉生产许可审查要求，要求各地按照审查要求，开展婴幼儿配方乳粉生产企业的生产许可证有效期届满换证审查、生产许可条件变更审查和新建企业生产许可审查工作。

2014 年 3 月 31 日，食药总局办公厅发布《关于使用进口基粉生产婴幼儿配方乳粉生产许可审查有关工作的通知》（食药监办食监一〔2014〕54号），

《通知》要求对生产工艺及基粉要求、配方、质量控制措施等方面严格审查。

该《通知》明确规定，经省（区、市）食品药品监管局审核同意，允许企业使用进口基粉作为原料生产婴幼儿配方乳粉，但企业必须按《婴幼儿配方乳粉生产许可审查细则》（2013 版）中规定的干法工艺进行生产。

对于企业所使用的进口基粉，《通知》规定，必须符合《细则》中基粉的定义，但不应是符合《食品安全国家标准婴儿配方食品》《食品安全国家标准较大婴儿和幼儿配方食品》规定的成品。《通知》还明确指出，严禁企业使用进口大包装婴幼儿配方乳粉进行生产和分装。

2016 年 8 月 16 日食药总局印发《食品生产许可审查通则》（食药监食监一〔2016〕103 号），《通则》明确指出特殊医学用途配方食品、婴幼儿配方食品等作为特殊食品，在申请生产许可时，有以下特殊要求：一是应当提交与所生产食品相适应的生产质量管理体系文件以及相应的产品或产品配方注册或备案文件。二是申请变更或延续食品生产许可的，如果经注册或备案的特殊医学用途配方食品、婴幼儿配方乳粉注册或备案事项发生变化的，相关生产企业应当在办理食品生产许可的变更前，办理产品或产品配方注册或者备案变更手续，并向审批部门提供相应的产品注册或备案文件。三是申请变更的，还应当就企业变化事项提交与所生产食品相适应的生产质量管理体系文件。申请延续的，还应当就企业变化事项提供与所生产食品相适应的生产质量管理体系运行情况的自查报告。

（3）加强监督检查

2013 年 11 月 27 日，国家食品药品监督管理总局 2013 年第 44 号公告发布了《婴幼儿配方乳粉生产企业监督检查规定》。《规定》明确了婴幼儿配方乳粉生产企业质量安全责任和对企业的监督检查方式、监督检查程序、监督检查结果处理和监督检查工作要求等。从 2016 年 1 月开始，食品药品监管总局继续加强重点食品监管和风险防控，加强重点食品共性问题研究，国家食品药品监督管理总局对婴幼儿配方乳粉从 2015 年每个季度抽样检验公布一次改成"月月抽检、月月公开"。

①婴幼儿配方乳粉生产企业监督检查规定

针对婴幼儿配方乳粉的特殊性和监管工作的重要性，对企业建立完善质量安全管理制度、自主研发能力、原辅料采购查验、生产过程控制、产品出厂批批检验、产品配方备案、不安全产品召回、消费者投诉处理、食品安全事故处置以及产品可追溯等质量安全责任和监管部门开展监督检查内容进行了规定。

《规定》中要求企业应当设立质量安全管理机构，配备专职质量安全管理人员，建立质量安全授权人制度。企业应当具备专业研发机构、装备和人员，能够完成新产品研发、产品质量安全跟踪评价、生产过程中风险因素的识别防控等工作。

《规定》同时还明确，企业应当具备自建自控奶源，建立并落实原辅料采购查验制度。企业应当具备检验机构、设备和人员，能够自行开展产品出厂全项目批批检验，检验项目与企业所执行的标准及标签明示的项目一致。企业应当定期与第三方检验机构进行检验能力比对，确保检验结果的准确性。

②国家食药总局婴幼儿配方乳粉抽检计划及细则

国家食药监总局发布《2016 年食品安全抽检计划主要内容及食品安全抽检实施细则》（2016 年版），涵盖婴幼儿配方乳粉抽检项目及相应的检测方法。

③国家食药总局婴幼儿配方乳粉生产企业开展食品安全审计

国家食药总局对婴幼儿配方乳粉专项监督抽检，对检出不合格产品的生产企业开展食品安全审计。通过审查资料、询问人员、现场检查、比对检验等方式，重点审计企业的研发能力、制度执行、可追溯记录、问题产品原因查找和整改情况、原料与产品之间的账目对应情况等项目。

针对审计发现的问题，总局发布审计通告，要求相关省局责令问题企业全面停产，全面整改，不达到要求，不得复产，对企业违法行为立案调查，根据调查情况，依法严肃处理，并及时向社会公布。2015 年 7 月首次对外发布《婴幼儿配方乳粉生产企业的食品安全审计问题通告》，自此国家食药监总局将食品安全审计作为常态工作。

④质检总局开展进口婴幼儿配方乳粉专项检测工作

2016 年 3 月 2 日质检总局发布《关于开展进口婴幼儿配方乳粉专项检测工作的通知》（质检食函［2016］48 号），《通知》指出对首次进口的婴幼儿配方乳粉，开展覆盖国家标准规定的全项目检测；覆盖所有婴幼儿配方乳粉输华生产企业的所有产品。同一注册企业有多个品牌的，应覆盖所有品牌。同一品牌有多个系列的，应覆盖所有系列。

（4）实行风险分级管理

食品安全风险监测是《食品安全法》规定国家卫生计生委员会牵头，会同相关部门共同履行的一项重要职责。国家食品安全风险监测计划是根据食品安全风险评估、食品安全标准制定与修订和食品安全监督管理等工作的需要制定。卫计委会同相关部门依法制定每年的食品安全风险监测计划。主要由食品安全风险评估中心牵头成立国家食品安全风险监测计划制定专家工作组，相关部门和技术机构以及地方专家共同参与，研究制定风险监测计划具体内容。国家食品安全风险监测计划以强化风险监测的科学性，注重样品的代表性，提高发现隐患的敏感性为基础，统筹资源、突出重点、落实责任、形成合力，有效地提高了食源性疾病的预警与控制能力。

新修订的《食品安全法》明确了食品安全工作实行风险管理的原则，并提出了实施风险分级管理的要求。为了强化食品生产经营风险管理，科学有效实施监管，落实食品安全监管责任，保障食品安全，2016年9月食药总局印发《食品生产经营风险分级管理办法（试行）》（食药监食监一 ［2016］ 115号）。

《办法》明确了风险分级原则、划分依据、划分方法、风险因素量化指标制定权限等，食品生产经营按照风险进行分级管理，风险等级从低到高分为A级风险、B级风险、C级风险、D级风险4个等级。食品药品监督管理部门确定食品生产经营者风险等级，采用评分方法进行，以百分制计算。其中，静态风险因素量化分值为40分，动态风险因素量化分值为60分。分值越高，风险等级越高。食品生产经营静态风险因素按照量化分值划分为Ⅰ档、Ⅱ档、Ⅲ档和Ⅳ档，婴幼儿配方乳粉属于Ⅳ档。

《办法》的问答中明确因为婴幼儿配方乳粉的工艺配方复杂、受众群体特殊、社会关注度高等因素拉高了其风险分值。对风险等级较高的企业，并不能简单认为该企业生产的食品质量安全风险就是较高的。风险等级较高的企业，只代表企业要从风险管理角度更加注重管控风险，要求监管部门要更加注重对这类企业的监督检查。对风险等级为D级风险的食品生产经营者，原则上每年至少监督检查3~4次。

二、婴幼儿配方乳粉的标准体系发展

（一）标准化工作进展

从2008年底开始，原卫生部牵头会同各相关部门对160多项乳品标准进行了清理整合完善。2010年2月，第一届食品安全国家标准审评委员会审议通过了 66 项乳品安全国家标准，并于 3 月 26 日由卫生部批准公布。其中包括乳品产品标准（包括生乳、婴幼儿食品、乳制品等）15 项，生产规范标准 2 项和检验方法标准 49 项。

2013 年后，根据职责分工由新组建的国家卫计委负责制定公布食品安全国家标准。国家卫计委不断加强食品安全标准工作，建立完善了食品安全标准管理制度和工作机制，制定并公布实施食品安全国家标准、地方标准和企业标准备案管理办法，出台了加强食品安全标准工作的指导意见，建立了部门间协调配合机制，形成了鼓励行业和社会公众参与标准制定的工作机制；组建了由 10 个专业分委员会组成的食品安全国家标准审评委员会，负责标准审查工作，制定公布《食品安全国家标准工作程序手册》，规范标准审评工作；成立国家食品安全风险评估中心，开展食品安全风险评估，为制定完善标准提供科学依据。食品安全标准体系建设初见成效。

2014 至 2015 年，卫计委在食品安全标准清理工作的基础上，全面启动食品安全国家标准整合工作，由国家食品安全风险评估中心承担标准整合的日常技术性工作。完成对各类食品标准中涉及安全内容的整合工作，基本解决了现行标准交叉、重复、矛盾的问题，同时加强重点和缺失的食品安全国家标准制定、修订工作，逐步完善了我国食品安全标准体系，形成与国际食品法典标准框架、原则、主要内容基本一致的我国食品安全国家标准体系。食品安全标准体系建设取得明显进展。

（二）主要标准及内容

截至 2016 年 9 月，我国共发布食品安全国家标准 926 项，其中与婴幼儿配方乳粉有关的标准主要包括 3 项婴幼儿配方食品标准，8 项通用标准，12 项食品营养强化剂质量规格标准以及 50 项以上食品添加剂标准，70 项以上检验方法标准，5 项生产经营规范标准以及一些食品产品标准和食品相关产品标准。

1. 婴幼儿配方食品标准

婴幼儿配方食品标准包括表中 3 项，3 个标准均对婴儿生长发育所必需的成分进行了详细的规定，包括能量、宏量营养素、微量营养素的来源、含量范围、对应的检测方法和（或）计算方法。同时，还规定了可选择性成分的含量范围、检测方法，产品标签标识等方面的内容。

表3－1　婴幼儿配方食品标准

序号	标准号	标准名称	发布日期	实施日期	说明
1	GB 10765—2010	食品安全国家标准　婴儿配方食品	2010－03－26	2011－04－01	规定了0月龄－12月龄正常婴儿配方食品的相关要求。
2	GB 10767—2010	食品安全国家标准　较大婴儿和幼儿配方食品	2010－03－26	2011－04－01	规定了6月龄－36月龄正常婴儿配方食品的相关要求。
3	GB 25596—2010	食品安全国家标准　特殊医学用途婴儿配方食品通则	2010－12－21	2012－01－01	规定了患有特殊紊乱、疾病或医疗状况等特殊医学状况的0月龄－12月龄婴儿的配方食品相关要求。

2. 通用标准

表3－2　食品安全通用标准

序号	标准号	标准名称	发布日期	实施日期	说明
1	GB 2760—2014	食品安全国家标准　食品添加剂使用标准	2014－12－24	2015－05－24	规定了食品添加剂的使用原则、允许使用的品种等。可根据特殊膳食用食品（13.0）婴幼儿配方食品（13.01）婴儿配方食品（13.01.01）较大婴儿和幼儿配方食品（13.01.02）特殊医学用途配方食品（13.01.03）分类号查询食品添加剂使用范围及最大使用量。
2	GB 2761—2011	食品安全国家标准　食品中真菌毒素限量	2011－04－20	2011－10－20	4.1和4.2中规定了婴幼儿配方食品中黄曲霉毒素 B_1 和黄曲霉毒素 M_1 的限量及测定方法。

续表

序号	标准号	标准名称	发布日期	实施日期	说明
3	GB 2762—2012	食品安全国家标准 食品中污染物限量	2012 - 11 - 13	2013 - 06 - 01	4.1、4.5 和 4.8 中规定了婴幼儿配方食品中铅、锡、亚硝酸盐、硝酸盐的限量及检验方法。
4	GB 2763—2014	食品安全国家标准 食品中农药最大残留限量	2014 - 03 - 20	2014 - 08 - 01	4.184、4.362、4.363、4.366、4.367、4.368 和 4.370 中分别规定了生乳中硫丹、艾氏剂、滴滴涕、林丹、六六六、氯丹、七氯的限量及测定方法，其中硫丹限量为临时限量。此外，4.364 中还规定了狄氏剂在奶类中的限量。
5	GB 7718—2011	食品安全国家标准 预包装食品标签通则	2011 - 04 - 20	2012 - 04 - 20	规定了预包装食品（包括婴幼儿配方乳粉）标签的基本标示要求。
6	GB 13432—2013	食品安全国家标准 预包装特殊膳食用食品标签	2013 - 12 - 26	2015 - 07 - 01	规定了特殊膳食用食品（包括婴幼儿配方乳粉）中具有特殊性的标示要求，含营养标签要求。
7	GB 14880—2012	食品安全国家标准 食品营养强化剂使用标准	2012 - 03 - 15	2013 - 01 - 01	婴幼儿配方乳粉允许使用的营养强化剂及化合物来源应符合 GB 14880—2012 中附录 C。
8	GB 28050—2011	食品安全国家标准 预包装食品营养标签通则	2011 - 10 - 12	2013 - 01 - 01	规定了预包装食品（包括婴幼儿配方乳粉）功能声称标准用语。符合 GB13432—2013 含量声称要求的，可按此标准对能量和（或）营养成分进行功能声称。

3. 原料标准

《婴幼儿配方食品标准》规定婴幼儿配方乳粉产品所使用的原料应符合相应的安全标准（如 GB 19301—2010《食品安全国家标准　生乳》、GB 19644—2010《食品安全国家标准　乳粉》、GB 11674—2010《食品安全国家标准　乳清粉和乳清蛋白粉》、GB 19646—2010《食品安全国家标准　稀奶油、奶油和无水奶油》、GB 25595—2010《食品安全国家标准　乳糖》等）或相关规定（如《婴幼儿配方乳粉生产许可审查细则》、国家卫计委公告等）。

此外，婴幼儿配方乳粉产品标准还要求所用原料应保证婴幼儿的安全、满足营养需求，不应使用危害婴幼儿营养与健康的物质，不应使用氢化油脂，不应使用经辐照处理过的原料。婴儿配方乳粉还不应含有谷蛋白。

4. 添加剂、营养强化剂标准

食品添加剂和营养强化剂的使用应符合 GB 2760 和 GB 14880 的规定和《婴幼儿配方食品标准》中的规定。

食品添加剂和营养强化剂质量应符合相应的安全标准（如 GB 1886.16—2015《食品安全国家标准　食品添加剂　香兰素》、GB 1886.283—2016《食品安全国家标准　食品添加剂　乙基香兰素》、GB 26687—2011《食品安全国家标准　复配食品添加剂通则》、GB 30604—2015《食品安全国家标准　食品营养强化剂 1，3－二油酸－2－棕榈酸甘油三酯》、GB 31617—2014《食品安全国家标准　食品营养强化剂　酪蛋白磷酸肽》、GB 1903.3—2015《食品安全国家标准　食品营养强化剂 5'－单磷酸腺苷》等）和有关规定（如国家卫计委公告等）。

5. 检验方法标准

婴幼儿配方乳粉产品有关的检验方法标准主要包括 GB 5009 系列通用的食品理化检验方法、GB 5413 系列婴幼儿和乳品的理化指标检验方法、GB 4789 系列微生物检验方法、GB 14883 系列食品中放射性物质检验方法、GB 31604 系列食品接触材料及制品有关的检验方法。此外还有 GB/T 22388—2008《原料乳与乳制品中三聚氰胺检测方法》、GB 29989—2013《食品安全国家标准 婴幼儿食品和乳品中左旋肉碱的测定》和 GB 21703—2010《食品安全国家标准 乳和乳制品中苯甲酸和山梨酸的测定》等。

6. 生产经营规范标准

表 3 – 3　生产经营规范标准

序号	标准号	标准名称	发布日期	实施日期	说明
1	GB 23790—2010	食品安全国家标准　粉状婴幼儿配方食品良好生产规范	2010 – 03 – 26	2010 – 12 – 01	规定了粉状婴幼儿配方食品生产企业的厂房、车间、设备、卫生管理、原料和包装材料、生产过程的食品安全控制等要求。
2	GB 29923—2013	食品安全国家标准　特殊医学用途配方食品良好生产规范	2013 – 12 – 26	2015 – 01 – 01	规定了特殊医学用途配方食品（包括特殊医学用途婴儿配方食品）生产过程中原料采购、加工、包装、贮存和运输等环节的场所、设施、人员的基本要求和管理准则。
3	GB 12693—2010	食品安全国家标准　乳制品良好生产规范	2010 – 03 – 26	2010 – 12 – 01	规定了乳制品生产企业厂房、车间、设备、卫生管理、原料和包装材料、生产过程的食品安全控制、检验、贮存、运输、追溯、召回、培训、管理机构和人员、记录和文件管理等要求。
4	GB 14881—2013	食品安全国家标准　食品生产通用卫生规范	2013 – 05 – 24	2014 – 06 – 01	规定了各类食品生产过程中原料采购、加工、包装、贮存和运输等环节的场所、设施、人员的基本要求和管理准则。
5	GB 31621—2014	食品安全国家标准　食品经营过程卫生规范	2014 – 12 – 24	2015 – 05 – 24	规定了食品采购、运输、验收、贮存、分装与包装、销售等经营过程中的食品安全要求。

三、行业规范

行业协会作为行业的代表，作为政府与企业的桥梁纽带，不仅在协助政府制定和实施行业发展规划、产业政策、行政法规和有关法律等方面发挥了重大作用，在实行行业自律、维护经济秩序的自我调控方面更是起到了不可替代的作用。行业自律性规则和标准是国家相关法律法规的重要补充。

（一）行业规则

1. 乳制品企业生产技术管理规则

为了加强和规范乳制品企业的生产技术管理工作，中国乳制品工业协会于2003年5月6日制定和发布了《乳制品企业生产技术管理规则》，自2003年6月1日实施。《规则》中阐明了乳制品定义与七个分类（婴幼儿乳粉包含在乳粉的分类中）奶源管理及生鲜乳收购、乳制品加工厂建设、乳制品加工设备、乳制品质量管理、乳制品厂卫生管理等内容。

2. 奶粉广告自律规则

在婴幼儿配方乳粉广告宣传方面，中国广告协会于2008年7月发布了《奶粉广告自律规则》，是在《广告法》《食品广告发布暂行规定》《母乳代用品销售管理办法》及其他相关法律、法规、规章和规范性文件的基础上制定的自律性规则，自发布之日起施行。要求从事奶粉广告活动，应当遵循公平、诚实信用的原则；奶粉广告应当真实、合法，不得欺骗和误导消费者。母乳代用奶粉（指适合0至6个月龄婴儿食用的奶粉）不得广告，也不应借助产品推介和派发试用品等方式在母婴集中的场所对孕产妇进行变相的母乳代用奶粉广告宣传。

《规则》强调了奶粉广告中不应单独使用"婴儿"的字样，或出现1周岁以内婴儿的形象、声音；"较大婴儿"奶粉及其他奶粉广告中，使用幼儿形象的，须展现其独立行走或其他1周岁以上儿童特有的状态，并不应将母乳代用奶粉的特有形象混同其中。

此外，《规则》还要求奶粉广告中不得出现明示或者暗示可以替代或优于母乳，明示成分接近母乳、母乳化或含有母乳成分，声称或暗示有治疗或防止疾病的作用等内容。

《规则》还要求广告中关于奶粉产品的成分、能量、营养物质含量等表述必须准确，营养素作用的宣称必须具有科学依据。规定奶粉广告应以宣传奶粉的基本功能为主，以宣传营养素的功能为辅。对营养素功能的宣称不应作为对奶粉功能的宣称。同时，涉及奶粉产品营养素具体功能的，应当提供相应的证明文件。

3. 行业自律标准

除了行业规则的制定，近年来很多与婴幼儿配方乳粉产业有关的行业标准的出台，为行业、企业发展提供了指引，具有重要意义。

表3-4　行业自律标准

序号	标准号	标准名称	发布单位	发布日期	实施日期	主要内容
1	RHB 201—2004	全脂乳粉感官评鉴细则	中国乳制品工业协会	2004-11-01	2004-11-01	全脂乳粉样品的制备、实验室要求、人员要求、操作步骤、评鉴要求及数据处理等。
2	RHB 202—2004	脱脂乳粉感官评鉴细则	中国乳制品工业协会	2004-11-01	2004-11-01	脱脂乳粉样品的制备、实验室要求、人员要求、操作步骤、评鉴要求及数据处理等。
3	RHB 204—2004	婴儿配方乳粉感官评鉴细则	中国乳制品工业协会	2004-11-01	2004-11-01	婴儿配方乳粉样品的制备、实验室要求、人员要求、操作步骤、评鉴要求及数据处理等。
4	RHB 401—2004	奶油感官质量评鉴细则	中国乳制品工业协会	2004-11-01	2004-11-01	奶油样品的制备、实验室要求、人员要求、操作步骤、评鉴要求及数据处理等。
5	RHB 601—2005	生鲜牛初乳	中国乳制品工业协会	2005-12-12	2005-12-12	生鲜牛初乳定义、感官要求、理化要求、卫生要求及掺假项目、试验方法、试验规则、包装、贮藏和运输等。

序号	标准号	标准名称	发布单位	发布日期	实施日期	主要内容
6	RHB 602—2005	牛初乳粉	中国乳制品工业协会	2005-12-12	2005-12-12	牛初乳粉定义、原料要求、感官要求、理化要求、卫生要求、试验方法、试验规则、标签、包装、运输和贮存等。
7	RHB 701—2012	生水牛乳	中国乳制品工业协会	2012-12-31	2012-12-31	生水牛乳定义、感官要求、理化要求、微生物限量、挤乳、运输和贮存等。
8	RHB 801—2012	生牦牛乳	中国乳制品工业协会	2012-12-31	2012-12-31	生牦牛乳定义、感官要求、理化要求、微生物限量、挤乳、运输和贮存等。
9	RHB 804—2012	牦牛乳粉	中国乳制品工业协会	2012-12-31	2012-12-31	牦牛乳粉定义、原料要求、感官要求、理化要求、微生物要求、生产加工过程的卫生要求、标志、包装、运输和贮存等。
10	T/HLJNX 0001—2016	生乳	黑龙江省奶业协会	2016-04-20	2016-05-01	生乳（非即食）定义、感官要求、理化要求、微生物与体细胞限量等。
11	RHB 901—2016	乳制品企业社会责任指南	中国乳制品工业协会	2016-06-01	2016-06-01	适用范围、术语定义、原则、乳制品企业履行社会责任的共性要求及行业特性要求和社会责任信息披露。

第四章　婴幼儿配方乳粉的产业链运行机制与竞争结构分析

婴幼儿配方乳粉产业链的运行机制、产业组织模式及产业竞争结构，会影响婴幼儿配方乳粉的质量安全，本章主要对这三方面的内容进行分析，试图找到它们与婴幼儿配方乳粉的质量安全的关系。

一、婴幼儿配方乳粉产业链的运行机制

要想具体分析婴幼儿配方乳粉产业链的运行机制，需要先了解产业链以及产业链的运行机制的相关理论。

（一）产业链及产业链的运行机制相关理论

1. 产业链的相关理论

产业链的思想源于 17 世纪中后期的西方古典经济学家亚当·斯密关于分工的理论，其中著名的"制针"的例子就是对产业链功能的生动描述。早期的产业链研究重点在制造企业的内部活动，关注的是企业自身资源的利用效率问题，认为产业链是企业把外部采购的原材料和零部件，通过生产和销售等活动，传递给零售商和用户的过程[①]。在 17 世纪后期，经济学家马歇尔把分工扩展到企业与企业之间，强调企业间分工协作的重要性，这可以称为产业链理论的真正起源。1958 年，著名的发展经济学家阿尔伯特·赫希曼在《经济发展的战略》一书中从产业前后向联系的角度论述了产业链的概念。上述这些理论更多的主要是从宏观角度论及产业链。

随着 20 世纪 80 年代的价值链、供应链等理论的兴起与运用，产业链的研

---

① 芮明杰、刘明宇、任江波．《论产业链整合》［M］．复旦大学出版社，2006。

究相对弱化，但是，价值链和供应链理论对产业链理论的研究具有重要的借鉴意义。

迈克尔·波特在其 1985 年出版的《竞争优势》一书中首次提出价值链的概念，认为"每一个企业都是在设计、生产、销售、发送和辅助其产品的过程中进行种种活动的集合体。所有这些活动可以用一个价值链表示出来"，并指出"企业的价值创造是通过一系列活动构成的，这些互不相同但又相互关联的生产经营活动，构成了一个不断实现价值增值的动态过程，即价值链。"①

产业链和价值链之间有着紧密的联系，都表达和研究不同活动之间的相互联系，区别是价值链理论是从企业微观角度研究，而产业链理论是从宏观角度研究。

供应链的概念源自于价值链理论，产生于 20 世纪 80 年代后期。供应链从微观层面考察了企业之间的关联关系。美国的史蒂文斯（Stevens）认为："通过增值过程和分销渠道控制从供应商的供应商到用户的用户的流就是供应链，它开始于供应的源点，结束于消费的终点。"弗雷德 A. 库格林（Fred A. Kuglin）在其《以顾客为中心的供应链管理》一书中，把供应链管理定义为："制造商与它的供应商，分销商及用户——也即整个'外延企业'中的所有环节——协同合作，为顾客所希望并愿意为之付出的市场，提供一个共同的产品和服务。这样一个多企业的组织，作为一个外延的企业，最大限度地利用共享资源（人员、流程、技术和性能评测）来取得协作运营，其结果是高质量、低成本，迅速投放市场并获得顾客满意的产品和服务。"美国生产和库存控制协会（APICS）第九版字典中给供应链管理下的定义是："供应链管理是计划、组织和控制从最初原材料到最终产品及其消费的整个业务流程，这些流程链接了从供应商到顾客的所有企业。供应链包含了由企业内部和外部为顾客制造产品和提供服务的各职能部门所形成的价值链。"

产业链内部的联系也就是企业之间的联系，因此，产业链和供应链之间就具有极强的相关性，供应链理论正是从微观角度和企业管理的视角阐述了产业链中企业之间分工协作的形式与内容。

我国对产业链的研究主要是从农牧业、乳业、能源产业、移动通信业、文

---

① 迈克尔·波特著，陈小悦译.《竞争优势》[M]. 华夏出版社，1997。

化产业、建筑业、服装业、高新技术产业、生物医药业、会展旅游业等行业的角度展开研究。理论研究的领域主要包括基础性研究，如对产业链的概念、内涵、要素构成、形成机理、组织形态等进行定性分析，以及产业链的构建与优化研究、纵向关系治理研究和模块化分工条件下的产业链相关研究。其中包括本部分要分析的运行机制方面的研究。

2. 产业链的运行机制相关理论

产业链的运行机制研究主要是对产业链如何形成，产业链的各利益方如何合作、分配、沟通等内容进行研究。目前我国对产业链运行机制的研究也主要包括对产业链形成机制、演化机制、稳定机制等问题的研究。例如，吴金明和邵昶（2006）从四维（四个维度是指价值链、企业链、供需链和空间链）对接、四维调控、四种模式说明了产业链形成机制的"4+4+4"模型。刘贵富（2007）提出产业链的运行机制主要有利益分配机制、风险共担机制、竞争谈判机制、信任契约机制、沟通协调机制和监督激励机制六种机制，并在此基础上，建立了产业链运行机制模型图。其中产业链信任是指产业链核心企业与节点企业以及节点企业之间的相互信任；产业链的协调机制就是要实现产业链中各企业间目标一致、相互信任和沟通协商；产业链的监督激励机制就是对产业链形成及运行过程中的每一个环节都进行监控和激励，以防止偷懒和"搭便车"现象等各种败德行为的发生。任迎伟和胡国平（2008）比较分析了产业链系统串联耦合与并联耦合的两种模式，提出有效解决产业链条系统不稳定与低效率问题的方法。胡国平（2009）对产业链稳定性影响因素及各个层次的产业链稳定性问题进行深入分析，并试图建立相应的应对机制。代疆（2010）建立产业链类生物机制的数学模型并对产业链中的竞争抑制机制、互惠共生机制和等级势力机制进行分析，认为产业链系统和生态系统具有高度的相似性，生态系统中的竞争抑制机制、互惠共生机制和等级势力机制在产业链系统中亦有相应的表现。

本书将从利益分配机制、监督机制、沟通协调机制等角度分析婴幼儿配方乳粉产业链的运行机制。

（二）婴幼儿配方乳粉产业链利益分配不均

我国婴幼儿配方乳粉产业链中各环节的利益分配不均。在婴幼儿配方乳粉加工产业链的各个环节中，存在着生产商"一头独大"的态势，奶粉生产企业在多个方面都成为绝对的主导者，比如原料奶的定价、收购原料奶的监测和标准的制定，而相关的政府组织和行业协会等利益相关者为支持婴幼儿配方乳粉产业，对婴幼儿配方乳粉企业的监督主要放在其产品质量安全上，对其主导者地位基本上较少干涉。

我国国内婴幼儿配方乳粉生产企业中的大企业自身具有很强的后向一体化能力，而且现在在国内排名靠前的婴幼儿配方乳粉企业大多都采取全产业链的战略，他们在原奶的收购方面有很高的议价实力，如伊利、蒙牛、光明、贝因美、新希望等乳企不仅在国内拥有大的奶源基地，还以投资新建、收购和控股形式在新西兰、澳大利亚、法国、以色列等国建立了奶源基地或加工厂。大企业海外积极收购奶源基地，其奶源的丰富加强了他们对国内原奶供应方的议价实力，对国内原奶的收购需求量也会一定程度减少。

目前我国原奶供应总体上产能过剩，而需求又没有明显增长，导致供求不平衡，进一步导致原奶价格持续走低。高级乳业分析师宋亮解释，"从近5年来乳制品的消费情况来看，量的增长主要来自三线城市以下地区的需求，由于该地区消费者没有形成稳定的乳品消费习惯，福利消费、节日消费、送礼馈赠等方式成为其消费主要动力。但是2014年以来，随着收入水平下降，加之我国对三公消费、福利消费收缩，限制了乳制品的增量消费①。"再加上受进口低价原奶的影响，也导致我国原奶供应者在议价方面很被动，议价实力低。2016年5月，全球原料奶平均价格折合成人民币为每公斤1.44元，我国10个主产区平均原奶价格为每公斤3.46元。我国原奶收购价持续下行，导致很多养殖大户卖掉了一些奶牛，一些地方也开始出现倒奶、用鲜奶喂猪等现象。浙江省宁波市横街镇某合作社原本有4家奶户，1250头牛，但如今只剩一户养着最后的200头牛，向本地乳企供应原奶。企业收购价是每公斤4.3元，但每公斤成本是5元，也就是说，每生产1公斤原奶就会亏损7毛钱。全算下来，一年亏损额高达100万。因此导致许多奶农只好选择退出。农业部副部长于康震表示，目前我国奶业全行业亏损面已经超过50%。据农业部定点监测，2016年3月份奶牛养殖亏损面已达51%，同比增长5.8%；同时，奶牛存栏量

---

① 《供求失衡　奶牛养殖企业面临行业性危机》，http：//finance.china.com.cn/roll/20160719/3817923.shtml，2016 - 07 - 19，新华网。

同比减少 11.9% 。更严重的是，这种情况还在持续，还在蔓延①。

利益不均对我国原奶供应方的发展不利，导致小规模的原奶供应者无法持续经营，这样优胜劣汰，将促进原奶供应实现规模化，规模化也有助于提高原奶的供应质量安全。但是如果这种利益不均的现象持续时间过长，从长远看，在倒逼原奶供应方提高原奶质量安全水平的同时，也将损害部分原奶供应方提高原奶供应质量安全水平的热情和动力。

（三） 婴幼儿配方乳粉产业链需要加强监管与沟通协调

婴幼儿配方乳粉质量安全在产业链的每一个环节都有可能出现问题，最常见的会出现在原奶供应、奶粉生产环节，但是近两年在婴幼儿配方乳粉销售环节出现质量安全问题的现象开始增多。

2015 年 9 月，上海公安部门依法查处一起跨多省市假冒品牌婴儿奶粉案，上海检方对 6 名犯罪嫌疑人作出批捕决定。犯罪嫌疑人陈某等人仿制多个品牌奶粉罐（主要是雅培和贝因美婴幼儿配方乳粉），并收购低档、廉价或非婴儿奶粉，罐装生产假冒名品牌奶粉，销售给涉案乳粉销往河南、安徽、江苏、湖北 4 省，并进一步销售到全国多个省市，造成较大影响。犯罪嫌疑人陈某、唐某组织他人仿制假冒品牌奶粉罐、商标标签，收购低档、廉价或非婴儿奶粉，在非法加工点罐装出售，共计生产销售了假冒奶粉 1.7 万余罐，非法获利近200 万元②。这一事件表明婴幼儿配方乳粉的销售环节监管存在漏洞，需要加强对婴幼儿配方乳粉产业链的销售环节的监管，完善监管的方式方法，加强全过程的监管，同时要进一步完善食品安全信息的发布机制，加强食品安全风险交流工作，全面强化婴幼儿配方乳粉的监管工作。同时这个事件也倒逼国家建立严格的追溯机制，争取实现每盒奶粉的生产与销售都可追溯，以减轻消费者对婴幼儿配方乳粉质量安全的疑虑。

在加强监管的同时，应加强婴幼儿产业纵向产业链链条上产供销等各方的沟通协调。在这方面，婴幼儿配方乳粉企业中的大企业一般做得较好。世界最大连锁零售商沃尔玛曾表示，"面对乳制品消费升级趋势，零供双方需要创新

---

① 高云才. 原奶价格下降，奶业面临挑战 中国奶业如何振兴 ［EB/OL］. 人民日报，2016 – 09 – 05，第 17 版。

② 杨凤临. 假冒婴儿奶粉流入多地 上海 6 名嫌疑人被批捕 ［EB/OL］. 京华时报，2016 – 04 – 02，第007 版。

理念、创新举措等，满足消费者的需求。在和伊利的合作过程中，我们通过洞察消费需求、优化消费体验、创意营销策略等，实现了互利共赢。我们期待彼此能够通过打造乳业消费新动能，为消费者提供更优越服务。"

加强纵向产业链上各方的合作和沟通，实现共赢的思路，有助于加强质量安全意识，彼此在为对方提供产品和服务时，会更加自觉进行自我约束并提高相互监督的效率，共同为婴幼儿配方乳粉质量安全努力。

（四）婴幼儿配方乳粉产业的全产业链模式

所谓"全产业链"，一般被认为是企业向产业链的上下游延伸，将原料供应、加工生产、仓储运输和产品销售等各环节均纳入同一企业组织内部的经济行为，最终形成覆盖种植养殖、加工生产、仓储物流、分销零售、品牌推广等各个环节的完整产业链条。全产业链管理模式，即核心企业通过资本运营的手段对上下游企业进行整合形成产业链系统，通过对系统管理和关键环节的有效控制，最终在产业与市场上获得关键的话语权、定价权和销售主导权以最大限度挖掘产业链价值，实现企业与客户利益最大化的管理模式。中粮的"全产业链"是指由田间到餐桌所涵盖的种植与采购、贸易/物流、食品原料/饲料原料及生化、养殖与屠宰、食品加工、分销/物流、品牌推广、食品销售等多个环节构成的完整的产业链系统。

目前学术界普遍认为企业采用全产业链模式可以给企业带来以下竞争优势：首先，全产业链模式能够使企业迅速扩大规模。全产业链模式的实施能够带动企业快速发展，可以通过兼并收购快速实现规模的扩张。第二，全产业链模式能够提高企业技术水平。全产业链模式一般通过对上下游的公司进行兼并收购来实现，通过收购上下游的公司，企业能够迅速学习和掌握新的技术，在此基础上发展自己的核心技术，提高竞争力。第三，全产业链模式可以降低交易成本。全产业链模式实现了一体化，进而削弱了对手的价格谈判能力，这不仅会降低采购成本（后向一体化），或者提高价格（前向一体化），还可以通过减少谈判的投入而提高效益。第四，全产业链模式可以确保企业的供给和需求。纵向一体化能够确保企业在产品供应紧缺时得到充足的供应，或在总需求很低时能有一个畅通的产品输出渠道。也就是说，纵向一体化能减少上下游企业随意中止交易的不确定性。第五，全产业链模式可以削减企业的不合理业务。在多元化扩张的风潮下，许多企业跟风、冒然进入多个行业，导致业务范围过于庞杂，关联程度不紧密，盈利能力不强。通过合并重组和兼并收购，可以创造产业链上下游环节的联系。第六，全产业链模式可以提高进入壁垒。一体化战略可以使关键的投入资源和销售渠道控制在自己的手中，不仅保护了自己原有的经营范围，而且扩大了经营业务，同时还限制了所在行业的竞争程度，使企业的定价有了更大的自主权，从而获得较大的利润。第七，全产业链模式可以进入高回报产业。企业现在利用的供应商或经销商有较高的利润，这意味着他们经营的领域属于十分值得进入的产业。在这种情况下，企业通过纵向一体化，可以提高其总资产回报率，并可以制定更有竞争力的价格。

但是，"全产业链"所带来的巨大的管理成本也不容忽视。"全产业链"的实质是用集团内部管理成本来代替外部市场的交易成本，集团过于庞大会大大增加管理难度和管理成本，若管理成本超过了交易成本，反而会使企业总成本增加。此外，各个子公司之间的资源配置与互补，单一产业链上下游的衔接，横向产业链之间的关联与协作，产业链扩展的边界等都是"全产业链"构建与实施中不容忽视的关键性问题。克服了这些问题，才有可能真正发挥"全产业链"的范围经济与成本优势，提高企业的整体竞争力。

质量安全的奶粉离不开优质的奶源及完善的产业链生产体系。从多次奶粉安全事件来看，问题多数是出在原料奶或生产环节上，为减少这两个环节以及其他环节出现的质量问题，也基于上述学术界普遍认可的全产业链模式的优点，当前国内大型婴幼儿配方乳粉企业普遍采用全产业链模式。

全产业链模式以消费者为导向，涵盖了婴幼儿配方乳粉产业的上游饲料种植和饲料加工、奶牛的养殖、原奶收集、奶粉的生产加工、市场终端销售、售后的专业服务等一系列产业环节，加上现代信息技术可实现全过程信息的可追溯，使得婴幼儿配方乳粉的质量安全问题可以得到根本解决。

另外，全产业链模式有助于整合产业链资源和控制整个产业链的成本。全产业链模式能够最大限度地控制每个环节的质量、成本，但是实施起来也对全产业链管理提出了比较高的要求，整合的难度很高，因此，全产业链模式更适合大企业，只有大企业有实力能够运用好这种模式，并且在运行中对产业链全程的资源进行高效整合，并且通过高效整合进而控制每一个环节的成本，实现总成本减低，并且实现更高程度的质量安全控制。

目前中国奶业20强基本上都在运行全产业链模式，伊利作为国内排名第一、国际排名第八的企业，还在全产业链模式的基础上，提出了"全链创新"

战略。"全链创新"战略是指在创新思维指导下，以消费者需求为导向，深化管理创新，建立起覆盖上、中、下游全产业链的创新体系，最终与消费者和产业链合作伙伴共享创新价值。

二、婴幼儿配方乳粉行业的竞争结构分析

二孩政策开放以来，我国婴儿出生数量的增多，必然导致婴幼儿配方奶粉市场红利的增长，业内人士预测，截至 2018 年，我国婴幼儿配方奶粉市场的规模将达到 1000 亿元，中国无疑将成为全球最大的婴幼儿配方乳粉市场。不管新政未来走向松还是紧，随着注册制、《食品安全法》等法规的相继实施，品牌、配方数量将大大减少，在整体品牌数量减少、市场总量持续攀升的大背景下，中小婴幼儿配方乳粉企业会有更强的危机感，伊利、合生元、圣元、蒙牛等资本实力雄厚的企业分享新政红利已成定局。我国主要乳企生产设备、加工技术大都源自国际知名厂商，管理运营达到国际先进水平，其中伊利、蒙牛进入世界奶业 20 强，君乐宝婴幼儿配方乳粉通过国际公认的全球食品安全标准（BRC）A＋顶级认证，其婴幼儿配方奶粉经香港的严格检测和审查，已经进入香港市场，现代牧业、飞鹤乳业还获得世界食品品质评鉴大会金奖。这些走向世界的乳制品，是对中国奶业的高度肯定。

从我国的国家层面，也在推动奶粉产业的转型升级。2014 年以来，国家对国产和进口奶粉进行严格管控，出台了 10 余条相关规定及措施。特别是即将落地的新《食品安全法实施条例》和《婴幼儿配方乳粉产品配方注册管理办法》，将加速行业大洗牌。

分析行业的竞争结构一般采用 5 种竞争力量模型进行分析。下面将从婴幼儿配方乳粉行业的潜在进入者的威胁、替代品的威胁、供应商的议价实力、买方的议价实力，以及现有产业内部的企业间竞争这 5 个方面对我国婴幼儿配方乳粉产业的竞争结构进行分析。

（一）潜在进入者分析

2008 年三聚氰胺事件后，国家强化了对婴幼儿配方乳粉行业的监管，从生产、技术、经济、规模、投入等因素看，中国婴幼儿配方乳粉行业的进入门槛大大提高。如今，潜在进入者要新进入婴幼儿配方乳粉行业，必须投入大笔

资金而且回报期长，沉没成本高；由于乳品行业的生产设备专用性强，一旦企业要退出会面临较高的退出壁垒，这将会限制行业外资本盲目无序地涌入乳品行业。

进入婴幼儿配方乳粉行业，新加入者主要受到规模经济、技术水平、销售渠道以及与规模无关的成本劣势等威胁。

1. 规模经济

婴幼儿配方乳粉产业的规模经济主要表现在原奶采购方面和生产方面。原奶价格对婴幼儿配方乳粉企业的生产成本影响较大，奶源基地的原奶价格大大低于非奶源基地，国内各乳企在奶源基地的建设上纷纷大规模投入。因此，对新进入者而言，寻找新的奶源基地或建设自己的奶源基地将面临着更大的资金投入，采购的规模经济提高了进入壁垒。

生产方面，要使得牛奶农场能够实现经营的专业化和整体运输成本的降低，就必须引进生产线进行大规模生产。据统计，目前全国已有大约31%的婴幼儿配方乳粉企业出现亏损，规模上不去，生产成本降不下来是主要原因。

2. 技术水平

婴幼儿配方乳粉作为同质性程度比较高的产品，其产品差异化已从品种口味差异向功能性乳品转化。功能性婴幼儿配方乳粉的科技含量高、竞争壁垒高，是国际乳品开发的新趋势，但在我国却刚刚起步。近年来，光明、伊利、蒙牛等大型乳品集团都不断提高技术水平，加强产品科技创新力度，因此市场占有率相当大，导致中小婴幼儿配方乳粉企业无力应对。与规模无关的成本劣势乳企专有的产品技术、奶源优势、地理优势和学习或经验曲线，对新进入者均构成威胁。如蒙牛、伊利、完达山等乳企，处于奶源比较丰富的省区，有着先天独厚的优势。

潜在进入者要具备全程质量控制、确保生产安全的技术和能力。近年来，随着婴幼儿配方乳粉营养知识的宣传推广和各种媒体的引导，消费者对食品安全意识逐渐加强，对产品质量、包装日期等的要求日益提高。乳制品生产过程中乳的分离、杀菌、冷处理、均质、浓缩、喷雾、发酵、包装以及乳制品机械设备的清理、消毒等诸多环节都需要用专门设备处理，还需要有化验室用多种检测手段对产品质量进行全程监控。

潜在进入者还面临着品牌壁垒。经过了多年的发展，乳品行业的集中度越来越高，消费者对大企业的名牌产品有着强烈的偏好，以质量、信誉、服务为核心的品牌竞争日益激烈，品牌效应逐渐发挥为品牌壁垒作用。消费者一旦形成了品牌忠诚将很难改变，潜在进入者要建立新的品牌需要付出巨大的代价，而且周期相当长，特别是在乳业多事之秋，消费者很难去信任新生的陌生品牌。

综观整个婴幼儿配方乳粉行业的产业链，潜在进入者主要来自三个方面：原奶供应商、大型零售商、其他食品企业。第一类潜在进入者是原奶供应商。由于原奶供应商一般规模小、分散喂养，这种模式决定了他们不具备前向一体化的能力。第二类潜在进入者是大型零售商利用自己的品牌、渠道和资本优势，通过贴牌加工的形式，在自有卖场销售以自己品牌冠名的乳制品，实行后向一体化。第三类潜在进入者则是其他类食品生产企业。非乳品类的食品生产企业会将乳业作为在考虑多元化发展时选择发展的方向之一。

因为婴幼儿配方乳粉的消费是消费者的主动消费，潜在进入者的进入并不会增加乳品市场的容量，所以若潜在进入者真正进入只能是瓜分现有的市场份额，并且会更加剧行业竞争的强度，整个行业利润率将会进一步降低，这样婴幼儿配方乳粉企业提升产品质量安全的动力就会变小，不利于保护婴幼儿配方乳粉企业的质量安全。

（二）供应商议价能力分析

婴幼儿配方乳粉行业是以牛奶为原料的食品工业，其对原奶有很强依赖性，原奶供应商的牛奶成本直接影响着市场上销售的婴幼儿配方乳粉的生产成本。婴幼儿配方乳粉产业的高速发展，使得供应商原奶的产量远不能满足加工和市场的需求。因为对原奶有高度依赖性，现呈现诸侯割据局面。行业集中度处于不断集中的过程中，全球的婴幼儿配方乳粉业发展过程也都遵循这个规律。国内乳制品行业的快速发展也就最近 10 多年的事情，经历了国内品牌驱逐境外品牌、国内品牌自身洗牌两个阶段，目前已经向着双寡头垄断、地方杂牌军苟延残喘的格局发展。伊利与蒙牛凭借自身的努力，在战胜了大量外资之后，又一次在国内激烈的竞争中处于优势，目前处于行业的第一集团。

从总体来看，目前我国婴幼儿配方乳粉行业呈现全国性婴幼儿配方乳粉大企业大企业竞争激烈，地方性婴幼儿配方乳粉企业夹缝存生的竞争格局。在市场资本的推动下，竞争日益加剧，行业集中度不断提高，价格战不断蚕食行业利润，快速扩张空间逐渐减少，婴幼儿配方乳粉产业已进入阶段性成熟期。

如果某婴幼儿配方乳粉企业是规模大的企业，那么它的议价实力就高，对原奶供应质量的把控能力也比较高。反之，则低。

另外，全国性大型婴幼儿配方乳粉企业也不断加大自己的奶源基地建设，表现出了很强的后向一体化能力，以保证奶源的安全和供应稳定，使得原奶供应方的讨价还价能力将会越来越低。

婴幼儿配方乳粉企业的主要供应商除了原奶供应商之外，还包括加工设备供应商和包装材料供应商。目前，国内的婴幼儿配方乳粉企业需要的生产加工设备，当前国内制造厂家较多，但关键设备还需要向国外厂商购买，使得我国婴幼儿配方乳粉企业在关键设备上讨价议价能力较弱，在通用设备上议价实力较强。

随着我国包装技术水平的提高，当前婴幼儿配方乳粉所需的包装基本上能在国内供给，从而使得婴幼儿配方乳粉企业在与国内外包装材料供应商之间讨价还价时更有优势。

（三）现有产业内企业间的竞争

1. 产业集中度将会提高

目前我国婴幼儿配方乳粉行业品牌众多，集中度不高，CR3（是指行业内三个最大的企业占有该行业的市场份额）不足 40%，国外一般婴幼儿配方乳粉主流品牌很少，并且集中度相对较高，达能在新西兰的市场占有率高达 57%。随着注册制的推出，我国众多的小品牌将会退出，行业将会面临"大洗牌"，龙头企业在行业整合中提升市场份额，参考国外主流奶粉品牌一般不超过 5 个，未来我国奶粉品牌竞争格局将会是几个国际大牌和几个国内品牌占据主流品牌地位。

2015 年国家工信部就提出过"要推进重点行业兼并重组，提升产业集中度"，2016 年 10 月 1 日开始执行《婴幼儿配方乳粉产品配方注册管理办法》。目前，我国 103 家婴幼儿配方乳粉生产企业共有 2000 个配方，个别企业甚至有 180 余个配方。婴幼儿配方乳粉配方过多、过滥，配方制定随意、更换频繁等问题突出，存在一定质量安全风险隐患，造成消费者选择困难。"未来我国的婴幼儿配方乳粉市场的集中度一定会提高，这是市场发展和政策导向的结果"，业内人士预测，"新政正式落地后将有 80% 的奶粉品牌被淘汰，以往扎堆三四线市场的定制产品将大幅减少。而随着进口奶粉的渠道下沉，大品牌将迎来又一场对决，'虚高'的奶粉价格将逐渐回归理性。"

《中国奶业质量报告》（2016）透露，伊利、蒙牛、现代牧业、光明、三元、君乐宝、飞鹤等中国奶业20强企业乳制品产量、销售额分别占全国的51%和54%，产业集中度进一步提高。在市场集中度不断提高的同时，乳品加工企业的生产行为也正发生显著变化。在市场和产业政策的推动下，大中型乳企纷纷在国内外跑马圈地，进一步强化自有奶源建设和原奶的质量控制。2014年，伊利、蒙牛、光明、大康牧业等通过收购海外牧场和乳品加工企业的方式，积极布局国外奶源，实现国内市场与国际优质奶源和先进技术的有效对接。与此同时，在企业内部，通过科学管理和强化质量体系认证，确保加工环节的质量安全。

按照既定目标，我国计划到2015年底，争取形成10家左右年销售收入超过20亿元的大型婴幼儿配方乳粉企业集团，前10家国产品牌企业的行业集中度达到65%；到2018年底，争取形成3~5家年销售收入超过50亿元的大型婴幼儿配方乳粉企业集团，前10家国产品牌企业的行业集中度超过80%。产业集中度越高，对于集中的那些规模大的企业，控制和确保婴幼儿配方乳粉的质量安全的能力越强。

2. 与国外品牌的竞争加剧

2008年是我国婴幼儿配方乳粉行业的分水岭，2007年，国产品牌占据60%的市场份额，其中伊利、圣元等品牌稳稳占据了中高端市场，三鹿、完达山等品牌则固守中低端市场，而国外品牌主要定位于高端市场。2015年我国婴幼儿配方乳粉市场，市场占比最大的前两大品牌都是外资品牌，并且从整体看，外资品牌占比达到50%左右。随着当时的国产奶粉龙头三鹿的破产，消费者对于国产奶粉的信心大幅下降，进口奶粉品牌大幅替代国产奶粉，进口奶粉品牌占比曾经最高达60%左右，随着之后奶粉行业逐渐规范，消费者信心逐渐恢复，国产奶粉份额开始逐渐回归，当前进口和国产约各占50%。2008年之前，我国奶粉品牌Top3的市场份额在40%左右，但8年后集中度提升不明显，甚至是在下降的。最大的龙头品牌市场份额仅15%，几大龙头之间竞争差距不大。在市场上，外来品牌和国内品牌的市场竞争加剧，以美赞臣、多美滋等为首的外来品牌继续称雄高端奶粉市场；以伊利、圣元、完达山、雅士利等为主的国内品牌占据中低端市场绝大多数份额。但是，竞争导致格局生变，目前，进口品牌正在向中端市场进军，而国产品牌也在向中高端市场靠拢。

国家统计局社情民意调查中心发布的 2015 年上半年《中国婴幼儿配方乳粉品牌口碑研究报告》中，国外（进口）婴幼儿配方乳粉品牌网络口碑最好的前两名是荷兰的美赞臣和美素，其口碑指数均超过 9，接下来美国的雅培、惠氏，法国的多美滋也都超过 5，而国产品牌奶粉中口碑指数最高的三元也只有 5.82。国产品牌奶粉的信誉度低，让我们无法忽视国产品牌小众繁多的影响。有数据显示，目前国内的奶粉品牌大概有 2300 – 2500 个，其中 300 多个是在国家质检总局登记备案过的进口品牌。也就是说，仅仅是国产品牌奶粉就有 2000 个左右。

目前由于国际奶业过剩，大量乳品低价冲击国内市场，致使国内原奶产量过剩，奶业养殖陷入困境，50% 以上企业亏损，养殖者不得不"杀牛"退市。国际奶业的过剩，使得我国婴幼儿配方乳粉企业的利润率更低，竞争更加激烈，而要想在竞争中取胜，最重要的还是确保奶粉质量安全。

3. 我国奶粉行业竞争格局

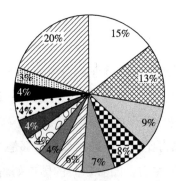

图 4 – 1　我国奶粉行业竞争格局

资料来源：2016 年中国婴幼儿配方乳粉行业竞争格局、供需矛盾分析

2015 年我国婴幼儿配方乳粉市场规模约为 800 亿（出厂价口径），同比 2014 年继续下滑近 9%，2014 年之前行业保持较快增长，增速在 20% 以上，市场规模自 2006 年的 200 亿元，增长至 2013 年最高点约 900 亿，增长超过 3

倍，年复合增长率将近 25% 。

目前我国乳业的产业集中度不断提高，主流品牌渐成"鼎立"之势。中国奶业协会 2016 年发布的首份《中国奶业质量报告》显示，2015 年，D20 企业乳制品产量 1400 万吨，约占全国总产量的 51%；乳制品销售额 1800 亿元，约占全国总额的 54%；自建牧场奶牛存栏 168 万头，约占全国总存栏量的 12%；生鲜乳收购量 1450 万吨，约占全国总收购量的 52%。当婴幼儿配方乳粉的销量在少数企业身上时，这些企业的婴幼儿配方乳粉的质量性能往往会较高，产品质量安全水平也高。

4. 加强了国际合作

继光明、蒙牛、伊利于 2013 年在国际上开展广泛合作后，2014 年的中外乳企牵手更是进入了白热化的阶段，贝因美、三元、新希望、皇氏乳业等也加入了国际化发展的行列。贝因美深化了与爱尔兰 Kerry 合作，同时与恒天然建立战略合作关系；三元、新希望借着中澳自贸协议的签署，纷纷到澳大利亚投资建厂；西南区域品牌皇氏乳业则与爱尔兰最大乳企 IDB 牵手。

除了在国外布局奶源基地，与国外资本联合外，中外企业在科技方面的合作也掀起了热潮，众多乳企纷纷与海外科研机构共建研发中心：2014 年，伊利与荷兰享有"食品谷"之称的瓦赫宁根大学共同设立了欧洲研发中心，并达成了共建首个中荷两国食品安全保障体系的战略协议，该中心也是中国乳业首个海外研发中心。之后的 2014 年 11 月 21 日，伊利还与世界顶尖研究机构新西兰林肯大学签署了乳业全产业链科研合作协议。2014 年 11 月 18 日，飞鹤乳业也联手了哈佛大学医学院 BIDMC 医学中心在美国波士顿成立飞鹤—哈佛医学院 BIDMC 营养实验室，以婴幼儿及成人的营养需求为主要研究方向。随后，蒙牛旗下雅士利国际与奥克兰大学研发机构 UniServices 达成了战略合作协议，计划为共同推进婴幼儿、孕妇营养方面，婴幼儿成长等领域的研发工作。与国外优质的奶源或优秀的研发机构的合作，将提升我国婴幼儿配方乳粉企业的质量安全水平以及研发能力，进一步确保合作后的产品质量提高，并研发出更符合不同地区婴幼儿的营养需求的奶粉。

（四）替代产品分析

牛奶被誉为"全价食品"，营养丰富且全面，特别是富含动物蛋白和钙，是人体补充营养增强体质的上佳选择。但是有部分人会出现乳糖不耐症，对于这群特殊的人，除了可以喝特殊奶粉冲泡的牛奶外，豆奶制品也含有很多营养，无乳糖，富含植物蛋白，脂肪多为不饱和脂肪酸，不易使人体发胖，不含胆固醇，可以预防动脉硬化，更适合中国人。因此，豆奶制品对于有乳糖不耐症的消费者来说，是很好的乳制品替代品。

另外，我国广种大豆，原料充足，成本低廉，制作成豆奶、豆浆、豆粉等豆制品有一定价格优势，而且转换成本很低，特别是当婴幼儿配方乳粉产业出现各种质量安全问题时，豆奶等豆制品的销量就会大幅上升。可见，豆制品作为乳制品替代品有着强大的生命力。

虽然豆奶和豆制品的替代作用存在，但是无法完全替代牛奶和奶粉的营养价值。可是如果婴幼儿配方乳粉企业无法确保婴幼儿配方乳粉的质量安全，将在事实上鼓励消费者去选择替代品。所以替代品的存在，对于婴幼儿配方乳粉企业提升奶粉质量安全水平也是有意义的。

（五）消费者议价能力分析

随着我国经济的飞速发展，人民的生活水平和收入水平也在不断提高，家长越来越重视孩子的营养，给孩子买婴幼儿配方乳粉一般都挑了又挑，要选最适合孩子的好奶粉。现在，婴幼儿配方乳粉的消费量在逐年增加，婴幼儿配方乳粉的消费市场从原来主要是大中城市逐步延伸到农村。

婴幼儿配方乳粉的购买决策者基本为家长，随着我国高等教育普及程度的提高，我国成年家长的消费意识和消费知识都有所提升。加上近几年我国互联网的飞速发展，媒体新闻的传播速度越来越快，使得消费者的信息面更广，这也从一定程度上促使我国消费者根据更多的信息理性消费。而且婴幼儿配方乳粉的品牌众多，也使得消费者的议价实力有所增强。

自三聚氰胺事件发生以来，我国国产品牌的销量直线下降，市场份额丢失将近40%。虽然外资品牌价格较高，但消费者对于质量的要求胜过对价格的敏感，愿意为进口奶粉支付更高的价钱。所以对于国产品牌来说，一味地降低价格并不能夺回丢失的顾客，而应从质量控制、口碑建设上赢回消费者的信心。

消费者议价实力的增强以及更加偏重奶粉的质量而不是价格，就形成了一个事实：市场倒逼婴幼儿配方乳粉企业加强质量管控，确保婴幼儿配方乳粉的质量安全。

第五章　生鲜乳采购垄断与供应链安全

乳业，作为食品工业的重要组成部分，已成为发达国家农业的主导产业。在欧美国家中乳品业产值占农业总产值的 20% 以上。其中，荷兰和丹麦畜牧业占农业的 70% 以上，新西兰乳制品享誉全球，出口量居世界第一，在国民经济中占有重要的地位。

　　我国政府高度重视乳品行业的发展。在"十五"计划中就明确地制定了乳业的发展战略，即至 2030 年，人均奶类占有量达到 25 公斤，总产量 4250 万吨。但是，中国乳业总产值在 2003 年占农业总产值不足 1%。通过世界人均乳制品消费量的比较，可以看出我们与世界及发达国家的差距。但正是由于这种巨大的差距，使得人民生活水平和质量不断提高的中国在乳业发展中蕴含着广阔的空间。同时，奶业是我国畜牧业乃至农业中十分重要的部门之一，对农村富裕、农业发展和创造更多就业的机会作用巨大。

　　但是，在我国奶产业发展过程中，与奶农经济利益有着密切的关系的、有可能消除或遏制产业内垄断的奶产业组织模式，尽管在不断的创新、在不断的完善，但作为奶产业链三大主体（奶企、奶站和奶农）之一的奶农的收入增长缓慢甚至亏损，奶农的生产积极性下降，严重影响了奶业的稳步发展。而 2008 年的三鹿奶粉事件，使得近两年来一直低效勉强维持经营的奶农们更是雪上加霜，奶价再次下跌，卖牛和倒奶事件频繁发生。那么，选择何种奶业产业化组织模式，消除垄断以维护奶农利益，进而维护奶产业链安全及奶食品质量安全，已引起众多学者的注意并开展了这方面的研究。

　　生鲜乳供应链安全与生鲜乳质量安全问题一直是国内广大学者关注的焦点。钟真和孔祥智（2010）认为在生鲜乳供应链中奶站和奶企处于垄断地位，提出了政府应规范中间商奶站的垄断经营行为，保障奶农利益，维护生鲜乳供应链安全①。黄祖辉和邵科（2010）提出了通过奶农合作社化，打破垄断固有格局的可能性②。于海龙和李秉龙（2011）从产业链的视角研究探讨了我国奶业不合理利益分配格局的成因及其对我国奶业发展长效机制的影响，并提出了相应的对策建议③。钟真和孔祥智（2012）认为农产品质量安全与产业组织模式密切相关，生鲜乳环节是乳品质量安全的关键所在，为此应通过调整农业产业链的组织模式，保障农产品质量安全④。

综上所述，既有研究主要针对特定市场主体、产业组织模式或政府规制角度出发，探讨如何打破生鲜乳供应链买方垄断，以维护生鲜乳质量安全的研究较多。但综合运用经济学理论及相关政策制度视角，探究生鲜乳市场买方垄断产生的根源，并从市场机制和政府规制两个方面探索垄断治理的对策研究相对较少。为此，本章就生鲜乳供应链采购垄断现状、垄断对利益分配及对生鲜乳供应链安全的不利影响进行分析，进而从理论和制度机制的不同视角探讨垄断产生的根源，最后提出完善政府规制和市场环境的制衡垄断的对策建议。

一、产业链利益主体及彼此的经济联系

（一）利益主体概述

现存的奶业产业链主要由奶农、奶站与奶制品加工企业这三大利益主体构成。

1. 奶农

奶农或称奶牛养殖户，是指以家庭为单位从事牛奶生产、奶牛养殖的个体经济。所有或部分家庭成员从事奶牛养殖和牛奶生产，牛奶销售收入构成其家庭收入的主要部分之一。奶牛养殖户是奶业产业链的基层环节，是奶业发展的基础。

---

① 钟真、孔祥智. 中间商对生鲜乳供应链的影响研究 [J]. 中国软科学，2010（6）：68 - 79。
② 黄祖辉、邵科. 买方垄断农产品市场下的农民专业合作社发展 [J]. 理论探讨，2010（10）：20 - 22。
③ 于海龙、李秉龙. 基于产业链的我国奶业利益分配关系分析 [J]. 云南财经大学学报，2011（6）：56 - 62。
④ 钟真、孔祥智. 产业组织模式对农产品质量安全的影响：来自奶业的例证 [J]. 管理世界，2012（1）：79 - 92。

2. 奶站

奶站是以挤奶、收奶和服务为主的专业经济组织，是奶产业链中的第二个利益主体。主要集中挤奶、统一售奶并向奶农提供各种服务等工作。例如，集中挤奶：建立机械化或半机械化挤奶厅，为农户饲养的奶牛提供挤奶场地和设施。统一售奶：将集中的牛奶交售给乳品加工企业。结算奶款：奶站把奶企打过来的售奶款，按照奶站与奶企核定的奶价，在扣除用于折旧、送奶费、人员工资、水、电费等费用之后，再打给奶牛养殖户（也有个别奶企直接把奶款支付给奶农的）。贷款担保：企业和银信部门向农户提供贷款时，奶站提供担保。奶价保护：在奶站与企业签订合同时，把牛奶的最低保护价作为重要条款。技术服务：为农户提供技术培训，检查奶牛的免疫情况；提供饲料供应，为养殖户发放奶牛养殖信息的报纸。

3. 奶企

奶业产业链的第三个利益主体是奶制品企业，是在牛奶交易中负责牛奶的收购、加工，并最终将牛奶及其他制品出售到市场的经济单位。在生鲜奶的收购过程中，企业享有质量检验、批准奶站建立、制定牛奶价格并掌握全部检测手段以及检测结果等诸多特权。

（二）三大主体间的经济交易关系

1. 奶农和奶站

奶站为奶农无偿提供养牛场所，提供挤奶场地和设施，施行集中挤奶，统一售奶；奶款的结算是奶企按照牛奶的质量和数量把鲜乳钱统一打给奶站，奶站在扣除费用后再按照收购价支付给奶农。在奶站的作用下，奶农的生产经营由分散变得相对集中，经营的集中，降低了成本，提高了效率。例如，减少为寻找收奶者而支出的运输费用和由此导致的牛奶变质的风险；享受规模流通的优势。可以说，奶牛养殖户与奶站是经济上相互独立的、为了自身的经济利益而存在的个体经济。

2. 奶农和奶企

奶农通过奶站向奶企提供生鲜乳，奶企把收购的鲜乳经过加工，推向市场的消费者。可以说，两者相互依存。一方面，奶农不能把生鲜乳直接推向市场，只能通过奶企的深加工，才能安全地在市场上销售。另一方面，没有奶农生产的鲜奶，奶企就没有原料加工，从而没有产品推向市场。在生鲜乳交易中，奶企制定鲜乳价格，奶农没有议价权，只是价格的接受者。同时，奶企还享有质检权。众所周知，质量决定价格。这一权利使得奶企往往根据自身的利益，决定收购价格和数量，而非市场中的供求双方共同决定。

3. 奶企和奶站

奶站与企业以经济合同的形式确立双方的权利义务关系，在合同中明确规定牛奶的最低保护价格。奶站为奶加工企业代收牛奶，代替企业进行牛奶的集中和运送，企业支付奶站 20% 左右的代理费。对于企业来说，奶站不仅减小企业与奶农在合同签订、履行等操作上的难度，降低了企业的运作成本和运输费用，同时，也在一定程度上有利于杜绝牛奶生产及收购等环节上可能出现的机会主义行为。奶站的出现降低了企业与农户的交易成本，提高了交易效率。使奶站成为乳企的第一车间，微生物细菌指标对农户牛奶进行检验。

奶企、奶站与奶农所形成的交易关系只是一种外在的结合，他们的经济利益处于矛盾和对立状态。奶加工企业是独立于奶牛养殖户和奶站之外的另一个利益主体。养殖户收益与牛奶销售价格成正比，而公司利益却与之成反比；养殖户很少关注加工和销售领域，总是期望牛奶销售价格尽可能高，与之相反的是，奶加工企业不太关注养殖户利益，总是期望养殖户的牛奶销售价格尽可能低。企业、奶站与养殖户的产权相互独立，均追求利润最大化，但管理目标不同。企业与养殖户和奶站联结的目的是获得稳定的奶源，降低成本。奶站扮演着上联奶农养殖户，下联奶加工企业的角色，管理目标是均衡两者利益之间的关系。奶农无论养殖规模大小，追求的是牛奶的销路更有保障，价格更稳定。组织形式不同，利益机制不同。

二、利益共同体理论与我国奶业组织模式的变迁

（一）利益共同体理论①

利益共同体是指双方或多方在理性估算的基础上以不同方式结成的类似利

---

① 马国巍. 中国乳业合作社发展研究［D］. 哈尔滨：东北林业大学，2011。

益联盟式的行动体,互利共存是这个行动体中利益不同的双方或多方联合在一起的动力所在。利益是人们在经济活动中所创造的财富,在此是指一定时期内牛奶在生产、流通过程中三大主体共同创造的新财富。利益机制包含两个方面:一是利益诱导机制,即利益的创造过程,具有激励功能。二是利益分配机制,即利益的分配过程,就是对这一新创造的财富在三者之间的分配。当参与其中的各利益主体,从产业化经营中获得的净收益大于各自由随机市场(原有经济结构)交易而得到的净收益时,奶业产业化组织才能得以顺利发展。

该理论认为,任何组织或制度创新与发展,都是利益主体在谋求自身利益最大化动机驱使下共同博弈的结果。奶业产业化作为一种经济结构的发展和变革,就是各利益主体为了追求更大的经济利益而对传统奶业经济结构进行的调整变革。它将各利益主体(奶农、奶站、奶企)原有相互分隔、独立的关系打破,组织他们共同参与,相互合作,结成一种松散的或紧密的一体化关系,使之实现经济上及组织结构上的一体化。

我国奶产业化组织模式的变迁,正是利益共同体理论在我国的探索与实践的过程与体现。

(二) 奶业产业化组织经营模式的变迁

奶业产业化组织模式。奶业产业化是以市场为导向,以经济效益为中心,以牛奶生产为基础,以奶业服务为手段,通过把奶业的生产、加工、销售诸环节联结为一个能够适应市场经济体制和社会化生产要求的产业经营方式和组织形式。奶业产业化作为一种经济结构的发展和变革,就是各利益主体为了追求更大的经济利益而对传统奶业经济结构进行的调整变革。奶业产业化组织模式是指奶业在形成产业链的过程中企业、奶站、奶农、奶业合作组织等各主体之间形成产供销一体化的组织形式。

奶业产业化组织模式经历了交易型—契约型——一体化型—合作型的组织模式。

1. "农户+市场"模式

这种模式出现在奶业发展初期,是一种不稳定的生产模式。奶牛养殖户与企业都是分散的、规模很小的。二者交易的主要方式是企业以流动收奶车到奶农家中收购或企业到指定地点等待奶农交售。其具体特点:

（1）奶牛养殖户分散经营，成本高，价格的不稳定。分散的养殖户需要到不同的市场销售牛奶，需要支付高额的运输成本、人工费；小批量交易，没有价格谈判的优势；交易成本高，效益较低，且不稳定。

（2）企业也面临相同的交易环境，奶源分散，企业收购牛奶成本高，奶源相对稀缺，制约了企业的发展。由于交易成本高，无法实现双方利益最大化的目标。因此，利益机制促使产业化组织模式进行变革。

2. "公司＋养殖户"模式

这一模式的运作方式是企业与奶农签订收购合同，规定原料奶的质量标准和最低保护价格，奶农按照契约生产，公司按照契约收购，并提供一定的技术服务和资金支持。这一模式的产生降低了交易费用，增加了双方的收益，并在很大程度上解决了生鲜乳的稳定性问题。

但是，这种模式存在很大的缺陷，即契约约束力较弱，合作双方机会主义行为风险较高。在履约过程中，当市场价格高于双方在契约中规定的价格时，奶农有把鲜奶转售到市场的可能性；反之，在市场价格低于协议价格时，公司则倾向于违约而从市场上进行收购。同时，由于在奶业生产过程中存在着许多不能人为控制的自然变数和经济变数，所以要在签约之前就准确预见未来生鲜乳价格走势是非常困难的。换言之，在契约执行的时候，只要市场价格和协议价格不一致，总会有一方存在着采取机会主义行为的动机与可能性。

此种模式虽然降低了养殖户与奶加工企业的交易成本高，增加了收益双方利益，但契约的软约束力最终会使得彼此的利益最大化目标都无法实现。因此，利益机制继续促使产业化组织模式进行变革。

3. "奶企＋私人奶站＋奶农"、"公司＋基地＋养殖户"或"集约化奶牛饲养小区"模式

"公司＋基地＋养殖户"模式，或称作"集约化奶牛饲养小区"模式。这种养殖小区实际上是奶农自愿加入的基层生产合作组织，好处是把分散饲养的奶农集中起来，形成规模，便于建立实行一整套规范的服务管理体系，提高生产、运输、加工、销售的一体化程度。通过小区（即基地）对养牛户采取统一规划、统一领导、统一管理、统一服务、分户饲养、集中挤奶的"四统一分一集中"的办法，奶源基地规范化管理、集约化程度不断提高，越来越多的农民加入到养奶牛致富的行列中来。

在"企业 + 奶农"组织模式运行初期，奶站是奶加工企业的一个内设部门，专门负责各奶源基地的收奶及初步质检工作，产权属于奶企。但是，这样并不能保证奶站管理者的行为与奶企所有者的利益完全一致，为了激励奶站管理者收购更多的优质牛奶，就出现了奶加工企业与奶站之间的委托—代理关系。奶站的出现，对于奶企影响较大。以前奶企需要亲自到各个奶农家中购买牛奶，现在只需等待奶站运送牛奶，从而降低了交易费用。

奶企与私人奶站签订收购和运输牛奶的委托书面合同，私人奶站投资建立挤奶站，购买设备或直接购买奶企已建好的奶站，收购奶企指定基地的牛奶。奶企根据牛奶的不同等级和质量，以 0.05 – 0.20 元/千克的标准支付私人奶站管理费。"奶企 + 私人奶站 + 奶农"模式，在一定时段内，成为我国奶业产业化过程中的主导形式。但是，这种模式并没有弥补"奶企 + 奶农"模式所存在的缺陷。

如果说，奶站的出现，降低了奶企的交易成本，但这种产业化组织模式的变革仅为奶企和奶站带来了双赢局面，即奶企成本结余的部分变成了奶站的收入。但是养殖户被垄断的地位不仅没有得到任何改变，反而在某种程度上加深了"奶企 + 奶站"的双重垄断，从而，使养殖户利益更加恶化。要使奶牛养殖小区真正代表奶农的利益，推动原料奶生产的组织化、规模化、集约化，得到广泛的推广和应用，奶牛养殖小区这一原料奶生产的组织模式还有待于进一步升级和改进。为此，需要引入一种真正能够代表奶牛养殖户利益的组织。

3. "公司 + 合作组织 + 养殖户"模式

（1）奶农技术协会是一个以社会化服务为宗旨，自我管理、自我服务、自我保护的新型经济合作组织。这种模式在政府的倡导下，以养殖户为主，自愿的前提下进行生产，便于充分调动农户的积极性。奶农技术协会主要工作：传达政府和市场信息，推广国内外先进的饲养技术，签订牛奶产销合同，帮助奶农引进良种，供应饲养饲草，疾病防治等。

（2）奶牛合作社。为打破奶加工企业和奶站对生鲜乳市场的垄断，提高奶农的组织化程度，以期改变奶农劣势的交易地位，奶农们组建或加盟了奶农合作社组织。相信依靠集体的力量，提高生鲜乳价格和质检谈判的话语权；同时得到专业合作社提供的各种便利服务，以节省大量的交易费用，更大地增强抵抗各种风险的能力，最大限度地维护奶农自身应得的利益。

具体表现为：奶牛合作社在牛奶销售中作为一个整体与乳加工企业谈判，加强了奶农间的横向联合。同时在牛奶生产中，鉴于奶农奶牛养殖中少技术、缺资金的问题，奶牛合作社可以从优质牧草的种植、加工，青贮的制作，饲料储备、配置，配种，产犊，饲养管理，挤奶，销售等方面为农户提供技术和资金支持。

奶牛合作社模式是奶农以奶业经济合作组织为载体，由奶农在自愿、自主、平等基础上，逐步向产前、产后延伸产业链，从而形成的产业一体化组织或专业性的产业一体化组织，合作社为全体社员所有，为全体社员服务。合作社的最高决策机构为社员大会，遇到重大事情可由董事会或监事会提请召开社员大会。董事会和监事会成员由社员大会选出。奶牛合作社还通过内部约束机制、利益分配机制、保障机制等运行机制保障其运行。但是，合作组织的运转实践表明，其话语权并没有提高，呈现的仍然是奶农的弱势地位，奶农利益仍无保障。因此，利益机制继续促使产业化组织模式进行调整。

4. "企业＋奶联社＋奶农" 模式

我国在借鉴奶业发达国家经验的基础上，创建了适合中国国情的奶牛养殖合作化模式——奶联社。奶联社，由企业搭建技术、管理、现代化设施设备和资源平台，吸纳奶农现有奶牛以入股分红、保本分红、固定回报、合作生产等多种形式入社，并获取回报的奶牛养殖合作化产业模式。以 "养健康牛，产优质奶" 为经营理念；乳品加工企业，以推行 "以牛为本" 的规模化、集约化、标准化、生态化奶农养殖模式，提高奶牛产量和生鲜乳质量。推行 "奶农自愿入社、不参与经营、获取年稳定回报、到期自愿退社、退社时领取入社奶牛金" 的入社原则。

此种生产模式是在我国刚刚兴起的生鲜乳生产模式。采用此种模式，不仅生鲜乳质量安全有保障，企业利益增加有保障，更主要的是，可以最大限度地降低奶牛养殖风险，降低奶牛养殖成本，保障奶牛养殖户的根本利益。

5. 生态奶牛园区

国家科技部副部长刘燕华曾经预言：在未来的 15 年内，生物技术将取代信息技术成为第四产业先锋。中国科学院陈竺院士途释认为，生物技术将引发新的产业革命进入绿色循环经济。近几年，国际市场上有机牛奶比普通牛奶价格高出 40%，生产有机牛奶必将成为奶牛养殖的发展方向。生态奶牛园区尽管适应了这一发展趋势，但其运行机制是否科学合理，还有待于在我国的具体实践中得到检验、发展和完善，至少短期内难以普及或推广。

综上所述，我国的奶产业组织化模式经历了由"农户＋市场"模式、"公司＋养殖户"模式、"奶企＋私人奶站＋奶农"、"公司＋基地＋养殖户"或"集约化奶牛饲养小区"模式、"公司＋合作组织＋养殖户"模式（奶农技术协会和奶牛合作社）和"企业＋奶联社＋奶农"模式及更高的生态奶牛园区的发展模式。

其中，"农户＋市场"模式和"公司＋养殖户"模式是奶产业生产组织化模式的初级阶段，鲜乳质量难以保障，经济效率过低。"公司＋基地＋养殖户"或"集约化奶牛饲养小区"模式、"公司＋合作组织＋养殖户"模式（奶农技术协会和奶牛合作社）和"企业＋奶联社＋奶农"模式，在生鲜乳生产的组织化变迁过程中，应该说其组织化程度一直是处在逐步提高、逐步完善的过程中。但是，种种因素导致其徒有其名或名存实亡，奶农利益仍然无保障。

奶牛养殖小区虽然适应了生鲜乳生产组织化、规模化、集约化发展趋势的要求，与过去奶农家庭散养相比前进了一步，有了一定的组织和管理形式，在饲养的科学性和现代化方面也有了较大的提高，这也是奶牛养殖小区在一定时间内获得蓬勃发展的原因。但是，由于小区不完全代表参加小区奶农的利益，使得参加奶牛小区的奶农的经济效率并不高，这也是很多散养户不愿意参加奶牛小区的重要原因。由于"公司＋合作组织＋养殖户"模式，也没有体现或发挥其应有的作用，最终也以失败而告终。

奶联社作为新型奶牛养殖合作化模式是未来的发展方向。奶联社采取奶牛场股份合作制，即通过奶牛入股合作的方式将分散的奶农联合起来，统一经营管理，提高了奶牛养殖的规模化和集约化的生产能力。今后，奶联社将逐渐成为我国生鲜乳生产的主要组织模式，是未来的发展方向与趋势。因为它不仅适应了生鲜乳生产组织化、规模化、集约化的发展趋势，更保证了奶农的根本利益，从而代表了未来奶产业化发展的趋势。之所以如此，原因有四：一是奶牛饲养成本越来越高，奶价涨幅有限，养殖效益降低；二是散户养殖，几乎没有议价能力，抗风险能力差；三是奶牛养殖的基础设施投入不足和不匹配、技术集成水平低；四是奶农可作为工人进入奶联社工作，或者专门为奶联社生产生态饲草料，还可以另谋生路。但也有不足之处，即意味着奶牛养殖作为我国广大农民发家致富的重要手段或途径的时代，几乎一去不复返了。

三、生鲜乳采购垄断的现状及原因分析

（一）奶加工企业及奶站垄断的形成

在我国生鲜乳供应链中，"奶农＋奶站＋乳企"是最主要的生产和交易组织模式①。从生产模式上看，奶农涵盖以家庭式小规模散养和小区式、牧场式和基地式集中养殖。从交易模式上看，奶农把生鲜乳卖给中间商性质的奶站，奶站再转售给乳品加工企业。在生鲜乳供应链中，奶农、奶站和奶企三大主体地位是正金字塔型排列，但收益为倒金字塔排列（见图5－1）。在主体地位上，奶企作为生鲜乳的终端收购者，一直处于塔尖的垄断地位，奶站作为中间商处于塔中的次垄断地位，而奶农作为生鲜乳的生产者处于塔底的被垄断地位。在收益分配上，处于倒金字塔上端的奶企获利最大，奶站次之，奶农则位于倒金字塔的下端，地位极其不稳定，且收益最小（见图5－1）。

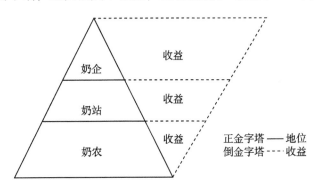

图5－1　奶企、奶站、奶农三大主体地位及收益图

1. 奶加工企业主体地位强大，一直处于垄断地位②

长期以来，在生鲜乳供应链中，生鲜乳的质检权、定价权均掌握在奶加工企业手中。也就是说，奶加工企业不仅垄断了生鲜乳的质量检验过程和结果，更垄断了生鲜乳的价格。因此，为了获得垄断利润，奶企往往任意或随时变更生鲜乳质检标准，通过"扣奶"等手段降价收购生鲜乳，其所依据的正是

---

① 孔祥智、钟真．奶站质量控制的经济学解释［J］．农业经济问题，2009（9）：24－29。
② 道日娜．奶站治理与奶源供应链系统改进——基于双重委托代理理论的分析［J］．农业经济与管理，2011（4）：87－96。

"按质论价"这一霸王标准。而"拒收"生鲜乳现象频繁出现，更彰显了其生鲜乳市场的"霸主地位"。显而易见，奶农甚至奶牛养殖公司在生鲜乳质检及价格上"被垄断"了。例如，钟真和孔祥智（2012）在 2010 年初至 2011 年 3 月间调研生鲜乳因质量安全问题被拒收的调研结果：在生鲜乳因质量"不合格"而被拒收的养殖户中，抗生素超标的占 95.5%，体细胞和微生物超标的占 32.9%，蛋白过低的占到 10.8%，而这并不符合"全面的质量安全观"①。

2. 奶站主体地位次强，也存在垄断

由于绝大部分的生鲜乳都经过奶站这一中间商转售给乳企，丰厚的利润使得各类奶站发展迅速，变化巨大。根据 2008 年 10 月 31 日农业部治理整顿奶站的统计数据表明，我国各类奶站总量为 20393 个，除奶企自建养殖场奶站之外，具有直接与奶农交易的中间商性质的奶站在 70% 左右。2010 年 9 月国务院办公厅发布《关于进一步加强乳品质量安全工作的通知》，农业部开始实行奶站的注册制度，全国生鲜乳收购站总数较整顿前下降了 34%，减少了 6890 个②。从规范化管理上说，奶站的这种集中收购、再转售给企业的运作模式，不仅降低了奶企的运营成本，对保证鲜奶质量也起到了很大的促进作用。而注册制度的实施则进一步强化了对奶站的管理，但奶站数量减少在一定程度上会恶化奶站的垄断行为。

总之，只要是经营性质的奶站，都存在垄断行为。表现一：垄断奶价。作为提供奶牛饲养场所的交换条件，奶农必须把生鲜乳全部卖给奶站，奶站与奶农通过合同约定在一定质量条件下鲜奶的收购价格。奶站和奶加工企业之间的奶价单独约定，与奶农没关系。表现二：垄断饲料。奶农统一使用奶站采购的饲料。在上述事权的基础上，奶站的财权体现为：向奶农提取交售鲜奶和为奶企收购鲜奶的管理费③，奶企把奶款和管理费直接付给奶站，奶站再把奶款转给奶农。奶站的收入应为其收取的管理费，事实上，钟真、孔祥智（2010）调研发现，63.6% 的奶站其全部收入大于管理费收入，表明奶站没有按照企业

---

① 钟真、孔祥智. 产业组织模式对农产品质量安全的影响：来自奶业的例证 ［J］. 管理世界，2012 （1）：79－92.

② 刘书永、李慧. 农业部乳品专项治理 生鲜乳全部纳入依法监管 ［EB/OL］. 光明网，2013－06－15.

③ 或称作手续费、上台费、进站费等。

收购奶价向奶农打款①。

（二）采购垄断形成的原因

1. 养殖户主体地位薄弱，缺乏抗衡奶企和奶站垄断地位的实力

首先，我国奶农百头以上养殖规模近年虽有提高，但仍然是少数，难以形成规模化经营②。其次，观念相对落后。养殖户以农民为主，整体文化水平较低，只看眼前利益，不顾长远利益；容易把其他养殖户看成是竞争对手，而不是合作伙伴。再次，缺乏专业的行业带头人。这些养殖户无论是奶牛养殖还是生鲜乳销售均是各行其是，难以形成合力。最后，受资金与技术约束，奶牛养殖难以扩大养殖规模，其抵御风险的能力较低。总之，相对那些强大的奶加工企业及奶站而言，奶牛养殖户根本不具备抗衡垄断的实力。

2. 现存的各类奶牛养殖合作社名存实亡，无法与奶企和奶站的垄断地位相抗衡

一是现有农村合作社法不适用于奶业合作社。由于生鲜乳用途单一且不耐贮存的特点，现有合作社法律不适用于奶农组建的专业合作社。因而缺乏相关法律支持的合作社一直处于被垄断的地位。二是政府优惠政策不给力。如奶牛补贴等均不通过合作社执行，从而淡化了其主体功能。三是制度不健全。如合作社章程、准入制度、财会制度缺失或不完备等。四是受到资金、技术和管理能力等因素的限制，其组织职能距离奶农期盼得到的差距太大。如代表全体社员参与生鲜乳定价、开拓市场、申请贷款、技术培训、种牛引进、抵御市场和非市场风险能力等各方面，未能体现其优势。五是缺乏有效的利益分享机制。如合作社往往因一人独大而出现新的垄断。由于上述法律和制度安排等多方面的缺陷，最终导致专业合作社未能发挥其应有的职能和作用，从而养殖户的主体地位没有得到强化。

3. 奶站和奶企的社会责任缺失

处于垄断地位的奶加工企业和奶站，无视企业应承担的社会责任，是造成

---

① 钟真、孔祥智. 中间商对生鲜乳供应链的影响研究［J］. 中国软科学，2010（6）：68－79。
② 2010年养殖规模在10头及以下的占62.9%。资料来源：钟真、孔祥智《管理世界》2012.1. 另据中国畜牧网，2010年全国百头以上奶牛养殖存栏量占全国的28.48%，比2008年提高8.7个百分点. 北京神农预计，2012年中国百头以上奶牛养殖规模存栏比例将达32%左右，比2010年提高3.6个百分点. 资料来源：中国畜牧网，中国百头以上奶牛养殖规模比将达32%。2012－3－1。

生鲜乳供应链安全不稳定的根本原因。诺贝尔奖获得者、经济学家密尔顿·弗里德曼在 20 世纪 70 年代就提出"企业的一项、也是唯一的社会责任是在比赛规则范围内增加利润"[①]。所谓的比赛规则，就是按照市场的价格机制和竞争机制的有关规则行事。但是，处于垄断地位的奶加工企业和奶站在利润最大化驱使下，只顾眼前利益，对产业链上游的奶农压等压价、转嫁风险，完全丧失了其应该承担的社会责任。

四、垄断对供应链利益格局及安全的影响

（一）采购垄断对供应链利益格局的影响

1. 奶企处于垄断地位，获得超额垄断利润

在 2005 年，蒙牛、伊利、光明、三鹿等液态奶十大企业合计占全国市场的 67.29%，其中伊利、蒙牛两个企业就占到全国市场份额的 46.76%。2005 年蒙牛企业财务报告总收入 108.25 亿元，较上年增长 50.1%，纯利润达到 4.568 亿元。比国际乳业巨头"雀巢"公布的利润还高出两倍，而伊利年纯利润也达到了 2.93 亿元（见表 5 - 1）。在 2006 年，伊利、蒙牛两个企业液态奶产量达到 615 万吨，占全国市场的份额达 56%[②]，其利润更是不菲。除 2008 年"三鹿奶粉"事件使伊利、蒙牛收入下降以外，此前及以后，其各年度净利润都是增加的，见表 5 - 1。

同时，从表 5 - 1 可以看出，2009、2010 年伊利和蒙牛的利润比 2008 年三聚氰胺事件发生之前上涨了一倍左右，特别是伊利利润在 2011 年度比 2010 年度上涨了一倍以上，利润在一年以内实现翻番；而在 2012 年，蒙牛净利润也较 2011 年度增加了一倍以上。由此可见，即使是受到了三聚氰胺等因素的影响和 2012 年以来生鲜乳收购价格上涨的影响，乳制品巨头的利润还是持续增长，其垄断地位不言而喻。

---

① 米尔顿. 弗里德曼. 商业的社会责任是增加利润 [EB/OL]. 纽约时报，1997 - 09 - 13。

② 张照新、王维友、徐欣、武文. 当前我国奶业发展的问题、原因、趋势与对策 [J]. 调研世界，2007（10）：18 - 21。

表 5 - 1　2005—2012 年度伊利和蒙牛收入、净利润变化　　单位：百万元

Table1 shift of revenue and net income of Yili and Mengniu，2005—2012.（million）

项目	2005 年度	2006 年度	2007 年度	2008 年度	2009 年度	2010 年度	2011 年度	2012 年度
伊利收入	4，916.1	16，579.69	19，359.69	21，658.59	24，323.55	29，664.99	37，451.37	41，990.69
蒙牛收入	10，825.0	10，824.95	21，318.06	23，864.98	25，710.46	30，265.42	37，387.84	14，395.58
伊利净利润	293.3	325.15	-4.56	-1，736.71	665.27	795.76	1，832.44	1，736.02
蒙牛净利润	456.8	727.35	1，108.65	-927.82	1，220.11	1，355.92	1，784.55	3，608.，03

注：作者根据蒙牛和伊利历年对外公布的年报数据整理

2. 奶站处于垄断地位，同样获得垄断利润

无论是通过生鲜乳收购获取管理费，还是自定鲜奶价格，也无论奶价高低，奶站不仅获得垄断利润，而且旱涝保收。钟真（2010）在 2007 年 1 月—2008 年 8 月的一项实地调查数据证明，不论奶价如何变化，22 家奶站鲜奶收取管理费的平均收益在 0.15 元/公斤，而占到 63.6% 的奶站的平均总收益为 0.35 元/公斤。而且，这部分高出的收入与奶价存在正相关关系，说明有定价权的奶站克扣了奶农的部分收入[①]。钟真（2010）在对 3 家奶站的定量分析中进一步证明，有定价权的奶站分别侵占了奶农 2.0%、8.4% 和 25.6% 的利润。同时证明奶农养殖规模越小，被"盘剥"的程度就越大[②]。

在钟真（2009）调查的 12 家奶站中，仅按收奶量提取的管理费一项，在 2007 年达到 0.2 元/公斤以上，平均毛利润更高达 72.5 万元。其中，占总量 78.1% 的与奶农直接交易的基层奶站，平均为 33.4 万元，占比 21.9% 不与奶农直接交易的中转奶站，平均为 137.1 万元。扣除运营成本后，基层奶站年净利润为 20 万元以上，一年半左右就能够收回成本；中转奶站年净利润在 100 万元以上，两年半左右即可收回先期投资[③]。

当然，还有投资回报率更快的奶站。飞鹤乳业下属的一家奶站投资 40 万元，新建一家 300 平方米的标准化机械奶站。奶站于 2009 年 6 月开工建设，9 月投入使用，所购鲜乳全部售给飞鹤乳业。2010 年，飞鹤乳业每天向奶站支

---

① 钟真、孔祥智. 中间商对生鲜乳供应链的影响研究 [J]. 中国软科学，2010（6）：68 - 79。
② 钟真、孔祥智. 中间商对生鲜乳供应链的影响研究 [J]. 中国软科学，2010（6）：68 - 79。
③ 钟真、孔祥智. 当前我国奶站发展现状的分析——基于对北方 4 省 35 家奶站的调研 [J]. 中国奶牛，2009（3）：2 - 8。

付管理费、鲜奶运输费等 1254 元,扣除水电、运输、耗材、人工费用等项经营支出后,奶站每天获纯利 800 元以上,2010 年净利润高达 29 万元①。

3. 奶农处于被垄断地位,几乎承担了全部市场风险,收益损失严重

以内蒙古乌兰察布市为例,在 2005 年和 2006 年,蒙牛和伊利获得巨额垄断利润的同时(见表 5 - 1),该市生鲜乳生产成本为每公斤 2.08 ~ 2.28 元,收购价为每公斤 1.72 元。在 2006 年至 2007 年 4 月,料奶成本价为每公斤 2.12 ~ 2.32 元,而收购价是每公斤 1.76 ~ 1.82 元,仅上涨了 0.04 ~ 0.10 元。2006 年每头奶牛的纯收入为 179.92 元,比 2004 年减少 2002.55 元,比 2005 年减少 952.34 元②。

生鲜乳价格上涨创新高。自 2012 年 9 月开始,我国生鲜乳价格已经连续 12 个月全面上涨,尤其是自 2013 年 4 月份以来,更是连续呈现逆势上涨态势。据农业部监测,在 2013 年的 1 ~ 8 月份,黑龙江、内蒙古、新疆等 10 个奶业主产省(市、区)的生鲜乳收购价格平均为每公斤 3.47 元,与 2012 年同期相比上涨了 6.04%。其中,8 月份平均为每公斤 3.6 元,与 7 月份相比上升了 1.4%,与 2012 年同期相比上升了 10.1%。2013 年 9 月,北京、天津等地区的部分规模养殖场,生鲜乳收购价格已经突破 4.5 元/公斤;黑龙江、内蒙古等地区的散养户,生鲜乳收购价格突破 3.5 元/公斤③,均已达到历史最高记录。

但同期饲料价格持续上涨,导致了奶农收入的下降。自 2012 年 7 月份以来,奶牛饲料价格不断上涨,到 2013 年 6 月份,黑龙江、内蒙古、山东、新疆等奶源主产省(市、区)的饲料价格再一次全面上涨。全价料价格每吨上升到 2700 ~ 3300 元之间,与 2012 年同期相比,上涨了 5% ~ 12%;与 2012 年同期相比,玉米、豆粕价格也分别上涨了 9.1% 和 13.6%。由于饲养成本涨幅高于奶价涨幅,奶农的收益不增反降。目前黑龙江、内蒙古、山东等奶源主产

---

① 王有权. 奶站拓宽致富路 [EB/OL]. 龙江县畜牧兽医局/黑龙江省畜牧兽医信息中心. 2011 - 03 - 21。

② 韩成福. 内蒙古奶农收益不稳定的原因与对策分析 [J]. 北方经济, 2008 (10): 18 - 21。

③ 李志强、董晓霞、吴建寨. 生鲜乳价格上涨奶农获利有限 [EB/OL]. 中国农业科学院农业信息研究所. 2013 - 09 - 10。

省（市、区）养殖户的利润同比下降了近35％，成年母牛的年利润仅1000多元[1]，其结果是奶牛存栏数量大幅度下降。根据2013年7～8月份对黑龙江、内蒙古、新疆、甘肃、天津、北京、山东等省份的调研，奶牛存栏数量均出现不同程度下降，同比降幅在10％～20％[2]。过高的饲养成本大大减少了奶牛的存栏数，加聚了原料奶的竞争，更危及生鲜乳供应链的安全。

另外，奶农承担了全部非市场风险，收益损失巨大。据对全国各地以及伊利、蒙牛、光明、三鹿奶源基地进行调研统计显示：在2008年三鹿奶粉事件发生一周后，由于奶企拒收鲜奶，全国每天损失生鲜乳1.0万～1.5万吨，按3000元/吨计算，奶农每天损失3000万～4500万元[3]。事实上，三鹿奶粉等事件只是个别奶站造成的，与个别奶加工企业本身的责任问题有关，而与多数奶农提供的生鲜乳质量没有关系，却承受了这一非市场风险所致的恶果。由此可见，垄断不仅破坏了正常的市场竞争机制，还使生鲜乳资源浪费或不能有效配置，使生鲜乳供应链安全受到严重威胁。

由此可见，奶加工企业处于垄断地位，不仅是鲜奶价格的制定者，也是鲜奶质量的检验者，因而享有垄断利润；处于中间低位的奶站，具有一定的价格谈判能力，也享有一定的垄断地位并获得垄断利润；而处于产业链基础地位的奶农，则没有任何谈判能力，只能被动地接受价格，从而成为产业链中的弱势群体。因而可以肯定地说，垄断已经严重威胁到了奶产业链的安全运行及奶食品的安全。

（二）采购垄断对供应链安全的影响

1. 部分奶农和奶站破产，生鲜乳供给减少

如果奶加工企业或奶站压等压价或拒收生鲜乳的程度加剧，或者是养殖成本提高或出现其他市场或非市场风险而奶价不涨甚至拒收生鲜乳，那么大部分养殖户甚至是养殖企业只能在倒奶、杀牛或卖牛后退出（如前所述）。结果，

---

[1] 李志强、董晓霞、吴建寨. 生鲜乳价格上涨 奶农获利有限［EB/OL］. 中国农业科学院农业信息研究所. 2013 - 09 - 10。

[2] 李志强、董晓霞、吴建寨. 生鲜乳价格上涨 奶农获利有限［EB/OL］. 中国农业科学院农业信息研究所. 2013 - 09 - 10。

[3] 李胜利、曹志军、张永根. 如何整顿我国乳制品行业——三鹿奶粉事件的反思［J］. 中国奶牛，2008（10）：11 - 14。

相关奶站因无牛奶可收、可售而被迫关门。

2. 众多奶加工企业因奶源竞争加剧而最终倒闭

随着奶农纷纷退出奶牛养殖和生鲜乳供给的进一步减少，一大批奶加工企业甚至是龙头企业就会因奶源供给不足而进一步减产，以至停产。我国生鲜乳产量仅为乳品加工企业处理生鲜乳能力的 2/3，大型乳企开工率在 60% ~ 70%，小乳企开工率则在 30% 以下[①]。可见，在生鲜乳正常供给情况下，尚远远不能满足乳企加工能力的需要。而随着部分养殖户的退出，奶源不足问题进一步加剧，奶企间奶源竞争会更加激烈。其中，大型奶企可能暂时提高生鲜乳收购价格，在"大鱼吃小鱼"之后，再压低收购价格，从而最终加剧寡头垄断的局面。

3. 垄断，特别是寡头垄断导致国内乳制品供给减少，进口乳制品数量增加

自 2008 年以来，我国乳制品特别是奶粉进口大幅度增加，对国内奶制品生产造成较大冲击。在 2008—2012 年，我国乳制品进口量年均增长率高达 34.4%[②]。2008 年中国奶粉进口量仅有 14 万吨，到 2011 年则增长为 44.95 万吨。2013 年，我国进口奶粉 85.4 万吨，同比增长 49.2%；进口额 35.9 亿美元，同比增长 86.0%；平均进口价格为 4195.5 美元/吨（25886.24 元/吨，以 6.17 汇率折算），远远低于国内奶粉价格（每吨 32000 元以上），同比增长 24.7%。2013 年，我国进口液态奶 19.48 万吨，同比增长 91.55%。其中纯牛奶 18.45 万吨，同比增长 96.76%，酸奶 1.02 万吨，同比增长 29.68%[③]。总之，价格低廉的奶粉和液态奶的大量进口，在很大程度上抑制了我国生鲜乳价格的上涨，是使我国奶农收益难以增长的另一诱因。

---

① 钱贵霞、解晶. 中国原料乳供求矛盾及其影响解析 [J]. 内蒙古大学学报（哲学社会科学版），2010（9）：58 - 65。

② 钱贵霞、解晶. 中国原料乳供求矛盾及其影响解析 [J]. 内蒙古大学学报（哲学社会科学版），2010（9）：58 - 65。

③ 黄鑫. 2013 年我国奶粉进口额大幅增长 86.0% [EB/OL]. 中国贸易救济信息网. 2014 - 02 - 11。

五、生鲜乳市场采购垄断的制度分析

(一) 采购垄断的经济学

1. 契约经济学视角

格罗斯曼和哈特 (Gross man&Hart, 1986)、哈特和莫尔 (Hart&Moore, 1990)[1] 的不完全合约理论[2]，认为合约内容是不可能在事前完全约定的，而在事后分割中，专用性投资[3]过高降低了投资者讨价还价的地位，另一方则会利用契约的漏洞，索取比事先协商好的更多的事后剩余，也就是说具有高度资产专用性的一方会被另一方敲竹杠。奶牛养殖、加工和流通环节的专用性资产投资成本分别约占整个产业链的 75%、15% 和 10%；而这三个环节的利润比是 1:3.5:5.5[4]。显然，奶农的专用性投资过高是致使其被敲竹杠或遭遇垄断的主要原因。

2. 新制度经济学视角

新制度经济学者罗纳德·哈里·科斯 (Ronald H. Coase)[5] 认为，在交易过程中的机会主义行为会引起成本增加，企业为保利润而把成本转嫁给他人。牛奶是一种鲜活、高度易腐的农产品，不能直接进入消费市场，只能通过乳品加工企业的加工方能成为大众食品。因此，奶农只能把生鲜乳卖给奶站或企业，而奶加工企业或奶站就会借机压等压价，转嫁自己应该承担的成本，以索取更多的利润。正是生鲜乳的易腐性和奶加工企业的独享性，使得奶农在产后阶段也存在着"被垄断"的现象。例如，在 2006—2008 年间，在河北省有 52.6% 的养殖场遭遇到被乳企拒收生鲜乳的情况，78.9% 的奶农认为卖奶难。在黑龙江省有 50% 的养殖户的生鲜乳达不到企业标准，承受扣奶、扣钱甚至

---

① Hart, O. D, and J Moore. Incomplete Contracts and Renegotiation [M]; Econometrical; 1988。
② 在签约时，交易双方不可能将所有可能发生的每一件事都预先写明，交易者愿意使用不完全契约，直到未来某种结果出现以后再变更契约内容。正是由于契约的不完全性导致了事后机会主义的产生，影响了契约双方事先对剩余的分割。
③ 资产专用性是指当作出某项资产投资后，它只能用于某个特定用途，若合同双方关系能够持续，则此项资产能够创造价值，若双方交易关系不能够持续，此项资产就无法创造价值。
④ 钱贵霞、郭建军. 内蒙古奶业发展的现状、问题与对策 [J]. 农业展望，2007 (9): 39-42。
⑤ Ronald H. Coase. The nature of the firm [M]; Economica4; 1937.

拒收所带来的损失①。奶企压等压价的现象一直普遍存在。例如，陕西省 78 家奶企在 2013 年 3 月底整顿后，剩下的 41 家奶企联手压价，收购价由 2012 的每公斤 3.6 元，降到了 2013 年的 3.3 元，其中 0.5 元给奶站提成，奶农实际收入 2.8 元②。

（二）采购垄断的法律、制度分析

1. 我国合作社法律不健全——至今没有制定《奶业合作社法》或《奶业组织法》。我国于 2006 年 10 月 31 日通过了《中华人民共和国农民专业合作社法》，并于 2007 年 7 月 1 日起开始施行。这是我国唯一的一部有关农业合作社的法律。但是，这部法律不适合奶农建立的专业合作社。不同于其他农业合作社提供的农产品，生鲜乳用途单一且不耐贮存，其所面对的都是不公平的市场竞争——只能把生鲜乳卖给处于垄断地位的企业或奶站。因此，奶农依据此法建立的合作社从法律上说就先天不足，而弱化的合作社主体地位，根本不能或难以发挥其正常作用，没有能力抗衡处于垄断地位的奶站和奶企或与之形成公平竞争。

2. 最低保护价机制缺失——政府没有制定生鲜乳最低收购价③。由于奶牛养殖专用性资产投资程度较高，再加上生鲜乳易腐性和奶加工企业的独享性，在遇到风险或淡季时，为维护自身利益，奶企和奶站往往采取"压等压价"等措施，把危机转嫁给奶农。而政府没有制定生鲜乳最低收购价政策④，使得处于产业链底层的奶农失去了政府应给予的一道重要的利益保障防线，只能独立承担各种经营风险，从而加剧了奶产业链安全的不稳定因素。

3. 第三方制衡机制缺失——政府没有建立第三方质量检测机构或有效的监督机制⑤。一方面，在生鲜乳收购过程中，我国没有建立第三方质量检测机构，质量检测都是由奶收购企业独立完成。另一方面，对奶制品企业生鲜乳质量检测过程、结果及定价缺乏有效的监管。方便了奶企和奶站的寻租，但却伤

---

① 钱贵霞、解晶. 中国原料乳供求矛盾及其影响解析 [J]. 内蒙古大学学报（哲学社会科学版），2010（9）：58－65。

② 刘雪涛. 奶牛养殖业陷入危机，陕西奶农含泪杀牛 [EB/OL]. 华商报. 2011－07－18。

③ 据调查，目前只有上海出台并实施了原料奶最低收购价政策。

④ 孔祥智、钟真、谭智心. 当前奶站管理与奶源发展的问题探讨 [J]. 中国畜牧杂志，2010（4）：10－12。

⑤ 同上。

害了奶农的利益，从而严重危及了奶产业链的安全。

4. 保险机制缺失——保险体系不健全，抗风险能力弱。在奶牛养殖过程中，由于投资回收期较长，其市场风险和非市场风险极大。例如，在面临市场风险的同时，奶养殖户随时都面临着疫病（如五号病）等自然风险。但我国却没有建立相应的风险保护体系。政府没有建立政策性保险体系，商业保险也没有建立起来，奶农没有任何抵御风险的途径及能力。例如，奶站和奶企对检测不合格的鲜奶不负任何赔偿责任，奶农只能自己承担这一风险[1]。这在客观上加大了奶牛养殖成本，是导致生鲜乳供应链不能安全运行的另一诱因。

六、国外经验借鉴

（一）美国政府对奶业发展的促进与保护经验借鉴

通过一系列政府政策项目的支持，美国建立起了比较完善的奶农利益保障机制，对于保护奶农生产积极性和防范价格大幅波动起到了很好的效果。

1. 奶制品价格支持政策

美国政府早在二战后就制定了奶制品价格支持政策。当牛奶市场价格过低时，美国政府向乳制品加工厂和零售商收购黄油、奶粉、奶酪等奶制品并储藏起来，缓解市场供需矛盾，从而保证奶农销售的牛奶价格位于政府设定的目标支持价格之上。当牛奶价格回升时，美国政府再将收购的奶制品予以出售，以维持牛奶价格和奶制品市场基本稳定。由于国际贸易的飞速发展，使得这种价格支持政策不能继续保护奶农的利益，在2010年价格支持政策被取消了。

2. 奶制品利润保障计划

奶制品利润保障计划相当于一项保险政策。奶农缴纳一定保费，当连续两个月内全美牛奶均价和平均饲料成本之差低于目标利润水平时，奶农将从政府部门获得补助。美国国内所有奶牛养殖场均可参与，并可自由选择政府保障的利润水平和投保产量。

目前，美国农业部设定的最低和最高保障利润分别为每美担牛奶4美元和

---

① 孔祥智、钟真、谭智心. 当前奶站管理与奶源发展的问题探讨 [J]. 中国畜牧杂志, 2010（4）: 10－12。

8 美元，约合每斤牛奶 0.28 元人民币至 0.56 元人民币，投保产量为养殖场年度历史产量的 20% 至 90%。如果养殖场选择每美担 4 美元的最低利润保障，仅需支付 100 美元的管理费用，不用缴纳保费。如果养殖场希望获得更高水平的利润保障，则需支付 100 美元的管理费用和相应保费。保障利润越高，保费越高，保险费率介于每美担牛奶 0.008 美元与 1.36 美元之间。农业部官方网站设有专门的奶制品利润保障计划页面和自动图表工具，帮助奶农计算所要缴纳的保费和可能获得的补助。

3. 美国农业部还有配套的牲畜毛利润计划和奶制品捐赠计划

其中，牲畜毛利润计划，是指根据芝加哥期货交易所的牛奶、玉米、大豆的期货价格而非现货价格来计算养殖场的利润，便于同时利用农产品期货市场来进行套期保值。该计划可为养殖场利润提供保险，但主要被大型奶业合作社采用，普通奶农参与率不高。奶制品捐赠计划是指，若连续两个月内全美牛奶均价和平均饲料成本之差低于最低保障利润时，农业部将以市场价格购买奶制品，捐赠给为低收入家庭提供营养补贴的机构。

（二）荷兰的合作社经验借鉴

荷兰乳业成功的核心秘诀：合作社模式。荷兰菲仕兰合作社的真正股东是19000 名奶农（占荷兰农场主 80% 左右），他们通过会员理事会对公司董事会的决策施以影响，真正将上游奶源和下游经营完全掌控在自己手中。

会员权利。第一，会员奶农所生产出的所有原奶，菲仕兰公司都必须全部收购。第二，身为公司股东的奶农们有权每年参与公司分红。第三，除了财务权益以外，奶农还参与合作社的决策过程以及投票权。

会员义务。一是只能够向菲仕兰公司提供牛奶，不能卖给其他企业。二是必须遵守合作社的相关规定。三是需要参与公司的会员融资项目。

菲仕兰合作社的商业化运作能力极强。其全资设立的乳业公司皇家菲仕兰坎皮纳公司在 2013 年的营业收入高达 112 亿欧元，这一创收能力比中国乳业的老大、伊利公司的 2 倍还要多，这对一个国土面积只有中国千分之四的国家而言，简直不可思议。集权责利于一体的奶农，都力求生产出最好的原奶供应给自己公司，以共享公司在全球市场中所获利润的分红①。

菲仕兰的合作社形式，实质是在公司内部构建了一个严格捆绑的共同利益机制和会员奶农、合作社董事会、公司管理层三方互相制约的合作机制。合作社组织管理层由全体会员农场主选举产生，以代议制的方式管理日常事务。在这一体制下，经过多年运作与不断改进，菲仕兰的质量管理形成了独具特色的三方合作自律体系。

（三）新西兰乳业纵向一体化经验借鉴

新西兰乳业由高到低分为三级管理，即乳业委员会—奶农合作社—农场主。农场主拥有合作社的股份，合作社拥有乳业委员会的股份。奶农把生产出来的牛奶卖给合作社，合作社又把奶卖给乳业委员会，其下属的加工公司把收集的鲜奶加工成各种乳制品，再由乳业委员会通过它的全球营销网络把乳制品销售到海内外，最终实现盈利，并按照奶农提供的牛奶的数量支付奶农其供奶的费用和红利。这种利益分配机制极大地促进了新西兰乳业的健康发展。例如，全球最大的乳品加工企业恒天然集团，是新西兰1万多个奶牛牧场主共同拥有的股份合作制乳品加工企业，年出口额占新西兰贸易出口总额的四分之一。

因为拥有加工企业的所有权，农场主在产业链中的地位和收益得到保障。奶农依据合同向企业供奶，企业根据国际市场行情，以尽可能高的价格向奶农支付奶款，企业加工增值所获取的利润定期给奶农分红。这种利益分配格局，使得所有奶农都特别注重产品质量，并关注和支持加工企业发展。由于恒天然集团典型的股份合作乳品生产模式，强化了奶牛养殖场和乳品加工企业之间具有紧密的利益联结关系，所以在新西兰乳品加工业中占据主导地位，深受牧场主欢迎。

新西兰食品安全局负责监管新西兰11600个牧场、172家乳品生产商、226家乳品运输和储存商、164家乳品出口商、46个乳品实验室和252个乳品风险管理评估机构，实行从农场到餐桌的一条龙管理。食品安全局制定质量安全管理的规章和标准，对奶牛场实行风险管理制度，具体的评估和检测工作委托有认证资格的独立第三方质量安全检测实验和风险评估机构承担。

---

① 张汉澍. 荷兰：如何玩转奶业合作社［EB/OL］. 中国农民合作研究组织中心. 2014－08－26.

新西兰乳业委员会，其主要作用是负责所有新西兰出口乳制品的营销。该组织既是新西兰最大的商业单位，又是一个跨国食品营销组织。按照《乳业委员会法案》，新西兰乳业委员会有权采取措施改良奶牛和进行科研，以提高乳制品的质量。乳业委员会下设90个子公司和16个有关联的公司，这些公司负责把新西兰1700多种不同的乳制品出口到世界140多个市场。乳业委员会对乳制品的出口享有垄断权，乳制品公司只要从乳业委员会得到许可证，就可以独立从事乳品的出口。

七、我国生鲜乳供应链安全对策

综上所述，生鲜乳市场买方垄断之所以存在并难以根治，原因有四：一是生鲜乳易腐性和独享性及专用性投资过大的客观市场事实使然；二是政府在生鲜乳产业链中经济与法律环境及制度建设不够完善，缺乏扼制奶站及奶企垄断的外部环境；三是奶农及其所属合作社在产业链中的主体地位薄弱；四是部分奶站和奶企的社会责任缺失所致。为此，制衡垄断应"疏""堵"结合①。对垄断者采取"堵"的策略，抑制其垄断行为；对奶农采取"疏"和"鼎"相结合的策略，培育遏制垄断的外部力量，以促进公平竞争。

（一）完善支持奶农合作社的各项法律和规章制度

目前最迫切的是政府应尽快出台奶业合作社法或奶业组织法。据此法律建立的奶业合作社组织的有效运行，完全可以构成遏制市场买方垄断的一个外部力量，在保障奶农收益稳步增长的同时，也保证了生鲜乳产业链的安全运行。

（二）完善生鲜乳收购的保护价制度和政策落实，加大奶牛养殖直接补贴范围

推广和完善并形成我国特色的全国普遍实施的生鲜乳收购保护价制度—普遍实行补贴到其专业合作社或奶牛养殖户手中。加大对奶牛养殖合作社或养殖户的直补力度并完善相关政策，减少中间环节，增强资金的使用效率，强化奶农的主体地位，从而达到削弱买方垄断、增强生鲜乳供应链安全的目的。

---

① 钟真. 生鲜乳质量安全问题的产生原因与治理措施 ［J］. 农产品质量与安全，2011（5）：17 – 22。

（三）加快奶业保险体系建设，增强奶农抗风险能力

政府应加大财政资金投入，建立符合国情的政策性奶牛养殖保险制度。同时，推动商业保险公司加大承保力度和范围，并鼓励奶农组织建立风险基金。通过多种形式建立、完善我国的奶牛养殖保险体系，提高奶农抵御各种风险的能力，保证生鲜乳供应链的安全运行。

（四）尽快建立第三方质量检测机构并完善监管

政府应在各地逐渐设立手段先进、功能完善、辐射与服务面积大的第三方质检中心或质检机构，保证其在检测过程中的独立性和公正性。同时要加强政府监管体系建设，规范生鲜乳收购行为，最大限度地消除垄断。在这方面，政府应发挥主导作用。

（五）针对垄断，奶农应主动为之，走规模化、合作社化养殖之路①

奶农可以以奶牛入股分红的形式，加盟甚至组建规模化养殖公司，以实现规模化养殖。这一新型的规模化奶牛养殖模式，既是行业发展的选择，也是实现新农村环境治理的重要途径。各地还可根据实际情况设立不同类型的合作社组织，如以奶牛入股，按股分红或按奶量分利的形式，增强话语权和抵御各种风险的能力。

---

① 道日娜、乔光华. 内蒙古奶业生产组织模式创新与乳品质量安全控制［J］. 农业现代化研究，2009（5）：298－301。

第六章 婴幼儿配方乳粉企业战略性并购与质量安全

中国婴幼儿配方乳粉行业内忧外患备受关注。2008 年三聚氰胺 "毒奶粉" 事件之后，中国婴幼儿配方乳粉行业虽经历了整顿洗牌，却仍深陷信任危机，未能完全重塑消费者信心。与此同时，中国已成全球最大婴幼儿配方乳粉消费国。巨大的市场空间意味着谁掌控了中国市场，谁就可能掌控未来的全球乳品市场。国外资本纷纷抢滩中国乳业市场，从上游奶源基地到下游销售渠道进行全方位产业链战略布局。一方面，进口乳粉长驱直入，国内消费者对国产品牌缺乏信心，纷纷抢购洋品牌乳粉，使得国内乳企苦不堪言；另一方面，国际原奶价格大幅下跌带来奶源供应增量，国内乳企大量进口质优价廉的国际原奶，导致国内奶农杀牛倒奶，冲击上游奶牛养殖业。市场剧烈波动进一步凸显了行业的脆弱性，暴露了民族奶业缺乏独立性，揭示了上下游产业矛盾和产业利益分配失衡的严重性。我们不得不质疑，难道中国乳企不能让中国宝宝喝上放心乳粉，难道要将培育多年的婴幼儿配方乳粉市场拱手让人？中国乳业的咽喉被外资掌控，奶源、品牌、市场、价格和技术标准制定权完全受制于人，产业安全受到严重威胁，中国乳业亟待全局性战略思考和政策制定。2017 年 1 月 24 日，习总书记考察张家口旗帜婴儿乳品股份有限公司时说道，"让祖国的下一代喝上好奶粉，我一直很重视"，强调国产品牌乳粉要在市场中起主导作用。

问题聚焦在产品质量安全和奶源安全上。近年我国出台了一系列加强婴幼儿配方乳粉质量安全管理的政策，要求企业自建自控奶源基地确保奶源质量，2014 年 6 月，工信部发布《推动婴幼儿配方乳粉企业兼并重组工作方案》，鼓励企业兼并重组。产业政策的目的是规范市场秩序，整合上下游优势资源，培育大型企业集团，提高行业集中度，从而提高产品质量，提升企业国际竞争力，促进行业健康发展，最终破解行业发展困局。受国家政策驱动和市场竞争冲击，我国婴幼儿配方乳粉市场并购浪潮风起云涌。光明收购新西兰新莱特、蒙牛收购现代牧业、原生态牧业和雅士利国际、伊利结盟美国 DFA 和意大利斯嘉达、参股辉山乳业、飞鹤收购吉林艾倍特和陕西关山乳业、恒天然收购贝因美、恒大收购新西兰 GMP，等等。综观这些并购，多以获取上游优质奶源和寻求渠道资源、先进管理经验为目的的战略性并购为主，形成了从金融资本投机行为向产业资本投资行为转变的并购特征。

并购是一种重要的企业成长战略。成功的并购可以促进资源优化配置；降低交易费用，实现规模经济和范围经济；提高市场份额，形成市场势力；产生协同效应，重构竞争能力，提高公司价值。那么，并购是解决中国婴幼儿配方乳粉行业困局的有效办法吗？由于现有研究过多关注并购带来的财务价值和股东价值，而忽略了并购的战略价值，本研究提出将质量安全作为一个重要的因变量考核指标，探讨并购能否解决中国婴幼儿配方乳粉的质量安全问题，以及什么样的并购模式有助于提高质量安全，进而促进企业成长。中国婴幼儿配方乳粉市场涌现的战略性并购，不单以获取资产控制权为目的，而是通过整合上下游产业链，改变产业组织模式，整合奶源和管理经验等战略性资产，构建产业利益共同体，提升质量安全水平，以创造企业长期价值。

一、理论基础与文献综述

（一）理论基础

新古典经济学从企业投入产出角度分析并购产生的规模经济、范围经济和市场势力效应；新制度经济学通过交易费用理论、不完全契约的产权理论和委托代理理论，认为并购可以降低交易成本、规避委托代理风险；产业组织研究通过资产专用性理论来解释企业纵向并购的动因。战略管理的资源基础理论（RBV）认为，并购是寻求现有资源利用与新资源开发之间的平衡。

早期的并购理论遵循资源利用逻辑，主要适用于发达国家向发展中国家进行资源转移和全球扩张，较少关注缺乏资源优势的发展中国家企业并购创造财富的源泉和作用机理。战略性资产理论认为，企业可从外部寻求战略性资产弥补公司资源能力与目标之间的战略缺口（Hagedoorn and Duysters，2002）。战略性资产整合视角对于分析新兴市场企业收购成熟跨国公司的关键资产克服后发劣势具有战略价值（Dunning，1998；吴先明等，2014a）。

1. 企业治理机制

企业治理机制分为三种形式：市场治理机制、中间治理机制和科层治理机制（巴尼，2011）。市场治理机制是指企业之间通过市场进行交易。中间治理机制是指企业间战略联盟和合作。科层治理机制是指将交易纳入到企业边界内时，具体又可分为横向并购、纵向并购、混合并购和参股四种形式。

2. 资源基础理论

资源基础理论认为，企业是各种资源的集合体，企业所拥有的资源往往各不相同，具有异质性，企业资源的价值性、稀缺性、不可模仿性、难以替代性决定了企业竞争力的差异，是企业持久竞争优势的源泉。资源基础理论强调，企业利润来源于对其资源的最优配置和有效整合。如果乳企能够通过并购的形式获得稀有、独特、难以模仿的资源并对其进行优化整合，形成一种增值协同关系，那么乳企有可能创造并购价值。

交易成本经济学通过判断治理机制的成本和交易专用性投资的水平，以决定采用哪种治理机制。交易专用性投资水平低的交易，可通过市场交易关系来管理；交易专用性投资水平中等的交易，可通过战略联盟来管理；而专用性投资水平高的交易，则应被纳入到企业边界内，形成纵向一体化的治理机制。

巴尼（2011）提出的资源基础理论认为，交易成本经济学只关注交易中的财富分配，忽视了企业在做治理机制选择决策时的资源和能力。资源基础理论关注企业的生产性资源和能力，探讨企业控制的有形的、无形的资源如何通过不同的治理选择创造价值。巴尼（2011）认为，治理机制的选择由获取能力的价值、创造能力的成本、交易专用性投资的机会主义成本和收购其他企业获取能力的成本四个因素来决定。如果创造能力的成本和收购其他企业来获取能力的成本，比交易专用性投资带来的机会主义成本要高，却比该能力所创造的价值要低，那么企业就会选择非科层治理方式而不是科层治理方式来获取这些能力。

3. 战略性并购理论

战略性并购是指并购双方为了增强其核心竞争力，通过优化资源配置、整合双方资源实现企业价值增值的一种长期的战略考虑。战略性并购是一种用股票支付对价并且并购双方业务重叠的善意的并购活动（Healy & Palepu，1997）。战略性并购强调的是以企业核心竞争力建设为基础，以优化资源配置为目的，以加强企业的竞争地位而采取的收购行为。战略性并购是相对于财务性并购而言的，它侧重于长期收益，目的是使并购双方产生一体化协同效应，创造大于各自独立价值之和的附加价值。战略性并购有以下特点：（1）战略性并购必须以企业发展战略为目标和依据，是一种长期的战略考虑，通过并购达到发展战略所确定的目标；（2）战略性并购以增强企业核心竞争力为基础，目的是使并购后的企业可以形成一个更强的竞争态势；（3）战略性并购的目标应致力于产生协同效应。

战略性资产是指那些在某个具体市场上构成企业成本优势或差异化优势基础的资产，具有难以被模仿或难以被替代、非交易性、积累过程缓慢、创造顾客价值等特征（Amit，1993）。它们能构成公司核心优势或与公司现有核心优势构成互补效应。企业通过获取战略性资产可以增强其动态竞争优势。

（二）文献综述

1. 战略性并购的动因、影响因素和绩效研究综述

战略性资产整合是一种战略性并购行为。Teece（2007）指出，整合外部的无形资产对于企业成功极为重要。苏敬勤等（2013）比较中西方企业并购动机发现，西方理论强调利用企业的管理能力、经验和品牌等无形资源，而中国企业强调获取外部战略性资源。新兴市场企业可将并购作为获取战略资源的跳板，如 Mathews（2006）提出的 LLL 模型，克服后发劣势，构建国际竞争优势（Luo and Tung，2007；吴先明等，2014a）。学者们对战略性并购的绩效进行了实证检验，如李梅等（2010）分析了寻求创造性资产的雅戈尔收购美国新马集团后的资本效应和财务效应；亢腾（2010）发现银行业间的战略性并购可以获得关键资源和能力；顾露露（2011）运用市场模型、FF3FM 模型和事件研究法，发现中国企业海外并购取得了正的短期和中长期绩效。有些学者分析了影响战略性并购成功的关键因素（李善民等，2007），如邓平（2013）指出，战略性资产具有暗默知、专业性和复杂性，企业的吸收能力会影响并购创造竞争优势的能力；吴先明等（2014a）发现并购企业的研发能力、资产规模和并购经验会对资产寻求型并购的价值创造产生影响。有些学者试图揭示战略性并购提升竞争力的作用机理，如易加斌（2013）构建了一个整合研究框架，以揭示不同影响因素通过哪些路径和交互作用来影响国际并购逆向知识转

移过程和绩效；吴先明等（2014b）从动态能力视角探析后发企业技术寻求型海外并购如何跨越技术鸿沟、形成国际竞争力。还有些学者考虑了我国转型期制度情境的影响，如政府干预究竟是"支持之手"还是"掠夺之手"（潘红波等，2008），政府对并购公司的资源配置干预具有"国有偏好"和"行业偏好"（孙自愿等，2013），在不完善的法律制度、较差的契约和社会信任条件下，资产专用性与公司纵向并购财富效应间呈正相关关系（李青原，2011）。

2. 并购对婴幼儿配方乳粉质量安全的影响研究综述

并购对婴幼儿配方乳粉质量安全的影响主要通过产业组织模式的改变来实现。产业组织理论主要是为了解决"马歇尔冲突"，即如何求得市场竞争和规模经济之间的有效合理的均衡，获得最大的生产效率。大量研究表明，农产品的质量安全水平的确与其产业组织模式有着十分紧密的联系。一方面，生产者的数量、投入规模、技术运用、资金实力等体现生产模式差异的因素对农产品质量安全有着显著的影响（张云华等，2004；周洁红，2006）；另一方面，交易的紧密程度、次级市场的数量、契约的完整性等体现交易模式差异的因素亦对农产品质量安全具有显著的影响（朱文涛等，2008；赵建欣等，2008）。

何玉成等（2005）分析了我国乳业现存的四种纵向组织模式（"农户＋奶牛企业＋乳品加工企业"、"农户＋养殖小区＋综合奶站＋乳品加工企业"、"农户＋集约化奶牛场＋综合奶站＋乳品加工企业"和"农场＋农户＋乳品加工企业"），发现在每一种模式中，奶农都处于受"要挟"境地，不利于乳业的健康发展，乳品加工企业、政府和原奶生产者需共同采取行动来优化现有的纵向组织模式。

程宏伟等（2009）认为确保乳制品的质量安全，实现乳制品产业链的和谐，首先应该获得资源控制权，而资源控制权又取决于产业链的组织形式，即对关键环节的准确定位、利益的均衡分布以及财务资源的合理配置。乳制品产业链在市场快速扩张的诱惑下，忽视了产品的核心属性，放弃了对上游奶源建设的资源控制权，因而导致乳制品质量安全问题。

杨伟民（2010）认为产业链中的组织模式与利益相关者的行为都会影响乳业产业链的绩效，依赖政府的政策监管来改善乳业质量安全现状不会有理想的效果，只有提高产业链前端，即提高原奶生产环节的组织化程度，才能提高乳制品质量安全。

肖兴志等（2011）指出，乳业结构利益脱节和奶源需求过度是乳品质量安全产生的组织结构根源，而乳业纵向一体化引导下的企业自建牧场模式无法真正降低乳品安全风险。钟真和孔祥智（2012）构建了"全面质量安全观"，即食品的"质量安全"应该包含"质量"和"安全"两方面的含义，"食品质量"是指那些影响食品食用价值的各种因素的总和，"食品安全"则是食品质量的一部分，仅指食品中对人体不利的那些安全因素。发现奶业生产模式显著影响品质，而交易模式显著影响安全。钟真等（2014）指出，农产品质量安全与数量产出都存在规模经济，而生鲜乳质量安全规模不经济导致了质量安全水平不高。

有些学者分析了食品产业并购的绩效。何玉成等（2010）利用古诺博弈模型进行实证研究，发现乳制品产业集中度越高，乳企利润率也越高。因此政府可以通过制定产业组织政策来提高乳制品产业集中度，改善乳企经营绩效，从而增强乳企的市场竞争力。李青原等（2011）以可口可乐并购汇源果汁为例，分析了资本市场中并购参与双方、水平竞争对手和上游公司的财富效应。宋淑琴等（2014）以光明并购英国维他麦为例，说明股权结构、集团规模等条件能缓解融资约束，但降低了海外并购的债务治理功效。可以看出，并购会影响产业组织模式，但是政策引导下单纯的生产经营规模扩大、产业链纵向一体化并不一定会改进质量安全，如何挖掘并购影响质量安全的内在机理亟待深入研究。

二、婴幼儿配方乳粉企业并购事件的统计与分析

2014 年 6 月，工信部等发布《推动婴幼儿配方乳粉企业兼并重组工作方案》，到 2015 年底，争取形成 10 家左右年销售收入超过 20 亿元的大型企业集团，前 10 家国产品牌企业的行业集中度达到 65%；到 2018 年底，争取形成 3 ~ 5 家年销售收入超过 50 亿元的大型集团，前 10 家国产品牌企业的行业集中度超过 80%。本数据库统计了 2014—2016 年间婴幼儿配方乳粉企业共计 43 个并购事件，归纳整理出并购事件的发生时间、并购规模、治理机制、并购动因、并购前后并购双方的绩效、股价变动、股权结构变化、董事会结构变化等，以分析总结乳企并购的规律。

（一）数据来源

数据库的收集整理大致分为两个阶段：首先，项目团队对乳企并购事件进行长期的跟踪与调查，统计 2014—2016 年间乳企并购的事件数，收集整理出并购事件的时间、交易金额、交易比例等简单信息，同时大致整理出数据库的框架与模型。接着，团队成员分工合作，通过国泰安、网易财经、和讯网、东方财富网、巨潮资讯网、新浪财经、各企业官网及媒体新闻报道等途径来搜集资料。并购动机主要通过媒体新闻报道和企业官网等搜集整理得到，并购双方并购前后绩效、股价变动主要通过东方财富网、巨潮资讯网、新浪财经、企业官网等网站搜集整理得到，股价结构变化、董事会结构变化主要通过公司公告得到。

（二）关键指标分析

1. 并购治理机制分析

根据统计，2014—2016 年间乳企并购事件总共有 43 个，其中并购治理模式为中间治理的有 6 个，科层治理的有 37 个。而在科层治理中，参股有 4 个，纵向并购有 6 个，混合并购有 6 个，而横向并购有 21 个，约占整个并购总数的 50%，这说明乳企间的并购还是倾向于竞争企业间为抢占市场而进行的并购。

在 21 个横向并购中，处于上游企业间的并购，也就是奶源企业间的并购有 2 个，而处于中游企业间的并购，也就是乳制品加工企业间的并购有 19 个，占整个横向并购总数的 90% 以上，这说明乳制品加工企业为了扩大企业的整体竞争力和市场势力，会通过企业间的并购迅速获得市场，提高其资源利用程度。

在 6 个纵向并购中，上游企业对下游企业的并购仅有 1 个，而下游企业对上游企业的并购有 5 个，这说明乳企行业中，乳企加工企业较奶源企业有更高的并购意愿，乳企行业有"得奶源者得天下"，乳品加工企业通过并购奶源企业，获得比较稳定、优质的奶源，奶源是乳品的源头，奶源的质量和数量是乳企进行竞争必不可少的基石，同时拥有奶源企业，乳品加工企业就能有效避免其建造牧场所花费的昂贵的冗余成本，更有助于其实现经济利益。因此，乳品加工企业对奶源企业的并购，能够有效实现其产业链一体化的进程，强化管理，实现规模效益。

表 6-1　并购治理机制与并购双方上市与否的统计

治理机制			是否上市			
			均上市 （6个）	均未上市 （5个）	主并上市 （25个）	目标上市 （7个）
科层治理机制 （37个）	横向并购 （21个）	上游间（2个）		1	2	
		中游间（19个）	3	1	12	2
	纵向并购 （6个）	上并下（1个）				1
		下并上（5个）	1		4	
	参股（6个）				1	3
	混合并购（6个）		2	1	3	
中间治理机制（6个）				2	3	1

由上表可知，在 43 个并购事件中，并购双方均上市的有 6 个，而仅有主并企业上市的有 25 个，这说明上市企业拥有更雄厚的实力，企图通过并购未上市的企业来增强自己各方面的实力和竞争力。

2. 并购动因分析

（1）针对主导企业的并购动因分析

通过对主导企业的动因分析，发现位列并购动因前三位的分别是：拓宽市场并完善布局、协同效应并提升绩效、提升竞争力并降低风险。在分析的 43 个并购案例中这三大动因分别占有 14、8、6 个。主导企业的其他并购动因还包括整合资源、延伸产业价值、看好被并购方未来发展、优质奶源和国外技术、新增业务，补强主板等。

具体分析主导企业并购的第一大动因，可以发现其中属于中间治理的有 2 个，科层治理的有 12 个。科层治理中，横向收购 7 个，纵向并购有 4 个，参股 1 个。再次分析目标企业并购的第二大动因可以发现其中属于中间治理的只包含 1 个，其余 7 个均属于科层治理，其中横向收购 5 个，混合收购 1 个，纵向并购 1 个。在第一大动因和第二大动因中，横向并购发生的频率较高。结合这 12 个横向收购的时间来看，全部发生于 2014 年 5 月以后。乳企并购中多倾向于同行业收购，其中的主要原因还是因为自 2013 年以来，国家陆续出台了

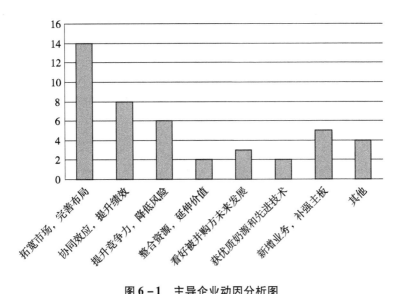

图6-1　主导企业动因分析图

相应的婴幼儿配方乳粉制度，大力推动国内婴幼儿配方奶粉企业的兼并重组工作。另外，在资本市场上"大吞小，强吃弱"的现象比比皆是，企业中的任何一个短板都可能成为强者垂涎的对象。对乳企而言，为避免被并购的发生，弱者需要增强，强者需要更强。

（2）针对目标企业的并购动因分析

通过对目标企业的动因分析，发现位列并购动因前三位的分别是：拓宽市场并提升整体布局、增强竞争实力并提高盈利水平、整合资源并延伸产业价值。在分析的43个并购案例中这三大动因分别占有11、7、4个。目标企业的其他并购动因还包括提升投资价值、降低经营风险、获得优质奶源、提高协同效应等。

具体分析目标企业并购的第一大动因可以发现其中属于中间治理的有2个，科层治理的有9个，其中横向收购7个，混合收购2个。结合这7个横向收购的时间来看，全部发生于2014年5月以后。看来在乳企并购中多倾向于同行业收购，其中的主要原因还是因为自2013年以来国家陆续出台了相应的婴幼儿配方乳粉制度，大力推动国内婴幼儿配方奶粉企业的兼并重组工作，争取用2年时间形成10家左右年销售收入超过20亿元的知名品牌企业，用5年时间将现有的128家婴幼儿配方乳粉生产企业整合保留大约50家。国家一直鼓励乳企不断兼并重组，形成优势乳企。再次分析目标企业并购的第二大动因

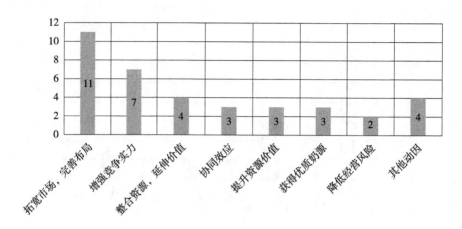

图 6-2 目标企业并购动因分布图

可以发现，其中属于中间治理的只包含一个，其余 6 个均属于科层治理，其中横向收购 4 个，混合收购 1 个，参股 1 个。

综合来看，目标企业之所以同意被并购，其实也正是政策的指导作用，在国家政改浪潮下，乳企纷纷寻找出路，希望通过并购依附实力较为雄厚的大企业，借此来充分利用企业的资源，提高企业在市场中的竞争力。

3. 产权性质分析

通过对主导企业的产权性质的分析发现，其中民营企业与民营企业间的并购很容易发生，涉及 14 个，占总体并购案例的 40%，其次是国有企业共有 10 个，而外资企业或者中外合资企业 9 个，股份制企业 2 个，约 16.28%。

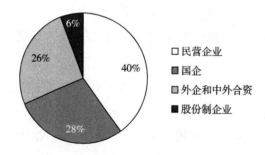

图 6-3 主导企业产权性质分布图

另外对目标企业的产权性质分析中发现，民营企业容易被收购涉及 23 个，占总体并购案例的 58.14%；其次是国有企业，共有 11 个；而外资企业或者中外合资企业所占比例较小，约 16.28%。

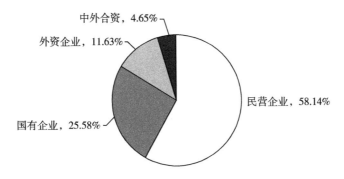

图 6 - 4　目标企业产权性质分布图

从整体来看，其中有 31 个并购事件可以确认并购方与被并购方的产权性质，其中民营收购民营与国有收购国有的并购事件所占比例分别为 39% 与 26%，这说明并购双方在选择并购对方时还是倾向于选择与本企业产权性质相同的企业，这样可能更方便企业间的整合与资源共享。

表 6 - 2　并购双方产权性质分析

并购模式	外资收购国有	国有收购国有	合资收购合资	外资收购民营	民营收购民营	民营收购外资	合资收购民营	外资收购外资
数量（个）	1	8	2	4	12	2	1	1

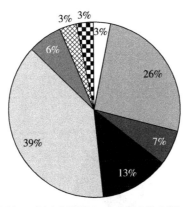

□ 外资收购国有　▨ 国有收购国有　▤ 合资收购合资　■ 外资收购民营
□ 民营收购民营　▦ 民营收购外资　▩ 合资收购民营　▥ 外资收购外资

图 6 - 5　并购双方产权性质分析

另外有 2 家民营乳企表现出了对海外发展的渴望，进行了对外资乳企的兼并行为。同时外资乳企也看中了中国这片广袤的市场，在 2014—2016 年中，有 1 家外资乳企收购了国有乳企，4 家收购了民营乳企。乳品行业的国际化趋势已经初现苗头。

4. 资产专用性分析

Williamson 指出，资产专用性就是资产能够被重新配置于其他备选用途并由其他使用者重新配置而不牺牲其生产性价值的程度，其呈现出路径依赖性的特征。目前，学者们使用比较多的是用长期资产法来衡量资产专用性的水平，即：（固定资产＋在建工程＋无形资产＋长期待摊费用）／总资产，因主要考察的是并购双方的资产专用性水平的高低对并购各方面的影响，故采用并购事件发生上年末的数据进行计量，对本数据库中的主并企业和目标企业分别使用上述指标来衡量其资产专用性水平结果如下：

（1）主导企业资产专用性水平分析

在 43 个并购事件中，26 个并购事件中的主并企业是上市公司且可以有效评价其资产专用性，其中 90% 以上企业的资产专用性水平在 10% 以上，65.38% 以上企业的资产专用性水平在 30% 以上，而仅有 2 家企业的资产专用性水平较低，在 1% 以下，但这 2 家企业属于综合性生产企业，并不属于乳企行业的企业，其进行并购仅是为了完善其业务空白，进入乳企行业。由此说明在乳企并购中，主并企业的资产专用性水平整体是比较高的。

表 6-3　主并企业资产专用性水平高低分布

主并企业资产专用性水平	10% 以下	10%~30%	30%~50%	50% 以上	合计
数量	2	7	12	5	26
比例	7.69%	26.92%	46.15%	19.23%	100%

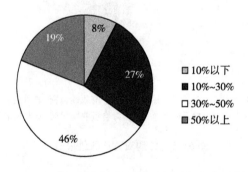

图 6-6　主导企业资产专用性水平分布图

（2）目标企业资产专用性水平分析

并购中，为了增加并购的成功率，实力雄厚的主并企业通常会选择实力较弱的目标企业，这些企业或因为实力原因而未达到上市的资格，因此 43 个并购事件中，仅有 12 个并购事件中的目标企业是上市公司且可以有效评价其资产专用性水平。这些目标企业的资产专用性水平全部均高于 10%，而资产专用性水平高于 40% 的仍有 25%，这说明这些目标企业可能会因为各方面的原因成为并购的对象，但其资产专用性水平整体是很高的。这是因为乳企行业中的企业所拥有的资产均具有较高的不可替代性与不可转移性，奶源企业中的牧场、原奶、人力及专用工具若调做他用，将极大的损坏其价值，而乳品加工企业中的加工用固定资产、乳品研发专有技术、人才、工厂等资产专用性水平也是极高的。

表 6 - 4　目标企业资产专用性水平高低分布

目标企业资产专用性水平	10%~20%	20%~30%	30%~40%	40%以上	合计
数量	1	4	4	3	12
比例	8.33%	33.33%	33.33%	25.00%	100.00%

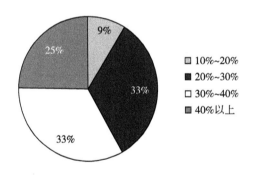

图 6 - 7　目标企业资产专用性水平分布图

由此可知，乳企的资产专用性水平是极高的，因此在并购整合过程中需要双方的共同努力，实现并购的协同效应。

5. 财务绩效分析

乳企间的并购是为了拓展市场，整合资源，实现优势互补，增强企业竞争力，实现协同效应，并购的财务绩效考察则显得尤为重要。对财务绩效的分析主要按治理机制类型来进行，着重分析在不同的治理机制下，乳企的并购绩效会产生怎样的差异。

（1）参股并购条件下

表6-5　并购前后增长比率

目标企业		主导企业	
销售收入	净利润	销售收入	净利润
15.43%	44.52%	480%	595%

从数据库的数据中找到，参数并购条件下，不论是目标企业还是主导企业，其销售收入和净利润都有较大幅度的提升。

（2）横向并购条件下

在整个数据库中，横向并购有21个，约占整个并购总数的50%，这说明乳企间的并购还是倾向于竞争企业间为抢占市场而进行的并购。而横向并购的条件下，目标企业和主导企业的销售收入和净利润都或多或少地增加，在已统计数据中，没有出现并购后减少的现象。

表6-6　若干企业并购前后增长比率

目标企业		主导企业	
销售收入	净利润	销售收入	净利润
1.92%	52.61%	1.84%	52.61%
27.61%	27.61%	19.22%	3.41%
		25%	15.43%
		14.62%	44.52%
		32.28%	25.00%
		58.82%	64.28%
		1.92%	52.61%

（3）混合收购

从已统计数据中我们可以看到，混合收购的结果并不都是两者互利的，当有不了解行业情况的其他产业公司强势入股奶源产业后，或者奶源公司并购其他产业之后，在不了解行业的情况下，并购公司可能会打乱其原来的发展轨迹，造成并购后的损失。

表 6 – 7　若干企业并购前后增长比率

目标企业		主导企业	
销售收入	净利润	销售收入	净利润
– 0.4786	– 0.505	5.01	0.534
		0.0061	0.7847
		0.189	0.314
		0.0286	– 0.214

（4）纵向收购

表 6 – 8　并购前后增长比率

目标企业		主导企业	
销售收入	净利润	销售收入	净利润
		28.80%	413.70%
		391.80%	25%
		30.79%	– 14.79%

从统计的数据中我们可以看到，上下游奶源企业的合并有可能会带来巨额的利润也有可能会带来损失。

在乳企新政的影响下，企业并购的动机包括为了追求在市场竞争中的战略地位和产业优势，为了增强市场势力，为了谋求在竞争中技术开发与应用的垄断地位，为了巩固行业定位和把握资源要素。通过从不同并购方式分析，横向并购带来的绩效最好，可能由于同行业强强联手、优势互补带来好的绩效；而混合收购带来的效果较差，完全不同的行业融合到一起之后，存在的问题可能会比较多；而纵向并购的结果具有风险性，上下游企业间的合并，若上游奶源口碑良好，下游企业的液态奶销量也会顺势增加，可一旦上游奶源出现问题之后，下游企业也会受到波及。

6. 股权结构及集中度分析

在 43 个并购案中，有 25 个披露了并购后的股权结构信息。其中有 16 家企业的股权结构中含有占股超过 30% 的大股东，占股 10% 以上股东数大于 2 的企业有 11 家。

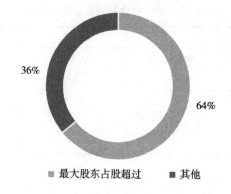

■ 最大股东占股超过 　　■ 其他

图 6 - 8　最大股东占股超过 30% 比例情况

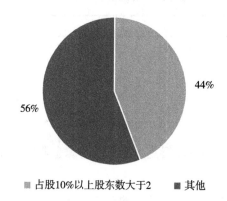

■ 占股10%以上股东数大于2 　　■ 其他

图 6 - 9　股权集中度情况

　　近年来乳企并购案中涉及的公司总体基本呈现出股权高度集中的特点。64% 的企业拥有着占股超过 30% 的大股东；44% 的企业拥有着两位以上的占股超过 10% 的股东。在乳品行业重资产的背景下，拥有着强大控制力的大股东对企业的影响力非常大，更易于促成并购行为的发生。

　　7. 董事会结构变化

　　企业并购过后，部分主导企业为了方便对目标企业的管理与控制，通常会派遣若干名董事或监事前往目标企业进行整合与管理，鉴于此，本部分从主导企业和目标企业两方面对企业董事会结构变化进行了分析。在数据可获得的情况下，分析发现，在 14 家主导企业中，有 7 家企业在兼并收购后董事会人员发生了变化，有 7 家企业在兼并收购后董事会人员没有变化，各占 50% 的比重。

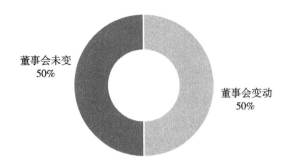

图 6 - 10 主导企业董事会结构变动图

在 9 家目标企业中，有 7 家企业在兼并收购后董事会成员发生大幅度的变动，仅仅只有 2 家企业的董事会成员没有变动。

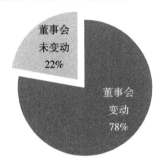

图 6 - 11 并购目标企业董事会结构变动

总结来说，乳企并购过后，有很大比例的主导企业的董事会成员是不会变动的，而大多数目标企业的董事会成员会有大幅度的调整，且大多数变动均为主导企业的高层人员的调任，也即主导企业通过对目标企业的董事会进行管控来促进并购的优化整合。

（三）数据库分析总结

通过对数据库总体数据、指标进行描述统计，全面分析了 43 个乳企并购事件的并购治理机制、并购动因、产权性质、并购双方专用性资产、并购财务绩效、股权结构变化、董事会结构变化等 7 个方面内容。在并购治理机制方面，乳企间的并购多倾向于横向并购，通过横向并购来增强企业的竞争力和市场势力；在并购动因方面，主导企业多为了拓宽市场，增强企业竞争力，整合资源，发展协同效应等动因来进行并购；在产权性质方面，乳企间的并购多为国有企业收购国有企业或私营企业收购私营企业，即并购双方多为同种产权性质的企业，这样更方便企业间的整合；在资产专用性方面，乳企行业中的主并企业和目标企业的资产专用性是很高的，也就是说若将其资产挪作它用，将会很大程度上损坏其价值，因此并购过程中需要并购双方实现很好的整合，充分整合利用资源，避免资产的浪费；在并购财务绩效方面，横向并购的财务绩效是最好的，而纵向并购会存在诸多风险，混合并购的绩效不胜乐观，与并购双方的企业性质有很大的关系；在股权结构变化和董事会结构变化方面，并购过后，主并企业的股权结构会有较大的变化，而目标企业的董事会结构会有较大的变化，多源于主并企业对其不同程度控制。

三、资产专用性、纵向并购与协同效应——以蒙牛并购现代牧业为例

在政府政策的引导下，婴幼儿配方乳粉优势企业实施强强联合、兼并重组，提高产业集中度，整合产业链，实现"奶源基地—生产加工—市场销售"的一体化经营。而奶源企业与乳品加工企业都拥有较高的专用性资产，上下游间的整合必定是对众多专用性资产的整合。学者的实证检验表明，资产专用性理论在解释公司纵向并购绩效时具有一定的适用性和稳健性。综观学者对专用性资产的测度，考虑到乳业的行业特征，本文使用 Williamson（1996）的观点，使用专用地点、人力资本专用性、品牌和信誉资产专用性、物质资源专用性作为资产专用性的替代变量，同时从经营、管理、财务协同效应来衡量企业并购的长期协同效应，来研究纵向并购中被并购方的资产专用性与并购双方协同效应之间的关系。

（一）文献回顾与理论分析

1. 资产专用性

Williamson（1991）指出资产专用性是在不牺牲其生产价值的前提下，某项资产能够被重新配置于其他替代用途或是被替代使用者重新调配使用的程度，资产专用性是形成公司资产一体化的决定因素之一[①]。资产专用性是交易

---

① Williamson, O. E. Comparative Economic Organization：The Analysis of Discrete Structural Alternatives. Administrative Science Quarterly［J］, 1991, 36（2）：269 - 296.

成本经济学的核心概念，侧重于从资产所有者的角度研究交易活动和治理机制。

目前关于资产专用性的研究多集中于资产专用性与债务融资、资产专用性与资本结构、资产专用性与企业并购等方面。在资产专用性水平与债务融资方面，Cushing and McCarty（1996）、程宏伟（2004）等国内外许多学者利用不同的度量方式得出了较为一致的结论，即资产专用性与债务融资负相关[①]。在资产专用性与资本结构方面，国内外的实证研究结论并不一致，王永海和范明（2004）认为资产专用性与资本结构正相关[②]，以程宏伟（2004）为代表的学者认为资产专用性与资本结构负相关[③]。在资产专用性和企业并购方面，学者们着重研究了资产专用性与并购绩效之间的关系、资产专用性与资产一体化的关系。但学者们并没有得出较为一致的意见，因此还需深入研究。

此外各学者对资产专用性的度量替代指标的选择也有很大区别，比较成熟和常用的有定义法、长期资产法和研发费用法。Williamson（1996）提出的资产的专用性分类，可分为四类：专用地点、以干中学方式获得的人力资本专用性、物质资源专用性、专项资产[④]。此外国内外学者将专利、商标、品牌、声誉、顾客数、企业文化和拥有企业专用技术或诀窍的工人等也归为专用性资产。长期资产法，即长期资产占总资产比重，即固定资产、在建工程与无形资产之和占总资产比重（LAP）。研发费用法，即开发支出占主营业务收入比重（RFP）。各学者应针对其研究对象的特点及模式选择适合的资产专用性的度量替代指标。

2. 行业竞争环境与资产专用性水平

行业竞争环境一般采用五种竞争力量模型进行分析，即潜在进入者的威胁、替代品的威胁、供应商的议价能力、买方的议价能力、现有产业内部的企业间竞争。公司资源观指出，异质性/专用性的资源是公司组织所拥有的有价值资源，也是公司维持和获取可持续竞争优势的主要来源之一。企业资产专用

[①] Cushing, W. W. Jr, D. E. McCarty. Asset Specificity and Corporate Governance: An Empirical Test [J]. Managerial Finance, 1996, 22 (2): 16 – 28。

[②] 王永海、范明. 资产专用性视角下的资本结构动态分析 [J]. 中国工业经济, 2004 (1): 93 – 98。

[③] 陈宏伟. 隐性契约、专用性投资与资本结构 [J]. 中国工业经济, 2004 (8): 105 – 111。

[④] Williamson, O.. The Mechanism of Governance [M]. Oxford: Oxford University Press, 1996: 107 – 114.

性水平的提高会增加企业的产品竞争优势，而竞争市场中的竞争环境会在一定程度上影响企业资产专用性水平的高低，本行业中潜在企业的进入、替代品的产生、供应商及购买者议价能力的提高、产业内企业竞争的加剧都将使企业原有资产的专用性水平降低。

3. 纵向并购和协同效应

并购协同效应是指两个或两个以上的企业通过合并使合并后企业的整体效益高于原各企业整体效应的简单总和，即企业之间在生产、管理、销售等不同阶段通过互相协作，使各种资源相互联合实现共享。目前关于企业并购与协同效应的研究众多，但并没有形成比较一致的结果。方芳和闻晓彤（2002）从2000年所发生的115起收购兼并案例中选取80家公司作为研究的对象得出结论，横向并购的绩效明显优于纵向以及混合并购[1]。唐建新和贺虹（2005）以1999—2002年我国上市公司发生的并购事件为研究样本，采用以面板数据多种统计分析和以财务指标为基础的综合评价方法，对我国上市公司并购的协同效应进行分析，结果表明，从长期来看，企业并购产生的协同效应是消极的[2]。唐清泉和巫岑（2014）从内在机理和外部表现分析内外部 R&D 间存在的协同效应，研究发现内外部 R&D 的协同效应存在于医药行业企业，能够提升企业绩效，单纯的进行内部 R&D 投资或者只进行外部技术并购，都不是提升企业价值的最优技术创新模式[3]。吕婧怡（2016）以乐视网并购案为例来研究纵向并购协同效应，研究发现纵向并购的管理协同效应显著，财务及经营协同效应还有待提高。由此可见，企业并购的协同效应还需继续深入研究[4]。

4. 资产专用性与纵向并购协同效应

交易成本经济学理论主要是通过资产专用性理论来解释公司纵向并购的动因，即公司纵向并购的对象通常是能与其共享专用性资产的公司，以避免沉没成本的再投资。交易成本经济学理论认为，公司纵向并购主要是解决专用性资产投资不足及规避潜在要挟问题所引起的契约非效率问题，那么纵向并购财富

---

① 方芳、闫晓彤. 中国上市公司并购绩效与思考 [J]. 经济理论与经济管理，2002（8）：43 - 48。
② 唐建新、贺虹. 中国上市公司并购协同效应的实证分析 [J]. 经济评论，2005（5）：93 - 100。
③ 唐清泉、巫岑. 基于协同效应的企业内外部 R&D 与创新绩效研究 [J]. 管理科学，2014，27（5）：12 - 23。
④ 吕婧怡、郭晓顺. 基于财务指标法的纵向并购协同效应研究—以乐视网并购案为例 [J]. 当代经济，2016（35）：8 - 10。

效应就是一体化内部化交易所节约的治理成本，且这些治理成本与商业交易涉及的专用性资产数量正相关，此时公司纵向并购财富效应与并购双方间资产专用性程度正相关。目前，学者们较多研究的是资产专用性与企业并购绩效之间的关系，且结论并不统一，多倾向于加入众多的调节变量或中介变量来研究两者间的关系。李青原和王永海（2007）、于成永和刘利红（2017）研究发现资产专用性与并购公司并购绩效正相关[1][2]。同时李青原（2011）研究发现并购交易双方资产专用性越高，收购方公司财富效应越大，且随着并购双方纵向关联程度的增加及他们所在地区产权保护程度的降低，资产专用性与公司纵向并购财富效应间的正相关性越强，支持了交易费用经济学的理论假说[3]。周煜皓（2014）从资产专用性与并购价格的方面对 2011—2012 年间的并购样本进行研究发现，被并购企业在研发支出上投入越大，形成资产专用性的可能性越大，收购企业就可能会因此支付更多的并购溢价。而被并购企业长期资产比重越大，除资源类企业外，并不能创造较高的资产专用性水平，并不能为并购企业带来增量经济收益，并购企业不会支付过多的溢价[4]。徐虹等（2015）引入产品市场竞争的概念来研究资产专用性与横向并购，研究发现随着产品市场竞争程度和资产专用性的增加，上市公司横向并购的可能性呈现先升后降的特点，同时，产品市场竞争程度越高，横向并购越有利于提升企业价值，尤其在高专用性资产投入的企业中更为显著。由此，被并购方的专用性资产水平越高，企业纵向并购的可能性越强[5]。

在政府的推动引导下，乳企行业加强了企业间的兼并重组，为打造企业的产业链模式，上下游间的纵向并购越来越盛行。目标企业的资产专用性水平越高，越能吸引主并企业对其进行并购，来达到避免沉没成本再投资、提高企业绩效的目的。但目标资产专用性水平的高低会一定程度上影响并购的整体协同

---

① 李青原、王永海. 资产专用性、资产一体化与公司并购绩效的实证研究 [J]. 经济评论，2007（2）：90－109。

② 于成永、刘利红. 资产专用性、会计稳健性与短期并购绩效 [J]. 会计之友，2017（8）：87－93。

③ 李青原. 资产专用性与公司纵向并购财富效应：来自我国上市公司的经验证据 [J]. 南开管理评论，2011（6）：116－126。

④ 周煜皓. 资产专用性与企业并购价格相关性研究—基于我国 A 股市场企业并购的数据分析 [J]. 长春大学学报，2014（24）：1179－1191。

⑤ 徐虹、林钟高、芮晨. 产品市场竞争、资产专用性与上市公司横向并购 [J]. 南开管理评论，2015（18）：48－59。

效应。目标企业所拥有的物质资源、品牌信誉、专项资产越具有不可替代性，专用性越强，主并企业在将其并购过后，能有效的弥补企业本身存在的市场空白及企业短板，实现资源的互补与协同。对于目标公司来说，企业被并购后，在短期内将向市场中传输企业经营业绩欠佳的信号，因此，短期协同效应并不乐观。目前学者们对资产专用性与纵向并购协同效应之间的关系并没有进行系统的研究，其内在影响机理也处于黑箱状态，基于此，本研究试图对专用性资产水平高低是否以及如何影响纵向并购的协同效应的问题提供相应的证据。

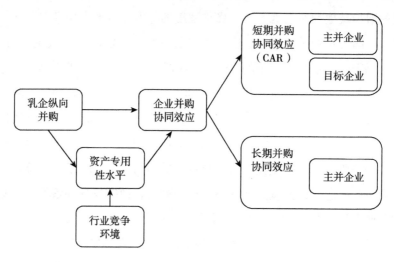

图 6-12　资产专用性与纵向并购协同效应的理论分析框架

（二）研究设计与案例选择

1. 研究方法

本文结合蒙牛收购现代牧业的案例，采用单案例研究的方法，分析理论命题。这有三个原因：第一，单案例研究适合回答"为何"以及"如何"的问题，而本文主要关注核心构念间的因果关系及作用机理，适合单案例研究。第二，由于专用性资产难以普适性地衡量。而基于案例的分析，可以通过详实的定性和定量数据，更准确地衡量这一构念。第三，蒙牛收购现代牧业是乳企行业一次重大的纵向并购案，对其进行研究对当前乳企的并购有较大的指导意义。

2. 数据收集和分析

本文以公司公告和主要财经媒体如东方财富网、巨潮资讯网及新浪财经等的相关报道作为案例分析的主要数据来源。其中，公司公告和财经网站用以定位案例发生的时间、发生前后的财务数据等信息，相关媒体报道用以追溯事件发生进展、事件主要涉及人的具体表述和态度倾向。

3. 案例选择

蒙牛为乳企行业中乳品加工企业的巨头，现代牧业为众多下游企业企图合作的奶源对象，蒙牛收购现代牧业是纵向并购中下游企业收购上游企业，获取奶源，打造全产业链进程并购事件中比较典型的事件，因此选择此次事件进行研究。

（三）案例介绍

1. 公司概况

内蒙古蒙牛乳业（02319.HK）始建于 1999 年 8 月，2004 年在香港上市，是生产牛奶、酸奶和乳制品的领先企业之一，在全国 16 个省区市已建立生产基地 20 多个，拥有液态奶、酸奶、冰淇淋、奶品、奶酪五大系列 400 多个品项，产品以其优良的品质覆盖国内市场，并出口到美国、加拿大、蒙古、东南亚及港澳等多个国家和地区。2009 年中粮入股蒙牛后，蒙牛先后收购了君乐宝、现代牧业、雅士利等乳品公司，开启了全产业链布局的并购历程。

现代牧业（01117.HK）成立于 2005 年 9 月，2010 年在香港上市，是全球第一家以奶牛养殖资源上市的公司，专门从事奶牛养殖和牛奶生产，2011 年登上《环球时报》，成为"全球最受关注中国绿色企业"。截至 2016 年 6 月，现代牧业在全国尤其是长江以北布局了 27 个运营牧场，开创了国内首家"牧草种植—奶牛养殖—产品加工"一体化的生态发展模式，形成了规模化、现代化、标准化、集约化的奶牛养殖格局。

2. 并购历程

（1）并购双方的渊源

2005 年原蒙牛副总裁邓九强为解决蒙牛的奶源问题与其好友高丽娜（现任现代牧业总裁）共同合作建立了现代牧业，其成立之初的大多数股东都是由蒙牛集团中层以上管理人员组成，同时蒙牛也一直为其最大客户，双方渊源深厚。2008 年至 2010 年 3 年间，现代牧业对蒙牛的销售额占其销售总额分别为 98%、99.6% 及 97.6%，形同蒙牛的全资原料基地，但这些原奶供应仅为蒙牛原料来源的 5% 左右，现代牧业过度依赖于蒙牛的采购市场。2012 年现代牧业推出常温奶产品，向下游发展，寄希望于打造全产业链布局。

（2）并购过程

2013 年 8 月蒙牛乳业分别向两家私募基金——KKR 附属公司 Advanced Dairy 购买现代牧业 20.44%，以及 CDH China Fund 间接全资附属公司 Crystal Dairy 买入现代牧业 6.48% 的股份。此次收购分两阶段完成，合每股代价为 2.45 港元，合计 1.75 亿港元。交易完成后，蒙牛乳业跃身为现代牧业单一最大及主要股东，持股由 1.078% 增至 27.99%，而 KKR 及鼎辉的持股则降至 3.52% 及 1.51%。

收购完成后，2013—2014 年间现代牧业净利润出现了历史新高。2014—2016 年期间，受国外进口奶的冲击影响，国内乳制品消费低迷，现代牧业的营业额大幅减少。直至 2016 年 6 月，现代牧业亏损额高达 5.6566 亿元，而蒙牛乳业 2016 年上半年的净利润也较上年同期下滑 19.5%。

2017 年 1 月，蒙牛乳业再次收购现代牧业股权，持股增至 39.9%。但由于蒙牛持股比例高于 30%，触发强制收购要约，因此，蒙牛将以每股 1.94 港元的价格向现代牧业的所有股东提出全购，最终现代牧业成为蒙牛的全资子公司。蒙牛成功完成此次纵向收购。

表 6-9 蒙牛收购现代牧业过程

时间	收购过程	持股量变化
2013 年 5 月 8 日	向两家私募基金——KKR 附属公司 Advanced Dairy 购买现代牧业 20.44% 以及 CDH China Fund 间接全资附属公司 Crystal Dairy 买入现代牧业 6.48% 的股份	1.078% 增至 27.99%
2016 年 1 月 5 日	向 Success Dairy II 以每股 1.94 港元的价格，收购 16.7% 的现代牧业股权	27.99% 增至 39.9%
2017 年 3 月 21 日	宣布要约收购结束	39.9% 增至 61.25%
2017 年 5 月 19 日	蒙牛宣布发行一笔 2022 年到期，1.95 亿美元的零息可换股债券，换股对象为现代牧业	行权价格 2.1995 港元，大于收购价格 1.94 港元

（四）案例分析

1. 资产专用性与行业竞争环境

根据 Williamson（1996）对专用性资产的分类以及其他学者对资产专用性含义的拓展，从以下四个方面解析现代牧业两次并购前的资产专用性水平。

表 6 – 10　现代牧业两次并购前资产专用性水平对比

现代牧业	2012 年底	2016 年底	对比
专用地点	**总部**：安徽省马鞍山市经济技术开发区 **牧场**：共在中国营运 22 个畜牧场，位于遍布中国的多个邻近下游乳品加工厂及饲料供应来源的优越地理位置 **优质土地**：牧场周边配有 10 万亩优质土地，用于配套种植奶牛粗饲料，从源头控制奶牛饲料的质量	**总部**：安徽省马鞍山市经济技术开发区 **牧场**：得天独厚的地理优势，26 个畜牧场，位于中国 7 个省，邻近多个下游乳品加工厂及饲料供应来源 **优质土地**：牧场周边配有 10 万亩优质土地，用于配套种植奶牛粗饲料，从源头控制奶牛饲料的质量	畜牧场数量有所增加，总体地点专用性水平无大变化
品牌与信誉资产专用性	**荣誉**：被授予《凤凰财经资讯》"2010 年度中国最具投资价值和发展潜力企业排行榜"第一名、《中国企业家》"2010 年度未来之星百强企业评选第一名"等荣誉，还于 2011 年登上《环球时报》，成为"全球最受关注中国绿色企业" **品牌**：推出自有品牌常温奶产品，产品以"纯、真、新、鲜"获得消费者的广泛好评	**荣誉**：中国最大的奶牛养殖企业，国内最早开展规模化养殖的探路者，连续三年在世界食品品质评选大会上获得食品类别金奖，这标志着其奶产品品质已到达国际一流水平 **品牌**：以"纯、真、新、鲜"高端品质及"牧草种殖、奶牛养殖、乳品加工一体化"顶层设计创新模式，赢得世界各国权威人士的广泛认可	进行模式创新，产品品质上升，总体品牌与信誉专用性水平有所提高。

现代牧业	2012 年底	2016 年底	对比
人力资本专用性	**邓九强**：现代牧业创始人，执行董事，原蒙牛副总裁，万头牧场领军人物，对牧场养殖有其独特的见解与认识 **高丽娜**：现代牧业联合创始人，副主席兼行政总裁，在畜牧场管理方面有丰富的经验 **韩春林**：运营总经理，曾任蒙牛、伊利内部高管，有丰富的管理经验 **团队**：拥有专业的管理团队及高标准的作业团队	**高丽娜**：现代牧业联合创始人，副主席兼行政总裁，在畜牧场管理方面有丰富的经验 **韩春林**：运营总经理，曾任蒙牛、伊利内部高管，有丰富的管理经验 **团队**：拥有专业的管理团队及高标准的作业团队	创始人邓九强辞任董事职位，人力资本专用性水平有所下降
实物资源专用性	**奶牛**：176264 头 **优质奶源**：每头奶牛年产奶量7.94 吨，其原料奶是质量最高且最安全的牛奶之一。其所产的原料奶主要供于蒙牛的特仑苏及其他高端牛奶的加工生产 **长期资产专用性水平**：LAP = (固定资产 + 无形资产 + 商誉 + 生物资产) ／总资产 = 0.8798	**奶牛**：229200 头 **优质奶源**：每头奶牛年产奶量9.4吨，其所产的原料奶主要供应于蒙牛的特仑苏及其他高端牛奶的加工生产 **长期资产专用性水平**：LAP = (固定资产 + 无形资产 + 商誉 + 生物资产) ／总资产 = 0.7990	行业竞争环境变化，现代牧业 2016 年较 2012 年的原奶专用性有所下降，且长期资产专用性有所下降

表 6 – 11　两次并购前行业竞争环境对比

	首次并购	第二次并购	对比
替代品威胁	2013 年食品药品监管总局强调不得使用牛、羊乳（粉）以外的原料乳（粉）生产婴幼儿配方乳粉，对于现代牧业的原奶资产来说，这使得其替代品威胁较低，进而其原奶供应显得更为重要	进口复原乳大量涌入市场，替代品威胁加剧	第二次并购较首次并购替代品威胁加剧，现代牧业的原奶资产专用性水平降低

	首次并购	第二次并购	对比
买方（乳品加工企业）的议价能力	原奶供不应求，奶荒现象严重，现代牧业掌握议价权，蒙牛未掌握议价权	原奶供应过剩，乳品加工大企业海外积极收购奶源基地，其奶源的丰富加强了乳品加工企业对国内原奶供应方的议价实力，议价权掌握在乳品加工企业中	第二次并购中，现代牧业失去了原奶供应的议价权，因此其原奶资产的专用性水平降低
产业内企业竞争	散户奶农迅速退出，规模化养殖程度不高，现代牧业拥有绝对竞争优势	国内外奶源基地的规模化发展，进口低价原奶、进口液体奶大量涌入市场，现代牧业原奶竞争优势受损	原奶市场竞争加剧，第二次并购较第一次并购的原奶资产专用性水平降低

　　蒙牛在2013年及2017年对现代牧业进行了两次并购，综观现代牧业在两次并购前的总体资产专用性水平，2016年较2012年有下降的趋势。地点专用性水平无较大变化，品牌信誉专用性水平略有上升趋势，这是由其性质决定的，一个企业的地点在短期内不会出现重大的变化。而其品牌信誉是由若干年的文化积淀孕育而生的，若企业在短期内无重大违规违法事件，企业的品牌信誉专用性水平将不会出现重大下降。在新经济条件下，人力资本专用性越来越受到企业及市场的关注，2013年现代牧业创始人邓九强辞任，其所拥有的创始人基于个人声誉、管理模式、利益相关等契约专用性资产水平有所下降。

　　两次并购中，乳企行业的市场竞争环境发生较大变化，致使现代牧业的物质资源专用性水平有所下降，尤其是原奶资产的专用性水平。现代牧业为奶源企业，即乳企行业中的上游企业，乳企行业有"得奶源者得天下"之说。第一次并购中，现代牧业的资产专用性水平是很高的。一方面，替代品威胁较低，现代牧业所产的原料奶主要供应于蒙牛的特仑苏及其他高端牛奶的加工生产，高质量的原奶在市场中具有不可替代性，成为现代牧业的专有资源。另一方面，2012年及2013年间乳品行业原奶供不应求现象明显，这直接提高了现代牧业的原奶议价能力，也提高了其在市场中的竞争优势。并购前，现代牧业销售给蒙牛的原料奶价格由以前的每公斤3.8元升至4.4元，这也能说明现代牧业的原奶资产的专用性水平在当时的市场上是很高的。原奶供不应求现象产生首先是由于饲料价格不断上涨，政府对原料奶的质量管控更加严格，致使原奶供应减少，也造成了原奶价格的上涨，同时，散户奶农的尚存空间不断缩小，牛肉价格不断上涨，不少奶农选择卖掉奶牛，放弃从事养殖工作选择进入城市就业，随着散户奶农的迅速退出，而新建的规模化养殖速度赶不上奶农退出速度，导致全国奶牛头数减少，造成国内奶荒现象。此时现代牧业成为众多下游加工企业争相合作的对象，其原奶成为企业水平较高的专用性资产，蒙牛作为加工企业，也严重受到原奶供应不稳定的干扰，对现代牧业的收购能有效地掌控原奶来源，有助于其实现产业链一体化进程。

第二次并购前，现代牧业的物资资产专用性水平有所降低，尤其是原奶资源的专用性水平有所降低。首先，替代品威胁加剧。2016年乳品消费市场低迷，进口复原乳大量涌入市场，中国原奶价格不断下滑。其次，现代牧业的议价能力显著降低。规模较大的乳品加工企业向海外进军，积极收购国外奶源基地，对国内原奶的收购需求量在一定程度上有所减少，原奶过剩现象凸显无疑，这使国内原奶供应方的议价实力不断下降。最后，在短短几年内，国内外的企业迅速构建起自己的奶源基地，尤其是进口低价原奶的出现，使现代牧业的原奶竞争优势受损严重。同时在2014—2016年，靠供应原奶为主要业务的现代牧业业绩也出现巨大亏损，就整个市场来说，其原奶专用性水平呈下降趋势。此外，学者们评估企业资产专用性水平的指标各有不同，考虑到乳企行业的行业特性，物质资产在企业资产中比重较大，运用长期资产法来度量物质资产的专用性水平更为合适，即长期资产（固定资产、在建工程与无形资产之和）占总资产的比重（LAP）来作为替代变量，2016年现代牧业的长期资产专用性水平较2012年要低，加之2016年原奶的专用性水平较2012年有所下降，总体来说，现代牧业物资资源的专用性水平在第二次并购前比第一次并购前要低。

总体而言，因行业市场环境的影响，现代牧业在2017年第二次被并购前的资产专用性水平较2013年第一次并购前的资产专用性水平要低，这与物质资源的专用性水平高低密切相关。

2. 短期并购协同效应

借助事件研究法，来分析蒙牛在两次并购现代牧业事件中的市场反应，并以此作为企业并购的短期协同效应。参考众学者的观点，采用市场调整法来计算预期正常收益率。股票 j 的预期正常收益率为：$R_{jt} = \alpha_j + \beta_j R_{mt} + \varepsilon_{jt}$。

其中 R_{jt} 为清洁期内样本公司股票的日收益率；R_{mt} 为第 t 日市场收益率；β_j 为股票的系统风险，其中 β_j 分别选取事件窗口前 $[-100, -11]$ 的 90 个日收益率进行市场模型回归求得；$R_{jt} = (P_{jt} - P_{jt} - 1) / P_{jt-1}$，$R_{mt} = (I_t - I_t - 1) / I_{t-1}$，其中 I_t 选用的是第 t 日的恒生指数。

异常收益率（AR_{jt}）等于股票 j 第 t 日的实际报酬率减去股票的预期正常收益率，即：$AR_{jt} = R_{jt} - (\alpha_j + \beta_j R_{mt})$

累计异常收益率（CAR）为：$CAR = \sum AR_t$

（1）主并企业蒙牛两次并购 CAR 分析

2013 年 5 月 8 日，蒙牛第一次并购现代牧业，在整个事件期内，蒙牛的 CAR 呈现了上升的趋势，在并购发生之前，蒙牛的 CAR 曾两次跌落至负值，但在并购过后的三个事件期内，蒙牛的 CAR 迅速上升，并且随着事件期的延长，CAR 逐渐递增，这说明这次并购显著增加了主并企业蒙牛的短期并购绩效及股东财富。2017 年 1 月 5 日，蒙牛第二次并购现代牧业，在并购前，蒙牛的 CAR 虽为负值，且无重大波动，但在并购过后，蒙牛的 CAR 逐渐下降，并随着时间的推移，下降速度增大，这次并购并没有增加蒙牛的短期并购绩效，反而有损于主并企业的短期并购绩效。结合两次并购中现代牧业资产专用性水平的探讨，在其他条件一定的情况下，目标企业的资产专用性水平越高，主并企业的股东更易获得正向的累积异常收益率，也即短期并购绩效越好，这也有效的验证交易费用经济学的相关理论，即在纵向并购中，资产专用性水平与主并企业的短期并购协同效应正相关。

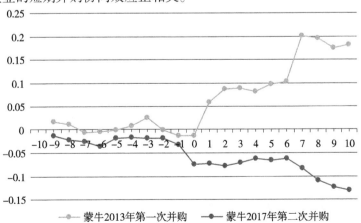

图 6-13　主并企业蒙牛两次并购中 CAR 示意图

（2）目标企业现代牧业两次并购 CAR 分析

第一次并购中，现代牧业被蒙牛并购前后 ［－3，3］ 的事件期内，CAR 呈现下降趋势，并购过后，CAR 开始由正值转为负值，整体呈现波动状态。第二次并购中，现代牧业在被并购前三日 CAR 便呈现负值，且有下降趋势，被并购过后，CAR 随着时间的推移，逐渐递减。考虑到现代牧业两次并购中资产专用性水平的情况可知，目标企业的资产专用性水平未能显著影响其短期并购协同效应。

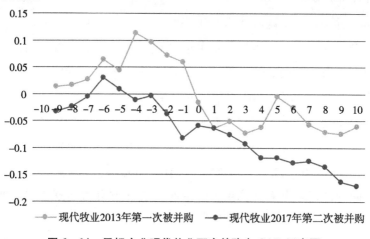

图 6－14　目标企业现代牧业两次并购中 CAR 示意图

3. 长期并购协同效应

企业经过并购过后，对目标企业的资源进行有效合理的整合才能实现其协同效应，这一过程包括利用主并企业的知识和能力，实现资源的互补与替代、资源技术的转移与共享、资源冲突的消除以及学习与创新。J·弗雷德·威斯顿 （J·Fred·Weston，1990） 将协同效应细分为经营协同 （规模经济、范围经济、市场扩大等）、管理协同 （管理效率的提高） 和财务协同 （例如税盾、非完全相关的现金流） 等几个方面。同时由于蒙牛第二次并购现代牧业还不到一年时间，长期协同效应还未显现，下面只就蒙牛第一次并购现代牧业事件，从经营、管理、财务三方面协同效应详作分析。

（1）经营协同效应分析

经营协同效应即并购后企业经营状况的改善，由于并购双方在经济上存在互补性或者由于规模经济、范围经济等原因，使合并后的公司在整体收益上有增加或者通过资源共享所达到的成本节约等效应。

从下表可以看出，蒙牛在并购过后两年内衡量盈利能力的指标大都呈现上升趋势，而在 2015 年后则呈现回落趋势，而成长性指标显示在并购当年蒙牛的业绩是很不错的，净资产和毛利润均有较大幅度的上升，而 2014 年以后，企业的成长似乎并不乐观。这说明蒙牛在并购过后的 1～2 年内，产生了较好的经营协同效应，这是符合协同效应理论的，蒙牛并购现代牧业是乳企行业中下游企业并购上游企业，实现纵向一体化的过程，现代牧业拥有优质奶源，而蒙牛缺乏稳定优质的奶源供应，双方在经济上有很强的互补性，而现代牧业拥有较高的资产专用性水平，尤其是在物资资源方面的专用性水平，蒙牛并购现代牧业后能有效利用其专用性资产，提高其经营效益。另外在并购事件过后的 3～4 年内经营协同效应呈现下降趋势，这是在乳企市场整体萧条大背景下作用的结果，2014—2016 年期间，受国外进口奶的冲击影响，国内乳制品消费低迷，原奶厂家和牧场不堪低成本出现了杀牛倒奶现象，现代牧业遭到重大冲击，这一重大冲击也使蒙牛的经营协同效应不复存在。从整体及长远看，若无市场的影响，蒙牛对现代牧业的并购可以形成良好的经营协同效应，实现蒙牛与现代牧业之间的规模经济和范围经济。

表 6－12　蒙牛 2012 年—2016 年盈利能力指标（％）

项目（年份）	2012 年	2013 年	2014 年	2015 年	2016 年
销售毛利率	24.86	27.05	30.84	31.36	32.79
销售净利率	4.14	4.29	5.38	5.14	-1.51
净资产收益率	11.83	11.96	12.76	10.85	-3.5

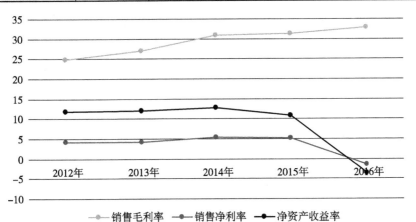

图 6－15　蒙牛 2012 年—2016 年盈利能力指标

表 6 – 13　蒙牛 2012 年—2016 年成长性指标 （%）

项目 （年份）	2012 年	2013 年	2014 年	2015 年	2016 年
净资产增长率	8. 90	37. 27	35. 99	8. 66	- 4. 18
毛利润增长率	- 6. 68	31. 16	31. 94	- 0. 38	14. 7
营业收入增长率	- 3. 71	20. 55	15. 44	- 2. 04	9. 69

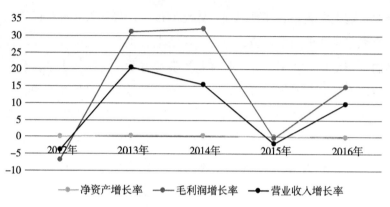

图 6 – 16　蒙牛 2012 年—2016 年成长性指标

（2） 管理协同效应分析

管理协同效应是由于任意并购双方的管理能力存在较大差异，通过并购，新合并的公司会因为合并前具有先进管理能力公司的影响力而提高整个公司的综合管理效率，因而合并后的整体管理绩效将高于合并前单独分开时的管理绩效总和。

根据下表显示，蒙牛并购现代牧业后，存货周转率有较大程度的下降，而流动资产周转率、固定资产周转率及总资产周转率无较大波动，甚至有下降趋势。这说明蒙牛收购现代牧业后，并没有发挥管理协同效应。这与蒙牛并购现代牧业后对目标企业采取独立、不干预治理方式有很大的关系，并购双方属于同一行业中的不同层次，处于乳企行业中游的蒙牛寻求更多的是优化乳品加工技术、拓宽销售渠道、谋求战略合作，而处于行业上游的现代牧业则更多追求饲养技术的提高、牛群结构的精细和原奶品质的提升，两种不同的企业追求所采取的管理与运营模式是完全不同的，蒙牛在收购现代牧业后，保留原有的管理与运作团队，并没有对其进行大规模的整治，这也就造成这次并购中，蒙牛的资产运营效率并不高。

表 6 – 14　蒙牛 2012 年—2016 年期间周转率指标（%）

项目（年份）	2012 年	2013 年	2014 年	2015 年	2016 年
流动资产周转率	3.56	3.32	2.73	2.29	2.55
存货周转率	17.74	16.07	10.01	7.75	9.44
固定资产周转率	4.95	5.1	5.29	4.6	4.42
总资产周转率	1.75	1.42	1.15	0.53	1.08

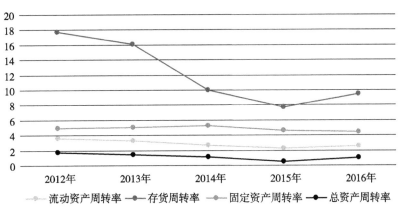

图 6 – 17　蒙牛 2012 年—2016 年期间周转率指标

（3）财务协同效应分析

财务协同效应主要来源于并购双方在财务方面的目的，包括内部资本市场中财务资源的互补以及合并后双方增强的对债务的偿还能力方面的效应。

从下表可以看到，蒙牛并购当年流动比率有所下降，这与当年蒙牛斥1.75 亿港元巨资收购现代牧业有很大的关系，并购过后，流动比率迅速回升，同时资产负债率在2013 年迅速上升至55.35%，而在其年度报告中显示，2013 年的流动负债由2012 年的407，054 千元增至6，375，289 千元，增长了近15倍，而此后资产负债率回落，虽较并购前的指标有所上升，但总体处在行业的正常可控范围内，并不构成财务风险。总体来说，蒙牛的短期偿债能力有所提升，产生了一定的财务协同效应。

表 6 – 15　蒙牛 2012—2016 年偿债能力指标

项目（年份）	2012 年	2013 年	2014 年	2015 年	2016 年
流动比率	1.43	0.9	1.42	1.4	1.3
资产负债率（%）	32.6	55.35	47.98	47.46	48.08

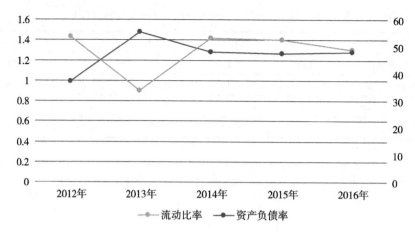

图 6 – 18　蒙牛 2012 年—2016 年偿债能力指标

4. 专用性资产与纵向并购协同效应分析

利用事件研究法对并购双方的研究属于对并购事件短期协同效应的分析，而对蒙牛协同效应的讨论是对企业长期并购协同效应的研究。基于对奶源的掌控及市场的拓展，蒙牛对现代牧业进行了两次并购。

在两次并购中，现代牧业作为奶源企业，在地点、品牌和信誉、人力资本、物质资源等资产方面拥有较强的专用性水平。第一次并购中结合当时市场中原奶供不应求现象的产生，使其在奶源上形成了企业自身独特的竞争优势，而在第二次并购中，市场已从奶荒现象转为了原奶过剩现象，而现代牧业的创始人邓九强也辞任，综合来看，现代牧业的资产专用性水平有所下降。从并购的短期协同效应来看，第一次并购中，蒙牛在并购现代牧业以后，CAR 呈现上升趋势，而现代牧业的 CAR 却呈现波动下降趋势，第二次并购过后，蒙牛的 CAR 与第一次并购后的 CAR 完全不同，呈现下降趋势，而现代牧业的 CAR 仍为下降趋势，且趋势更明显，速度更快，这说明目标企业的资产专用性水平越高，主并企业的短期并购协同效应越高，而目标企业的短期并购协同效应越低。从长期并购协同效应方面考察并购长期绩效这方面来说，蒙牛在并购过后，其经营协同效应与财务协同效应都比较明显，并没有产生比较好的管理协同效应，这与其并购双方的企业管理模式不同有较大的关系。

总体来说，蒙牛拥有强大的销售渠道、品牌优势及营销攻势，在乳企加工和销售上实力非凡，现代牧业的原奶、地点优势、人力资源优势等在乳企行业上游环节形成了其不可替代的专用性资产，蒙牛在下游强大的运营管理与现代牧业在上游不可或缺的奶源优势相结合，必将形成从上游到下游一体化的全产业链模式，实现两者的优势资源互补，进而实现蒙牛的长短期并购协同效应。

（五）研究结论

本文从专用性资产角度，通过对比蒙牛两次纵向并购现代牧业的案例来分析目标企业资产专用性水平与并购双方并购协同效应之间的关系，同时分析了行业市场环境对资产专用性水平的影响。首次并购中，原奶供应紧张，现代牧业掌握原奶的议价权，使原奶成为其立足乳企行业的重要资源，加之其在地点、品牌信誉、人力资本、其他物质资源等方面拥有的较高水平的专用性资产，蒙牛对现代牧业的并购，实现了双方资源的互补，短期内形成了较好的财富效应，长期内实现了很好的协同效应。第二次并购中，产业内的竞争加剧，原奶产量过剩，乳品加工企业对海外奶源基地的收购降低了现代牧业的原奶议价能力，现代牧业的资产专用性水平降低时，蒙牛的并购协同效应则迅速下降。而就目标企业现代牧业而言，在两次并购中，并没有产生较好的协同效应。由此可知，目标企业的资产专用性水平越高，主并企业的长短期并购协同效应越好，而目标企业并不能在并购中获得较好的协同效应。

当前，各行业产业链整合成为潮流，企业间的纵向并购成为企业竞争成长的常态，而对专用性资产的整合对企业一体化进程有着举足轻重的作用。目前国内乳企品牌众多，集中度较低，乳品行业质量安全问题备受关注，国家出台了一系列政策法规鼓励乳企间的并购重组，加强乳企的集中度。众多乳企开始打造企业的全产业链一体化进程，以期对原奶供应、乳品加工、产品销售各个环节进行把控，降低乳品质量安全问题。乳品企业是专门生产乳制品的企业，其所用的资产具有较高的专用性水平，具有不可替代性及不可调配性，乳品企业产业链一体化进程的实现需要对乳企水平较高的专用性资产进行有效的整合，而乳企的资产专用性水平受到行业市场竞争环境的影响，乳品企业并购过后对专用性资产的整合产生的协同效应将在一定程度上影响乳品企业产业链进程的实现。目标企业资产专用性水平越高，主并企业的并购协同效应越好，这为大规模的乳品企业在进行纵向并购实现一体化进程中选择并购时机及何种规模的目标企业具有一定的指导意义，也为促进乳企全产业链一体化进程具有一定的贡献。

第七章　婴幼儿配方乳粉企业社会责任会计现状与财务状况

一、婴幼儿配方乳粉企业的社会责任会计现状

（一）婴幼儿配方乳粉企业的社会责任会计内容

1. 企业社会责任的定义

对于企业社会责任的界定在学术界存在不同的观点。有的观点认为企业不需要履行社会责任，企业是以从事生产、流通、服务等经济活动满足社会需要，依法设立、自主经营、自负盈亏、独立核算的一种营利性的经济组织。企业存在的目的就是盈利，所以企业应当以实现自身利益为出发点，在法律和规章制度许可的范围内从事增加利润的经营活动。该观点始于亚当·斯密的经济人思想，韩国著名学者李哲松、美国著名经济学家诺贝尔奖获得者米尔顿·弗里德曼又在此基础上将此观点加以阐释，使其得到丰富和发展。

还有的观点认为企业应当履行社会责任。企业社会责任是指企业应该承担以利益相关者为对象，包括经济责任、法律责任、道德责任在内的一种综合责任。南开大学周祖城教授认为企业的一举一动都会对社会产生或多或少的影响，哈罗德·孔茨教授认为履行好社会责任，有利于企业塑造良好的社会形象，为企业长远目标的实现打下坚实的社会基础。

企业社会责任是指企业在创造利润、对股东利益负责的同时，还要承担对员工、对消费者、对社区和环境的社会责任，包括遵守商业道德、生产安全、职业健康、保护劳动者的合法权益、保护环境、支持慈善事业、捐助社会公益、保护弱势群体等。

2. 婴幼儿配方乳粉企业社会责任的重要性分析

首先，婴幼儿配方乳企的社会责任是保障消费者权益的客观要求。婴幼儿配方乳企的社会责任中最重要的一环就是食品安全。我国 0～3 岁婴幼儿人口超过 7000 万，这 7000 万婴幼儿是婴幼儿配方乳粉的直接消费者，背后的父母则是婴幼儿配方乳粉的间接消费者，作为婴幼儿配方乳企，生产出的乳品安全、稳定、可靠，不能损害消费者的人身财产安全才是对消费者权益最基本的保障。

其次，婴幼儿配方乳企的社会责任是乳制品行业发展的内在要求。乳制品行业属于食品行业中监管最严的行业，保障产品的安全性、可靠性是乳制品行业发展的基础。乳制品行业的发展很大程度上受到消费者信心的影响。2008年三鹿奶粉的三聚氰胺事件，使消费者信心一度跌落谷底，致使整个婴幼儿配方乳粉行业销售额严重下滑，库存积压，奶农杀牛倒奶，对整个行业造成了沉重打击。一直到 2011 年，在国家宏观调控的干预下，消费者信心才逐步恢复，乳制品行业恢复正常发展。由此可见，婴幼儿配方乳企的社会责任不但是外在消费者的客观要求，更加是整个乳制品行业发展的内在要求和有力保障。婴幼儿配方乳企必须履行好自身的社会责任，才能在消费者心中树立良好的社会形象，才能得到消费者充分信任，保障自身及行业发展，谋求长远目标的实现。

3. 婴幼儿配方乳粉企业社会责任会计的定义及内容

社会责任会计是会计的一个部分，由两个部分组成，一部分是社会责任，另一部分是会计，它要求企业不仅要追逐经济利益，更应该兼顾公共效益，并运用会计、财务管理等方式手段予以明确，企业社会责任会计是指企业在经营过程中追求利润最大化的同时，要兼顾社会效益。婴幼儿配方乳企社会责任会计的主要内容包含了婴幼儿配方乳粉食品安全、股东及债权人权益、职工权益、生态环境、本地区责任、供应商及消费者等方面。

婴幼儿配方乳企有效实行社会责任会计，不仅对保护消费者的健康安全有帮助，而且有益于企业良好社会形象的树立，从而有益于促进和谐社会的建设。社会的成长离不开企业的整体责任感。企业完善会计制度，才能更好地让投资者根据企业会计中相关信息制定相应的战略，加快双方的成长。

（1）食品安全方面

食品安全方面是食品类企业的社会责任会计非常重要的一个方面，更是这类企业区别于其他行业最明显的特点。婴幼儿配方乳企的食品安全与居民生活和社会发展联系密切，判断食品企业的重要标准之一是食品安全，食品是否安全与食品生产企业有密切的关系。而近几年，我们身边食品安全事件屡次发生，食品安全所带来的影响不仅极大地损害了广大消费者的身体健康，还导致人们对食品安全信心的滑落，影响了人们的购买心理。广大消费者需要更多地了解婴幼儿配方乳企的食品安全情况，这就需要婴幼儿配方乳企重视社会责任会计报告食品安全方面的披露。

（2）股东和债权人权益方面

作为公司的投资者，股东最关心的就是企业的利润实现情况，以及董事会的选举、股票转让、了解企业信息等各种其他相关利益。因此对于股东来说，企业首先要能够为股东资金的安全和收益提供有效的保障，而对于债权人来说，向债权人保证借贷资金的安全是企业对债权人首要的责任。其次，公司应充分尊重法规制定的股东和债权人应该享有的权益。最后，企业应该保持一个良好的信用等级并进行严格的风险控制，及时准确地向企业股东和债权人提供公司信息，确保股东和债权人的知情权。

（3）员工权益方面

企业之间的竞争也不单单是产品质量和市场份额的竞争，拥有优秀的人才更是企业在激烈的竞争中获得胜利的有力砝码。员工权益作为公司责任的一部分，必须给予足够的关注，食品类行业也应如此。职工权益主要表现在四个方面：首先企业应按时支付员工合理的工资和福利，保证员工的基本生存需求，按照企业的经营发展情况，适当增长薪酬数额，让员工享受到企业的经营成果；其次，为职工提供安全舒适的环境，保证职工的健康和生产安全，尤其对于食品企业，提供安全卫生的环境，不仅能保障职工的安全，更能为购买者提供卫生安全的高质量食品产品，保护人们的正当利益；第三，为职工提供培训和规划职工的未来发展，这不仅使职工提高自身的素质和技能水平以及工作的积极性，促进自身的发展，为其提供平等就业和升迁的机会，同时，也提高了职工的工作效率，为企业高效地赢得更多的价值；最后，企业应建立良好的企业文化，创立企业职工平等团结、互相尊重的工作气氛，有助于员工的身心健康。

（4）生态环境方面

生态环境是人类生活和进步的根本方面，尤其对食品类企业来说，环境至关重要，良好的环境不仅能为企业提供丰富良好的资源，还能为企业顺利地进行生产经营活动提供保证，因此婴幼儿配方乳企对生态环境进行保护是其社会层面的责任中非常重要的一点。首先，应大力推行节能减排理念，将"减量化"作为首要的基本目标，这样就要求企业在信息披露时不仅仅要有文字叙述，还需要有数字叙述和货币计量。把在节能减排方面投入的具体数额和金额，以及对环境的改善情况进行详细的说明，对环境产生不良影响的生产经营活动采取有效的控制措施，才能将节能减排工作落到实处。其次，提高资源利用的水平，提高节省资源的意识，将节省下来的资源进行量化和货币化，使每一份资源都充分发挥其效益。最后，加快科技创新的步伐，积极地开展清洁能源的生产，在为消费者提供健康高质量的食品同时，实现企业与自然和谐共处及可持续发展。

（5）社会及本地区责任方面

社会及本地区，不仅包括社会公众，也包括企业所处的地区。企业对社会的责任即是为社会努力创造效益，促进整体的良性发展。对本地区的责任是指对企业所在区域的责任。首先，婴幼儿配方乳企属于劳动密集型企业，企业应积极配合政府政策，提供就业机会，提高人们的收入和生活水平；其次，婴幼儿配方乳企应对当地社会负责，企业大量生产产品必然会导致废弃物、污染物以及噪音的出现，企业应及时处理这些问题，减少对人们工作和生活的负面影响；第三，积极参与公益活动和慈善事业，一方有难八方支援，参与公益事业是企业责任极为重要的一部分；第四，大力培养企业员工的创新意识，创新出有特色、营养均衡、健康可靠的乳品，提高人们的生活饮食质量，为建设创新型国家和构建和谐社会做出贡献。

（6）消费者方面

婴幼儿配方乳粉行业与消费者的生活密切相关，消费者方面的社会责任对婴幼儿配方乳企而言及其重要。如果企业只为降低成本，赚取更多利润，使婴幼儿配方乳粉质量下降，对消费者的健康权益造成危害，那就完全背离了其对消费者的责任。婴幼儿配方乳企对消费者的责任，首先应该是生产有质量保证的乳品，在生产源头及过程中监督生产环境和卫生状况，保障消费者的健康权益和生命安全；然后积极应对消费者投诉和相关售后的问题，逐步完善售后服务系统和机制，及时有效地解决消费者的相关投诉和疑问，提高处理的效率，让消费者得到满意的处理方法。

（二）婴幼儿配方乳粉企业社会责任会计的特点

因为乳制品行业的特殊性，相比环境、员工、社区、福利等方面，企业应更加注重食品安全方面的建设和披露。对于婴幼儿配方乳企来说，第一，必须完善食品安全方针，制定健全的食品安全管理体制，向市场提供品质过关、健康营养的乳制品才能获得良好的经济效益。第二，婴幼儿配方乳企对食品安全投入增加成本单独记录，有利于健全企业内部自身的食品安全管理体制，控制相关成本。第三，企业对食品安全投入进行披露，有利于向社会展示自身乳制品的安全和健康，使消费者对企业产品的安全性树立起信心，从而树立起良好的企业社会形象。因此，婴幼儿配方乳企的特殊性质决定了食品安全是其社会责任披露内容的最主要体现。

（三）婴幼儿配方乳粉企业社会责任会计的必要性

1. 保障消费者食品安全

婴幼儿配方乳企与人们的生活紧密相连，婴幼儿配方乳粉的食品安全问题和每个消费者的利益都息息相关，而近年来，食品安全问题逐渐成为社会公众最关注的民生问题。食品安全事件不仅威胁了公众的健康乃至生命，降低了消费者的幸福指数，极大地损害了人们的正当权益，而且社会民众对这些企业的好感也急速下滑。所以，婴幼儿配方乳企实行社会责任会计，提升婴幼儿配方乳粉类公司的社会责任会计的信息披露水准，能够规范婴幼儿配方乳企更好地履行社会方面的责任，保护消费者的切身利益。

2. 树立良好的企业形象

婴幼儿配方乳企履行社会责任，依据实际情况做好社会责任会计的相关信息披露事务。一方面，可以促进婴幼儿配方乳企内部监督和管理的完善，增强企业社会责任意识，从而生产高质量的产品，久而久之，就会为企业带来良好的口碑与形象，在提高企业价值的同时也提高了企业的市场份额和声誉。另一方面，消费者能够及时地从这些信息中了解到企业对社会所做出的贡献，也对婴幼儿配方乳企食品安全方面责任有更清晰的认识，有助于重新塑造这个行业的良好形象，从而提高本企业在人们心里所占的位置。俗话说，顾客即是上帝，消费者是企业实现利益的关键因素，企业在消费者心里塑造良好的企业形象，是稳固其市场地位，促进食品行业健康发展的催化剂。

3. 推动和谐社会的建设

随着经济全球化，中国各方面日益与国际结合在一起，我们应加快婴幼儿配方乳粉类企业的社会责任会计建设，提高婴幼儿配方乳企商品的出口量，提升我国婴幼儿配方乳粉行业在世界舞台上的地位和形象，在猛烈的全球化新形式下，获取更多利润。和谐社会的意义在于经济、政治、文化、环境都和谐并持续地发展。婴幼儿配方乳企实行社会责任会计，对实现整个社会共同监督有很大的好处，能够促进婴幼儿配方乳企更好地履行其应有的社会责任，符合我国的可持续发展理念，这样不仅可以保护消费者的正当权益，共同优化社会环境，而且有利于企业更好地完善会计信息制度，让投资者和利益相关者包括员工、股东、债权人、消费者、社会公众、政府等更好地使用会计信息，可以促进我国各个方面的进步，企业认真地履行它的社会责任，保护环境和社会公众的利益，是我国建设美好文明新社会的客观需要。

4. 完善我国社会责任会计理论体系

基于我国食品事件较多出现的近况，食品安全问题的解决已迫在眉睫，我们有必要从各个角度改善和解决安全方面的问题，而食品企业施行社会责任是解决问题极为重要的方面，完善食品企业社会责任会计理论体系更是重中之重。在我国现阶段，食品企业社会责任会计的信息披露还不成系统，大多食品企业社会责任会计报告只是注重表面方式，大多的企业以文字性的定性信息为主，数量性的定量描述极少，所以，完善社会责任，对上市食品企业食品安全的披露情况、披露内容、披露形式进行分析，发现我国食品企业在社会责任会计信息披露方面的缺点，能够加快我国社会责任会计理论体系更好地完善，为食品行业进行社会责任会计的信息披露提供坚实的后盾。

（四）婴幼儿配方乳粉企业的社会责任会计问题

1. 婴幼儿配方乳粉企业的社会责任会计发展现状

为了更直观地分析出我国婴幼儿配方乳企社会责任会计信息披露的现实状况，现在上市食品企业中选出 13 家上市婴幼儿配方乳企，对其社会责任履行情况和社会责任会计信息披露情况进行分析，评分规则是：发布社会责任报告书进行披露计 5 分，各项指标有披露计 1 分，在此基础上若有相关的定量披露加 1 分，共计 2 分，没有披露计 0 分，包括食品安全、股东和债权人权益、员工权益、社会及本地区责任、消费者权益和生态环境六个方面。运用 EX-CEL2007 进行相关统计分析。

表 7 - 1　13 家上市婴幼儿配方乳企

公司名称	股票代码	公司名称	股票代码
光明乳业	600597	蒙牛乳业	02319
伊利股份	600887	辉山乳业	06863
贝因美	002570	合生元	01112
三元股份	600429	现代牧业	01117
皇氏集团	002329	原生态牧业	01431
西部牧业	300106	雅士利国际	01230
天润乳业	600419		

　　表 7 - 2 是表 7 - 1 中 13 家上市婴幼儿配方乳企 2015 年度的社会责任会计报告披露情况，通过在沪深两所、新浪财经和巨潮资讯等网站查找 2015 年度这些婴幼儿配方乳企的社会责任报告、会计报表附注以及董事会报告等资料整理而成。

表 7 - 2　13 家婴幼儿配方乳粉公司社会责任披露情况

公司名称	时间	是否发布	食品安全	股东和债权人权益	职工权益	生态环境	社会及本地区责任	消费者	合计
光明乳业	2015 年度	5	2	2	2	2	2	1	16
伊利股份	2015 年度	0	1	2	2	2	2	0	9
贝因美	2015 年度	5	2	2	2	1	2	1	15
三元股份	2015 年度	5	1	2	2	2	2	2	16
皇氏集团	2015 年度	0	1	1	1	1	1	1	6
西部牧业	2015 年度	0	1	2	0	1	1	0	5
天润乳业	2015 年度	0	0	1	1	1	1	0	4
蒙牛乳业	2015 年度	5	1	2	2	2	2	2	17
辉山乳业	2015 年度	0	1	2	1	2	2	1	9
合生元	2015 年度	0	1	2	1	1	2	2	10
现代牧业	2015 年度	0	1	1	1	1	2	2	8
原生态牧业	2015 年度	0	1	1	1	1	1	1	6
雅士利国际	2015 年度	0	1	2	1	1	2	2	9
合计	—	20	16	21	18	18	22	15	130
平均	—	1.54	1.23	1.62	1.38	1.38	1.69	1.15	10

资料来源：新浪财经网、巨潮资讯网，由作者整理而成。

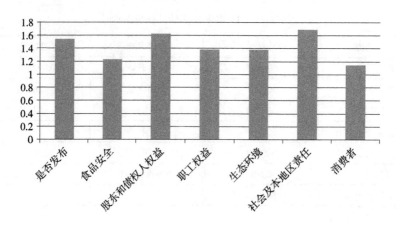

图 7 - 1　平均得分情况图

（1）食品安全方面

对于婴幼儿配方乳粉行业来说，乳品安全是人们对其基本的要求，是婴幼儿配方乳粉类企业社会责任的第一方面。如表 7 - 2 所示，13 家企业中发布社会责任报告书的仅有 4 家，发布率为 30.77%，在食品安全方面有披露的婴幼儿配方乳企有 12 家，披露率为 92.31%，其中因有定量披露而计 2 分的仅有 4 家，占有披露企业的 33.33%。13 家食品公司总计分为 16，占总分的 61.54%。平均得分 1.23 分，仅高于消费者方面，排名倒数第二，由此可以看出，在婴幼儿配方乳企社会责任信息披露中，和其他五个方面相比较而言，婴幼儿配方乳企并不重视食品安全方面，对此方面披露较少，即使进行了披露，也只是文字方面的定性披露。整体来看，食品安全方面的披露数目和披露品质较低。婴幼儿配方乳粉的食品安全问题给我国带来了极大的负面效应，因此，当前乳品安全是婴幼儿配方乳企社会责任的着重点，而企业对这方面的披露远远不够。

（2）股东和债权人权益方面

和其他方面相比，大多数婴幼儿配方乳企的社会责任报告中，企业首先披露的就是股东和债权人权益方面，可见其重要性。这 13 家企业在股东和债权人权益方面均有披露，其中有定量披露而计 2 分的有 8 家，占有披露企业的 61.54%，总计得分 21 分，占总分的 80.77%。平均得分 1.62 分，仅次于社会和地区责任方面，由此可以看出，食品企业在股东和债权人权益方面披露较好，在有披露的食品企业中，有 80% 的食品企业进行了较为直观详细的定量披露。

（3）职工权益方面

不管是婴幼儿配方乳粉类的企业还是同行业的企业，职工方面一直是一个重要方面。从表 7 - 2 可以看出在职工权益方面得分的婴幼儿配方乳企有 12 家，披露率为 92.31%，其中有定量披露而计 2 分的有 6 家，占有披露企业的 50%。13 家婴幼儿配方乳粉公司总计分为 18 分，占总分的 69.23%，平均得分 1.38 分。由此可见，食品企业比较重视职工权益方面，在婴幼儿配方乳企社会责任报告中，基本上都对职工权益方面进行了表述，而且是较为清晰的定量披露。

（4）生态环境方面

可持续发展是人们关注的重要问题之一，愈来愈多的婴幼儿配方乳粉类企业对生态环境方面投入的相关信息进行了披露，从表 7 - 2 可以看出在生态环境方面得分的婴幼儿配方乳企有 13 家，披露率为 100%，其中有定量披露而计 2 分的有 5 家，占有披露企业的 38.46%。13 家食品公司总计分为 18 分，占总分的 69.23%，平均得分 1.38 分。由此可见，食品类企业在社会责任会计中，都对生态环境方面进行了描述。但是，约有一半以上的企业对环境方面的披露只是文字描述，未对实际投入金额和效应进行量化处理。

（5）社会及本地区责任方面

从表 7 - 2 可以看出，这 13 家企业均对社会及本地区责任方面进行了披露，计 2 分的企业有 9 家，占披露企业的 69.23%，13 家企业披露总分 23 分，占总分的 88.46%，平均得分 1.69 分，排名第一。这说明，企业比较重视社会责任及本地区责任方面，用数据进行了有力的证明。

（6）消费者方面

婴幼儿配方乳企与人们的日常生活联系紧密，消费者方面是婴幼儿配方乳企社会责任不可或缺的一部分。在这方面，13 家企业中有 10 家进行了披露，披露率为 76.92%，得计 2 分的企业有 5 家，仅占披露企业的 50%，13 家企业披露总分 15 分，占总分的 57.69%，平均得分 1.15 分，为六个方面中平均得分最低者。由此说明，企业并未深刻意识到消费者方面的重要性，而且，食品企业往往只进行文字描述，企业对消费者责任的履行并不及社会期望值。

2. 婴幼儿配方乳企的社会责任会计问题

（1）披露数量少

基于以上对食品企业社会责任会计信息披露现状进行的分析和探讨，可归纳整理出表7-3以及图7-2。进而可分析出其存在的一些问题。

表7-3　披露企业数量

披露内容	是否披露	食品安全	股东和债权人权益	职工权益	生态环境	社会及本地区责任	消费者
披露企业数量	4	12	13	12	13	13	10
定量披露数量	—	4	8	6	5	9	5
定量披露数量占披露数量的比例	—	33.33%	61.54%	50.00%	38.46%	69.23%	50.00%
研究企业数量	13	13	13	13	13	13	13
披露比例	30.77%	92.31%	100.00%	92.31%	100.00%	100.00%	76.92%

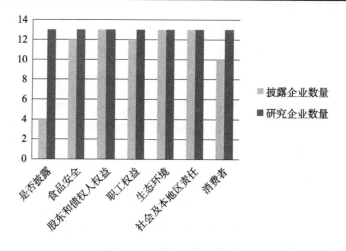

图7-2　披露企业数量统计图

由表7-3和图7-1、7-2可以直观地看出，总体来说，在这13家上市企业中，发布社会责任报告书进行会计信息披露的食品企业有4家，占研究企业总数的30.77%，可见，婴幼儿配方乳企社会责任会计的相关信息披露数量太少。对于婴幼儿配方乳企来说最重要的食品安全方面的披露占总数的92.31%，这一点令人欣慰，但是作为婴幼儿配方乳企来说，婴幼儿乳制品的安全不容出现一点差错，所以，应该争取在食品安全方面的披露达到100%。

（2）忽略消费者

消费者方面仅有10家企业进行披露，披露比率为76.92%，远远低于其他五个方面，可见，婴幼儿配方乳企对消费者的重视程度远远低于其他方面，这是一件非常可怕的事情，这说明企业并未深刻意识到消费者方面的重要性。不益于企业良好形象的树立，给企业埋下巨大的隐患。

（3）披露质量低

食品企业社会责任会计的信息披露质量低，主要表现在披露内容不全面和货币计量表示少两个方面。

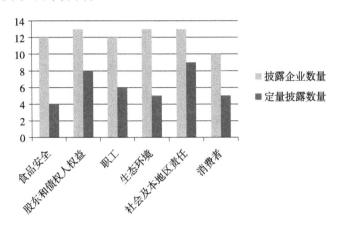

图 7 - 3　定量披露企业数量统计图

①披露内容不全面

食品企业社会责任会计的披露内容不全面问题可以从专业与否、披露多少和披露正负面内容三个角度来看。

第一个角度是披露不专业，从表 7 - 2 中可以看出，在这 13 家婴幼儿配方乳企中，只有 4 家发布了社会责任书，其他 9 家企业多为在财务报表或者官方网站上粗略提及，并非是像国外的企业，发布专业的社会责任书。可以说国内绝大多数的婴幼儿配方乳企在社会责任信息的披露方面都无法做到专业性。

第二个角度是披露多少的方面，从这 13 家婴幼儿配方乳企对相关讯息的披露情况来看，一般情况下，对于社会责任，婴幼儿配方乳企主要从食品安全、股东和债权人权益、职工权益、消费者、生态环境和社会及地区责任几个方面来披露本企业的相关信息，但是，从表 7 - 2 来看，在这 13 家婴幼儿配方乳企中，有 10 家完整地披露了表 7 - 2 所列述的六个方面，占分析企业总数的76.92%，一些企业只是披露了个别方面，披露内容不够全面。

第三个角度是正负面信息角度，一些企业存在报喜不报忧的现象，婴幼儿配方乳企社会责任的相关信息披露几乎没有披露已经曝光的食品安全事故，很少甚至没有披露企业的负面信息。婴幼儿配方乳企社会责任会计的信息披露内容不全面，会降低其所披露信息的完整性和真实性，使企业的利益相关者不能准确了解企业社会责任的履行情况，不能满足企业利益相关者的信息需求。

②货币计量表示少

由于我国社会责任会计基础较弱，社会责任会计还不成体系，缺少具体的计量方法披露会计信息，我国大多数婴幼儿配方乳企在披露时只是重视定性的文字披露，定量披露较少。由图7-3可以看出，在有社会责任会计信息披露的婴幼儿配方乳企中，食品安全方面的定量披露比例仅占了30%，定量披露率较高的股东和债权人权益方面和社会及本地区责任方面也不到70%，定量披露的货币计量相对来说比较少。

定量披露是指以数量、金额和会计指标等货币表示方式。对于非货币性信息，婴幼儿配方乳企基本以文字为主，相关的图文结合的内容较少。货币性的定量披露比文字性的定性披露更直观更具有说服力，有利于相关信息使用者快速提取关键信息，也方便进行企业间接对比，提高社会责任会计信息披露的效率和利用率。婴幼儿配方乳企的社会责任会计的披露水平高低不一，不利于消费者及利益相关者查找和运用相关资料信息，较难满足信息使用者的需求。

（五）婴幼儿配方乳粉企业的社会责任会计国际比较

为了更加全面地衡量我国婴幼儿配方乳粉上市公司目前的社会责任会计执行情况，在国内同行业企业之间进行比较之后，我们又选择了两家日本婴幼儿配方乳企，对其进行评分后，与我国企业加以比较。

1. 日本森永乳业株式会社

森永乳业株式会社（MORINAGA MILK INDUSTRY CO., LTD.）是大正6年（1917年）成立的日本老牌乳业公司。以生产牛奶、婴幼儿配方乳粉、辅助食品、酸奶、奶酪等奶制品为主的食品公司。2015年度销售额为4539亿日元，是继明治乳业株式会社之后的日本第二家乳业公司。该企业从2000年开始每年连续对外颁布企业环境报告书，2005年更名为社会环境报告书，2008年更名为CSR报告书，在公司官网中有"企业社会责任活动"一项，里面有非常充实的企业实践社会责任的具体思路与内容。

在"企业社会活动"一项中，从社会责任的概念、社会责任管理、日常工作与企业社会责任、对乳农的支持、对社会做出贡献的森永乳业商品等几个方面设置了图文并茂的主题介绍。同时，从环境、地区、员工、学术研究、交易方、消费者、股东与债权人七个社会责任的主要内容展开进行了详细的相关披露。并推出了安全与质量、工厂参观、料理培训、免费育儿咨询等四大专题，这些专题中都有详尽的支撑材料。

下面仅以安全与质量专题为例，对森永乳业的社会责任披露情况进行介绍。该企业官网从质量的思考、安全质量体制、食品安全支撑三个方面进行了阐述。在质量的思考方面，从商品开发、原材料采购、制造、物流与销售四个部分分别进行了阐述，每个部分都有链接界面进行详细说明。

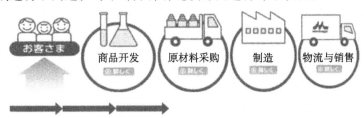

在安全质量体制中，对质量方针、行动方针、消费者的声音、改良提案进行了详尽说明。

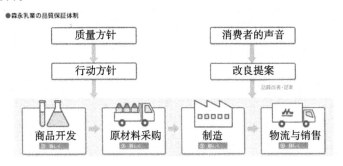

在品质和安全性支撑一项中，从提前抽查、质量管理体系、质量项目、长期保存的秘诀四个方面可以点击链接界面进行阅览。

以上只是对森永乳业株式会社的社会责任实施中的"安全与质量"专题的内容进行了简单介绍。该公司在企业社会责任实施中还包括有环境、地区、员工、学术研究、交易方、消费者、股东与债权人等七大主题内容，不仅阐述了企业对以上内容的社会责任履行，还在环境等内容中披露了企业在生产和物流过程中产生的二氧化碳等有害气体、废水和废弃物的排放量，而且不仅仅是单纯的文字叙述，还用图表的方式进行了相关数字表述。以 2015 年该企业的社会责任报告书为例，有实际意义的图表达到 14 个（不包括照片）。

从以上对森永乳业株式会社社会责任会计的现状介绍中可以看出，该企业对社会责任的披露非常主动，在企业官网上可以很容易找到 2015 年度和从 2000 年开始的历年企业社会责任报告书，对投资者、消费者和其他利益相关者来说可以很简便地找到自己所需要的社会责任信息。而且，从披露的内容方面看，涉及面广、内容丰富，既有文字表述也有数字表述与图表，既有对本企业在社会责任方面的正面评价，又有负面总结。

2. 日本明治乳业株式会社

明治乳业株式会社（MEIJI HOLDINGS CO., LTD.）是大正 5 年（1916年）成立的日本老牌乳业公司，至今已有百年历史。该公司是以生产牛奶、婴幼儿配方乳粉、辅助食品、酸奶、奶酪等奶制品为主的食品公司，资本金 300 亿日元（约 20 亿元人民币），2015 年度销售额为 1 兆 1161 亿日元（约 730 亿元人民币），是日本最大的乳企，不仅在日本国内，该公司还在中国、新加坡、泰国、美国、澳大利亚等国设有分公司生产并销售商品。该企业从 2001 年开始每年连续对外颁布企业环境报告书，2005 年更名为社会环境报告书，2010 年更名为 CSR 报告书，在公司官网中设置有"企业 CSR 活动"一项，揭示了该企业非常充实的社会责任的具体思路与实施内容。

在"企业 CSR 活动"中，从社会责任的理念、CSR 报告书的下载、与可可生产国的伙伴关系、对乳农的支持、对发展中国家的巧克力支援、老年人低营养预防等几个方面设置了图文并茂的主题介绍。同时，在社会责任报告书和官网中着重从社会、股东与债权人、交易方、员工、地球环境、消费者六个社会责任的主要内容展开进行了详细的相关披露。例如在"社会"一项中就包括有食育活动、育儿支援、残病儿童专供奶粉和活动特辑等详尽的支撑材料。

对于乳企来说，保证食品安全和质量是企业社会责任的重中之重。为此明治乳业特别在 CSR 活动介绍中推出了"品质"一栏，专门予以介绍。明治乳业有一套独特的品质管理体系，称之为"明治品质交流体系（Meiji Quality Comm）"，在管理体制的建立基础方面提出了"质量"等于"安全"与"价值"的质量方针；并把从开发设计到销售交流等各个环节需要给予具体体现的重点措施称之为"质量保证规程"；根据该质量保证规程从生产到销售的所有细节给予执行和完善的规则称为"质量保证基准"。

在确保食品质量的具体措施中，明治乳业在主页中就设置有 25 个点击链接界面，并从开发设计机能、原材料采购机能、生产机能、物流机能和销售交

流机能五个方面进行了具体介绍，同时登载了 15 人次的专访并介绍了 20 个案例来说明保证质量的具体措施与力度。

Meiji Quality Comm

明治 品質コミュニケーション

Meiji Quality Comm の现场

| 开发设计机能 ▷ | 原材料采购机能 ▷ | 生产机能 ▷ | 物流机能 ▷ | 销售交流机能 |

特别应该提出的是，在"环境"一项中，明治乳业不仅仅用详实的资料从环境的思考、环境经营、环境数据、环境交流、自然环境保护区的活动、环境讲演和环境特辑对本企业为保护地球环境方面所做出的种种努力给予了说明，还将本企业在生产和物流过程中对环境的破坏程度用数字叙述和与销售收入的比率相结合的方式给予了明确揭示。更在企业 CSR 报告书和企业官网中专门辟出环境会计主题，如表 7 - 4 和表 7 - 5 所示将每一会计年度的环境成本和环境收益用货币计量方式给予了评价和揭示。这种做法为社会责任会计的推广，为今后将社会责任会计内容并入财务会计报表起到了积极有益的作用。

表 7 - 4　明治乳业公司 2013 年和 2014 年度环境保护成本 单位：百万日元

内容			2013 年度		2014 年	
			设备额	费用额	设备额	费用额
工厂内成本	防止公害成本	防止废水废气及其他公害的设备投入、运行和维护	313	2201	323	2578
	环境维护成本	能源、防止地球变暖、减少二氧化碳等的排放等	540	489	305	422
	资源循环成本	废弃物的处理	45	997	47	495
上下流成本	包装容器的减量化实施等		0	3	0	16
管理活动成本	环境负荷的测定、ISO14001 的对于和环境教育等		10	127	3	86
开发成本	削减废溶剂的实施		0	17	0	17
社会活动成本	非营利目的的绿化和清扫活动		0	10	0	8
损失成本	污染罚款、课税等		0	0	0	0
合计			909	3844	678	3622

资料来源：明治乳业株式会社 2015 年 CSR 报告。其中，费用额包括有折旧额、人工费、光热费和修缮费等。折旧费是按照固定资产台账特定环境设备，根据法定使用年限计算而来。

表 7 - 5　明治乳业公司 2013 年和 2014 年度环境保护收益 单位：百万日元

	2013 年度	2014 年度
	消减金额	消减金额
节省能源	156	105
废弃物减少	143	59
销售有价物品	84	101
合计	383	265

资料来源：同上。

从以上对明治乳业株式会社社会责任会计的现状介绍中可以看出，该企业对社会责任的披露非常主动，在企业官网上可以很容易找到 2015 年度和从 2001 年开始的历年企业社会责任报告书，对投资者、消费者和其他利益相关者来说可以很简便地找到自己所需要的社会责任信息。以 2015 年该企业的社会责任报告书为例，有实际意义的图表达到 58 个（不包括照片）。而且，从披露的内容方面来看，涉及面广、内容丰富，既有文字表述也有数字表述与图表，既有对本企业在社会责任方面的正面评价又有负面总结，在环境会计方面还使用了货币计量和揭示。

3. 总结

我们针对森永乳业株式会社、明治乳业株式会社社会责任的对外信息披露内容，对其披露情况进行了主观评价，为了评价标准一致，评分规则依然是：发布社会责任报告书进行披露计 5 分，各项指标有披露计 1 分，在此基础上若有相关的定量披露加 1 分，共计 2 分，没有披露计 0 分，包括食品安全、股东和债权人权益、员工权益、社会及本地区责任、消费者权益和生态环境六个方面。

表 7 - 6　日本婴幼儿配方乳粉企业社会责任披露情况与我国平均水平对比

公司名称	时间	是否发布	食品安全	股东和债权人权益	职工权益	生态环境	社会及本地区责任	消费者	合计
森永乳业	2015 年度	5	2	2	2	2	2	2	17
明治乳业	2015 年度	5	2	2	2	2	2	2	17
平均水平	2015 年度	1.54	1.23	1.62	1.38	1.38	1.69	1.15	10

第一，森永乳业株式会社和明治乳业株式会社均对外发布了社会责任报告

书，报告书中披露了大量实际意义的图表，对投资者、消费者和其他利益相关者来说，可以很简便地找到自己所需要的社会责任信息。披露内容涉及面广、内容丰富，既有文字表述也有数字表述与图表，既有对本企业在社会责任方面的正面评价又有负面总结，在环境会计方面还使用了货币计量和揭示。

我国在 13 家上市乳企中仅有 4 家企业对外发布了社会责任报告书，内容多为其官方网站上展示社会责任板块的重复，多为文字叙述，缺乏具体数据和投入金额，而在其他 9 家未发布社会责任报告书的企业中，甚至有的企业官方网站上也没有相关社会责任披露的内容，年度报告中也没有社会责任的披露章节。并且就披露的企业而言，都一致披露正面积极的内容，没有负面总结。与日本相比，我国上市婴幼儿配方乳企社会责任信息披露数量少也是不争的事实。

第二，由森永乳业株式会社、明治乳业株式会社社会责任的对外信息披露内容可以看出，在食品安全、股东和债权人权益、员工权益、社会及本地区责任、消费者权益和生态环境六个方面均为 2 分，说明这两家企业都在这六个方面进行了详尽的披露，并且都给出了相应的定量披露。在我国的 13 家上市婴幼儿配方乳企中仅有一家做到了六个方面均为 2 分，其他企业都或多或少缺乏定量披露。相比之下，我国上市婴幼儿配方乳企社会责任信息披露质量差、专业性不强。

二、婴幼儿配方乳粉企业的财务现状

（一）婴幼儿配方乳粉企业的收入成本利润分析

至今为止，中国有 103 家婴幼儿配方乳品生产企业，它们的规模或大或小，产品结构复杂程度不一。在所有生产婴幼儿配方乳粉的企业中，本文选取调查了贝因美、伊利股份、光明乳业、三元股份、西部牧业、天润乳业、皇氏集团、蒙牛乳业、辉山乳业、合生元、现代牧业、原生态牧业、雅士利国际这 13 家具有典型代表的婴幼儿上市乳企（其中 7 家 A 股，6 家港股），通过其公布的 2015 年度会计报表、会计报表附注等会计信息采集了这些企业的营业收入、营业成本、营业利润、净利润水平，并研究了近两年的净利润增长率水平。

表7-7 2015年婴幼儿配方乳企财务数据分析　　　　　　单位：万元

企业名称	营业收入	营业收入增长率	营业成本	营业成本增长率	营业利润	利润增长率	净利润	净利润增长率
贝因美	453,381.61	-0.10	197,013.91	-0.15	7,549.44	-0.23	10,364.04	0.42
伊利股份	5,986,348.57	0.11	3,837,557.81	0.05	489,432.20	0.12	463,179.18	0.12
光明乳业	1,937,319.30	-0.06	1,237,823.16	-0.09	66,870.59	-0.04	41,833.00	-0.15
三元股份	440,190.21	0.00	299,090.72	-0.07	6,678.09	-1.23	7,873.40	0.84
西部牧业	59,990.20	-0.22	56,657.26	-0.14	-11,694.30	-12.09	2,311.28	-0.32
天润乳业	58,856.80	0.80	38,981.70	0.58	5,750.78	2.21	5,086.08	2.07
皇氏集团	168,513.77	0.49	110,248.23	0.41	20,277.84	1.16	18,461.73	1.40
蒙牛乳业	4,954,778.40	-0.02	3,365,104.20	-0.03	1,537,547.40	0.00	289,250.10	-0.06
辉山乳业	392,338.40	0.11	303,314.30	0.08	89,024.10	0.26	87,707.50	-0.30
合生元	481,856.10	0.02	183,399.60	0.02	298,456.50	0.02	25,146.10	-0.69
现代牧业	482,634.10	-0.04	437,030.90	-0.09	45,603.20	1.29	32,129.60	-0.56
原生态牧业	103,264.80	-0.11	65,259.70	0.03	38,005.10	-0.28	6,617.30	-0.84
雅士利国际	276,157.10	-0.02	135,927.40	-0.01	140,229.70	0.95	11,825.60	0.56
平均值	1,215,048.41	0.07	789,800.68	0.04	210,286.97	-0.61	77,060.38	0.19

2016年10月1日起，《婴幼儿配方乳粉产品配方注册管理办法》开始施行，对生产能力、质量控制、检验能力、研发能力等的严格要求程度，无不增大了婴幼儿配方乳企的运营成本。通过图表可以得到，营业成本占营业收入总体比率较高，约为65%。

对于婴幼儿配方乳企整体来说，2015年的营业收入、营业成本、净利润较上年均有相应的上升，并且净利润的增长幅度略大于营业收入与营业成本，说明2015年较上年经济效益有明显改善。

在被调查的13家企业中，伊利股份是发展形势最好的一家，2015年营业收入为5986348.57万元，营业成本为3837557.81万元，净利润达到463179.18万元，远高于婴幼儿配方乳企平均水平的77060.38万元。

三、婴幼儿配方乳粉企业与其他食品企业的财务状况比较

为准确定位婴幼儿配方乳企在整个食品企业的财务状况水平，以总资产为依据，我们选取了与之规模相对相似的13家食品行业。有泸州老窖、五粮液、三全食品、北大荒、维维股份、金种子酒、中葡股份、加加食品、伊力特、龙

大肉食、黑牛食品、好想你和贵州茅台进行了对比分析。

表 7 −8　2015 年食品行业企业财务数据分析　　　　　　单位：万元

企业名称	营业收入	营业收入增长率	营业成本	营业成本增长率	营业利润	利润增长率	净利润	净利润增长率
泸州老窖	690,015.69	0.29	349,174.64	0.25	193,361.05	0.62	147,297.81	0.59
五粮液	2,165,928.74	0.03	667,196.33	0.16	824,623.74	0.03	617,611.93	0.06
三全食品	423,740.00	0.03	433,370.00	0.06	−5,463.75	5.58	3,490.27	−0.57
北大荒	365,440.00	−0.28	300,467.00	−0.55	67,270.60	−0.20	62,181.50	−0.14
维维股份	388,777.00	−0.13	382,458.00	−0.10	11,067.30	−0.64	6,916.86	−0.61
金种子酒	172,759.95	−0.17	69,836.13	−0.11	5,354.96	−0.52	5,208.23	−0.41
中葡股份	30,314.10	−0.42	55,711.20	−0.11	−1,010.45	−0.38	2,768.83	2.29
加加食品	175,500.87	0.04	125,800.42	0.07	20,458.05	0.18	14,732.18	0.11
伊力特	163,753.43	0.01	79,561.78	0.03	40,243.57	0.07	28,192.78	0.05
龙大肉食	427,049.00	0.20	416,016.00	0.21	11,560.50	0.13	11,624.10	0.12
黑牛食品	43,050.80	−0.26	67,456.20	0.09	−53,157.70	65.13	−64,158.00	−53.21
好想你	111,305.00	0.14	115,450.00	0.21	−1,699.92	−1.33	−323.31	−1.06
贵州茅台	3,265,958.37	0.03	253,833.74	0.09	2,215,899.20	0.00	1,550,309.03	0.01
平均值	647,968.69	−0.04	255,102.42	0.02	256,039.01	5.28	183,527.09	−4.06

　　不难看出，婴幼儿配方乳企的整体营业收入和营业成本对于食品行业水平比较高，利润与净利润水平相对低些。这源于婴幼儿配方乳企的产品成本较高，单位成本所创造出来的利润低于食品行业企业。

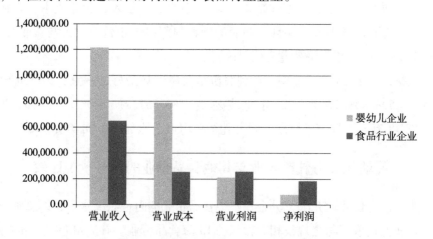

图 7 −4　婴幼儿配方乳企与食品行业企业财务对比分析（单位：万元）

（一）盈利能力分析

对企业报表的使用者来说，最关心的莫过于企业的盈利能力。企业如果有足够的利润，就可以偿还债务、支付股利和进行投资等。该指标主要表现为两点，一是经营活动赚取利润的能力；二是企业的资产对企业利润的贡献。

表 7 - 9　2015 年婴幼儿配方乳企盈利能力分析

企业名	毛利率	销售净利率	总资产利润率	净资产收益率
贝因美	0.57	0.02	0.02	0.03
伊利股份	0.36	0.08	0.12	0.24
光明乳业	0.36	0.02	3.21	9.22
三元股份	0.32	0.02	1.00	1.40
西部牧业	0.06	0.04	0.01	3.59
天润乳业	0.34	0.09	0.05	0.12
皇氏集团	0.35	0.11	0.10	0.10
蒙牛乳业	0.32	0.06	0.06	0.11
辉山乳业	0.23	0.22	0.02	0.00
合生元	0.62	0.05	0.02	0.08
现代牧业	0.09	0.07	0.02	0.04
原生态牧业	0.37	0.06	0.01	0.02
雅士利国际	0.51	0.04	0.02	0.02
平均水平	0.34	0.07	0.35	1.15

1. 毛利率

毛利是营业收入与营业成本的差，毛利率用来衡量管理者根据产品成本进行产品定价的能力。对于此次研究的婴幼儿配方乳企来说，产品成本基本由防疫成本、养殖成本、包装成本、质量安全成本、销售安全成本等构成，所以更具有可对比性。可以得出，婴幼儿配方乳企的平均毛利率约为34%。

2. 销售净利率

这个比率用来衡量企业营业收入给企业带来利润的能力，该比率越低，表明企业经营管理者未能创造出足够多的营业收入或者没有成功地控制成本，用来衡量企业的经营管理水平。可以看出像贝因美公司、光明乳业和三元乳业，作为生产婴幼儿配方乳粉的大企业，销售净利润水平低于相同行业平均指标。

3. 总资产利润率

这个指标反映管理层利用企业现有资源创造价值的能力，而不考虑利息费用和纳税因素。其中，光明乳业很好地运用了手中的所有资产，总资产利润率高达321%，远远超过规模相似的合生元。

4. 净资产收益率

这个比率也被称为股东权益报酬率，不仅考虑了利息和所得税影响，也考虑了企业资本结构的影响，对于普通股东来说非常有意义，他们可以和自己所要求的收益率相比，决定是否继续投资该企业；其次，管理层可以利用这个数据和企业的贷款利率相比，衡量企业是否很好地利用财务杠杆作用，为股东创造更多的价值。

（二）偿债能力分析

偿债能力比率反映企业用现有资产偿还债务的能力的比率，能够分析企业目前是否存在不能偿还债务的风险。偿债能力比率主要分为短期偿债能力比率和长期偿债能力比率。

表 7 - 10　2015 年婴幼儿配方乳企偿债能力分析

企业名	流动比率	速动比率	现金比率	资产负债率	产权比率
贝因美	1.93	1.56	0.24	0.31	0.44
伊利股份	1.09	0.79	0.72	0.49	0.90
光明乳业	1.07	0.81	0.47	0.66	1.55
三元股份	3.95	3.62	3.23	0.24	0.27
西部牧业	0.80	0.36	0.13	0.68	2.00
天润乳业	1.59	0.85	0.68	0.36	0.56
皇氏集团	1.20	0.85	0.34	0.38	0.60
蒙牛乳业	1.40	1.13	0.50	0.11	0.90
辉山乳业	1.49	1.18	0.50	0.00	0.78
合生元	0.00	-0.13	0.18	0.74	2.84
现代牧业	0.41	0.29	0.12	0.55	1.20
原生态牧业	2.70	2.07	1.83	0.11	0.12
雅士利国际	3.01	2.63	1.48	0.22	0.28
平均水平	1.59	1.23	0.80	0.37	0.96

1．流动比率

流动比率是流动资产与流动负债的比率，由于流动资产具有易变现的特点，所以它反映了企业运用流动资产偿还短期债务的能力，一般保持在 2∶1 左右较为合适。整体上看，婴幼儿配方乳粉公司的资产流动性偏低。

2．速动比率

速动比率是在流动比率的基础上剔除流动资产中可用性差的项目，比率越高，对流动资产的偿还能力越强。但并非越高越好，越高说明流动资产流动性强，通常收益性差。被研究的 13 家企业基本处于合理范围之内。

3．资产负债率

该指标等于负债总额除以资产总额，标识企业全部资金来源中有多少来源于举借债务。它是一个反映总体负债状况的指标。

4．产权比率

产权比率是负债总额与所有者权益总额的比率。产权比率一方面可反映股东所持股权是否过多（或者是否不够充分）等情况，从另一个侧面表明企业借款经营的程度，它是企业财务结构稳健与否的重要标志。此指标与资产负债率一样，应该多大通常没有定论，对于一个企业来说，控制在一个合理的范围里就可以了。

（三）运营能力分析

表 7-11　2015 年婴幼儿配方乳企运营能力分析

企业名	流动资产周转率	存货周转率	应收账款周转率	总资产周转率
贝因美	1.56	2.61	5.07	0.90
伊利股份	3.03	12.84	104.62	1.51
光明乳业	2.77	6.37	11.66	1.37
三元股份	1.42	6.92	17.55	0.77
西部牧业	0.54	1.06	9.49	0.26
天润乳业	1.42	4.47	18.95	0.55
皇氏集团	1.02	14.93	2.73	0.38
蒙牛乳业	2.21	11.42	30.63	0.98
辉山乳业	0.50	2.48	14.48	0.16

续表

企业名	流动资产周转率	存货周转率	应收账款周转率	总资产周转率
合生元	1.04	5.63	7.74	0.35
现代牧业	1.63	5.79	5.33	0.28
原生态牧业	0.74	3.17	11.79	0.21
雅士利国际	0.55	4.31	38.45	0.36
平均水平	1.42	6.31	21.42	0.62

运营能力指标反映了资产的周转情况，根据流动资产、存货、应收账款、总资产的周转情况分别产生了流动资产周转率、存货周转率、应收账款周转率和总资产周转率。对于一项资产来说，周转率越大，代表着流动性越强，反映企业周转速度好，资产的利用效率越高。通过图表可以看出，伊利股份和光明乳业的整体周转速度较快，全部高于婴幼儿配方乳企的平均水平。

（四）成长能力分析

表 7-12　2015 年婴幼儿配方乳企成长能力分析

企业名	营业收入增长率	净资产增长率	净利润增长率	总资产增长率
贝因美	-0.10	0.42	0.50	0.13
伊利股份	0.12	0.07	0.12	0.12
光明乳业	-0.05	0.01	-0.15	0.20
三元股份	0.01	2.38	0.98	0.81
西部牧业	-0.22	0.03	-0.22	0.30
天润乳业	0.80	1.33	2.07	1.33
皇氏集团	0.49	1.40	0.65	0.95
蒙牛乳业	0.50	0.09	-0.06	0.13
辉山乳业	0.11	0.04	-0.30	0.16
合生元	0.02	0.23	-0.01	1.09
现代牧业	-0.04	0.19	1.29	0.23
原生态牧业	-0.11	0.02	-0.28	-0.03
雅士利国际	-0.02	0.88	0.56	0.55
平均水平	0.12	0.55	0.40	0.46

成长能力指标反映了企业营业收入、净资产、净利润和总资产的成长速度，是某个特定时期与相同上周期的差额与上周期的比率。成长能力比率是财

务分析中比率分析重要比率之一，它反映了公司的扩展经营能力，同偿债能力比率有密切联系，在一定意义上也可用来测量公司扩展经营能力。所以，在使用这些成长能力指标时要根据企业的目的综合分析，看企业是否真正实现了增长。

（五）现金流能力

表 7 - 13　2015 年婴幼儿配方乳企现金流能力分析

企业名	现金与负债总额比率
贝因美	0.02
伊利股份	0.52
光明乳业	0.26
三元股份	0.36
西部牧业	0.05
天润乳业	0.39
皇氏集团	0.31
蒙牛乳业	0.12
辉山乳业	0.20
合生元	0.04
现代牧业	0.15
原生态牧业	0.32
雅士利国际	0.05
平均水平	0.21

现金与负债总额比率是经营活动现金净流量与平均总负债额之比，它反映了企业所能够承担债务规模的大小。该比率越高，企业所能承担债务的规模越大；该比率越低，企业所能承担债务的规模越小。婴幼儿配方乳企中，伊利股份现金与负债总额比率最大，贝因美企业最小。

综上所述，由前面 13 家婴幼儿配方乳企 2015 年的财务状况分析得出，婴幼儿配方乳企利润水平不高。其中，毛利率 34% 低于食品行业毛利率 39.37%，销售净利率 7% 远低于食品行业 28.32%，这很大的原因是因为婴幼儿配方乳企的营业成本提高造成的。流动比率偏低，资产利用率不足，企业变现能力弱，短期偿债风险较大。

这些指标也具有一定局限性，因为比率分析只能对财务数据进行比较，对财务数据以外的信息没有考虑，就可能造成对实际情况的误解。比如，流动比率是流动资产与流动负债的比率，它表明企业每一元流动负债有多少流动资产作为偿还的保证，反映企业用可在短期内转变为现金的流动资产偿还流动负债的能力。但流动比率并不是衡量短期变现能力的绝对标准，它忽视了管理者为偿还到期债务而采取办法的能力及由此产生的结果。手中没有货币资金的企业，或许还能举债来偿还其对当前债权人的欠款。这时，要着重分析企业流动资产的未来变现能力，以判断企业是否必须在较长的时期内维持借新债偿旧债的局面。

所以，对于婴幼儿配方乳企的以上财务比率分析，应该根据企业的实际生产状况和所处的生产背景综合考虑，使指标发挥到更大的意义。

四、婴幼儿配方乳粉企业社会责任会计与财务状况的关联性案例分析

保障婴幼儿食用安全、放心的奶粉关系到下一代的健康成长，关系到千百万家庭的幸福和国家民族的未来。三鹿劣质奶粉造成的"大头娃娃"，三聚氰胺奶粉等引起的食品危害造成的恐慌，至今仍记忆犹新。消费者大量购买国外品牌牛奶，造成了我国乳企的销售额下降和产能过剩。自 2014 年下半年开始的部分地方奶源过剩现象，不仅没有得到缓解，反而愈加严重。在一些地方发生卖奶难，不少企业因原料奶过剩而不得不喷成粉积压在库里，有奶牛饲养场因牛奶卖不出去而不得不委托加工成奶粉。作为拥有 13 亿多人口的大国，我们必须自己解决主要食品的生产和供应问题，让国产品牌生产出消费者信得过的安全奶粉是中国乳品行业需要解决的头等大事。

我们将贝因美作为社会责任研究对象，不仅因为它每年向社会发布社会责任报告，还源于 2016 年 3 月贝因美公司正式发布《贝因美产品质量蓝皮书》，向消费者报告企业"全产业链质量安全管理"方面所做的各项努力。位于新疆的西部牧业是生产婴幼儿配方乳粉、牧草、畜牧业的多种经营企业，在社会责任会计的实施上尚属于起步阶段。本案例以中国制造升级换代之时为背景，通过贝因美、西部牧业两企业的社会责任报告，反映婴幼儿配方乳企社会责任方面的问题，并通过分析该类企业的财务现状，分析研究社会责任会计的实施状况与财务现状之间的关系。

（一）贝因美公司案例分析

1. 贝因美公司简介

贝因美婴童食品股份有限公司（以下简称"贝因美"）创建于 1992 年，总部坐落于浙江省杭州市。该公司主要从事婴童事业，业务涉及以婴幼儿食品为主的生产、研发、销售等多个相关经营领域。2011 年 4 月 12 日贝因美（002570）在深交所挂牌上市。创业 24 年来，贝因美拥有总资产 53.23 亿元，职工 4002 人。

公司成立以来，坚持产品研发，注重产品品质与食品安全因素的控制，将提升产品品质作为企业可持续发展的核心优势。贝因美建立了涵盖乳制品 GMP（良好生产规范）、乳制品 HACCP（危害分析与关键控制点）和 ISO9001（质量管理体系）、ISO14001（环境管理体系）、ISO22000（食品安全管理体系）等先进质量安全管理体系和追踪追溯系统为基础的全产业链质量安全管理体系，并不断完善与提高；建立总经理直属领导，由风险评估中心负责，研发、质量、生产、运营等部门和专家顾问共同参与的食品安全风险评估监测体系；应用全球领先的生产工艺与专业设备，精选全球黄金奶源带（奶源基地包括黑龙江安达、爱尔兰、芬兰、新西兰和澳洲），并与新西兰恒天然、爱尔兰 kerry 等知名跨国企业合作，制造具有国际先进水平并更适合于中国婴幼儿的产品。

2. 公司产权及控制关系

贝因美婴童食品股份有限公司由贝因美集团有限公司控制，控制比例为 33.06%，共持股 338083494 股。而作为该公司的创始人，谢宏拥有贝因美集团有限公司 72.16% 的股权。

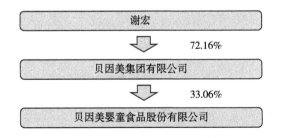

图 7-5　公司与实际控制人之间的产权及控制关系的方框图

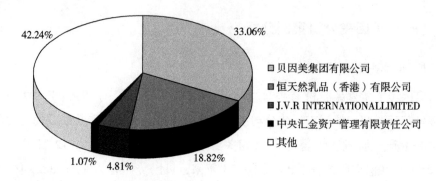

图 7-6　贝因美主要股东持股比例图

3. 贝因美的社会责任会计执行情况

表 7-14 以贝因美的 2015 年财务报表、会计报表附注、董事会报告、可持续发展报告书、社会责任报告书、环境报告书、CSR 报告书、公司官网的叙述为数据来源。评价 0：没有叙述；评价 1：有文字性叙述；评价 2：有数字叙述；评价 3：有货币化金额叙述。对上市公司社会责任会计进行评分。

表 7-14　贝因美 2015 年社会责任会计主观评分表

环境责任	环境管理	环境管理体制认证	3
		环境保护投入额	3
	污染处理	污染物排放量	0
		分析污染原因	0
		减少排放的技术措施	1
	能源的使用	使用能源种类	0
		能源使用量	0
		非可再生资源的使用	0
	气候的影响	温室气体排放种类	1
		温室气体排放量	0
员工责任	雇佣关系	员工人数	3
		员工学历构成	3
	员工福利	薪酬水平	3
		五险一金	2
		定期培训	3
		职业规划	3

续表

股东、债权人责任	股东权益	股东所得率	3
		每股股利	3
		利润增长率	3
		股利支付率	3
		资本保值增值率	3
	股权性质	国有为1，其他为0	0
	独立董事比例	独立董事人数占董事会总人数的比值	3
	股权集中度	控股股东持股比例	3
	主要股东信息		3
	债权人权益	现金流量比率	3
		资产负债率	3
		利息保障率	3
		流动比率	3
公益慈善责任	公益捐赠总额		2
	志愿者具体活动		3
食品安全责任	制度责任披露	是否通过 ISO9000 管理认证	3
		是否通过 HACCP 管理体系认证	3
		是否建立食品安全事故应急机制	1
		是否有确保食品健康与营养均衡的制度或措施	3
		质量监控制度	3
		是否建立可追溯体系	3
	原材料采购披露	原材料检验检测设备投资额	3
		对原材料农药、激素、肥料等投入量的描述	1
	生产加工过程披露	产品合格率的表述	3
		包装材料和方式的表述	1
		杀菌制冷机、消毒柜等设备投资额	3
		添加剂的使用表述	1
		生产监控的有无和投入金额	2
		员工食品安全教育资金投入	1
		一线员工体检率	1
	物流运输过程披露	运输工具的冷冻设备投资	3
		准时运输率	1
		运输中食品过期变质率	0
		运输监控的有无和投入金额	2

续表

		售后退货率	1
消费者责任	售后披露	食品过期未售率	0
		中毒责任保险金的投入	0
		食品安全事件保险金	0
		食品质量索赔支出	0
		消费者投诉	3
总分			108

通过上表打分得出贝因美的社会责任会计状况：食品安全责任 38 分，环境责任 8 分，员工责任 17 分，股东和债权人责任 36 分，公益慈善责任 5 分，消费者责任 4 分，总计 108 分，占总分 168 的 64.29%。其中，食品安全责任分数最高，优于同行业其他企业。贝因美不仅发布了当年《社会责任报告书》，还公布了《产品质量蓝皮书》，对产品质量安全做了严格控制。其次是股东和债权人责任，在报表中做了比较完善的说明。在环境责任中，贝因美通过了各种认证，只是缺少对气候的影响、能源的使用方面的描述，而提到更多的是危机的预防，对于食品行业来说，少之又少。贝因美非常重视员工培训与公益慈善，只是缺少金额方面的叙述。

4. 贝因美主营业务财务分析

（1）营业收入构成

表 7 – 15　贝因美 2015 年与 2014 年营业收入对比表

分产品	2015 年		2014 年		同比 增减
	金额	占营业收入比重	金额	占营业收入比重	
奶粉类	4,283,513,195.49	94.48%	4,814,734,793.33	95.37%	-11.03%
米粉类	137,073,661.10	3.02%	134,854,698.31	2.67%	1.65%
其他类	113,229,210.86	2.50%	99,194,923.73	1.96%	14.15%
营业收入合计	4,533,816,067.45	100%	5,048,784,415.37	100%	-10.20%

与 2014 财年相比，贝因美 2015 财年的营业收入减少 10.2 个百分点，从产品类型上看，其中奶粉类同比减少 11.03%，米粉类和其他类各增加 1.65% 和 14.15%。其他类主要包括儿童食品、儿童卫生用品、婴幼儿保健咨询服务等的营业收入。

（2）营业成本构成

表 7 - 16　贝因美 2015 年与 2014 年营业成本对比表

分产品	2015 年		2014 年		同比增减
	金额	占营业成本比重	金额	占营业成本比重	
奶粉类	1,834,572,134.36	93.12%	2,218,143,525.67	95.39%	-17.29%
米粉类	63,205,291.03	3.21%	60,712,938.49	2.61%	4.11%
其他类	72,361,640.72	3.67%	46,583,540.42	2.00%	55.34%
营业收入合计	1,970,139,066.11	100%	2,325,440,004.58	100%	-15.28%

全年实现营业总收入 453381.61 万元，较上年同期减少 10.20%；营业成本 197013.91 万元，较上年同期减少 15.28%，综合毛利率为 56.55%，较上年同期增长 2.61 个百分点，主要原因是：

（1）价格因素影响：受本期公司产品买赠促销活动增加影响，毛利率同比下降 2.61 个百分点；

（2）成本因素影响：受前期进口原料远期合约影响，公司原材料库存成本偏高，但随着库存的逐步消化，国际进口原料降价利好得以体现，致使公司本期产品生产成本较上年同期有所下降，相应毛利率增加 3.29 个百分点；

（3）产品结构因素影响：受绿爱＋、安满、经典优选等奶粉系列产品销售比例上升影响，毛利率同比增加 0.52 个百分点。

5. 贝因美主要财务指标分析

（1）盈利能力指标分析

表 7 - 17　贝因美 2015 年度盈利能力分析表

评价指标	2012	2013	2014	2015
毛利率	64.65%	61.42%	53.94%	56.55%
销售净利率	9.51%	11.79%	1.36%	2.29%
净资产利润率	15.14%	19.73%	1.86%	2.87%
总资产收益率	11.15%	14.16%	1.46%	1.95%

贝因美从毛利率角度分析，整体趋势平稳，维持在 60% 左右。但销售净利率、净资产利润率、总资产收益率呈现下滑趋势，尤其总资产收益率从 2012 年的 11.15% 下降到 2015 年的 1.95%，说明贝因美的总体资产效率没有

达到最大水平。

（2）偿债能力指标分析

表 7-18　贝因美 2015 年度偿债能力分析表

评价指标	2012	2013	2014	2015
流动比率	2.67%	2.83%	2.38%	1.93%
速动比率	2.16%	1.94%	1.39%	1.52%
现金比率	190.80%	128.91%	48.87%	24.30%
资产负债率	25.66%	23.15%	24.45%	31.12%
权益乘数	1.35	1.30	1.32	1.38

贝因美无论从短期偿债能力分析还是长期能力角度分析，都在合理范围之间。现金比率用来衡量公司资产的流动性，在三个短期偿债能力比率中是最为保守的一个，该公司皆在 20% 以上，有能力偿还短期债务。

（3）运营能力指标分析

表 7-19　贝因美 2015 年度运营能力分析表

评价指标	2012	2013	2014	2015
流动资产周转率	167.09%	202.59%	173.22%	145.57%
存货周转率	759.29%	687.52%	669.53%	763.83%
应收账款周转率	1846.14%	1573.59%	564.86%	332.72%
总资产周转率	110.83%	124.61%	100.48%	85.17%
流动资产周转率	167.09%	202.59%	173.22%	145.57%

周转率这个指标越大越好，它说明用最小的资产实现了最大的销售，如存货周转率越大，证明存货周转越快，企业占用资产水平越好。对于每个不同的行业来说，由于性质不同，所以不存在多少合适的问题。观察图表可以得出，应收账款周转率与总资产周转率呈现下降趋势，企业应该注意销售能力的提高和销售收入的回款问题。

（4）成长能力指标分析

2012—2015 年，贝因美公司营业收入、净资产、净利润、总资产水平经受了较大的曲折水平，有增有减，说明在中国大背景下的企业，在销售、成本、资产管理方面都面临着巨大考验。

表 7 - 20   贝因美 2015 年度成长能力分析表

评价指标	2012	2013	2014	2015
营业收入增长率	13.28%	14.24%	-17.46%	-10.20%
净资产增长率	6.63%	15.16%	-8.76%	2.70%
净利润增长率	16.59%	41.54%	-90.45%	50.45%
总资产增长率	6.51%	11.41%	-7.19%	12.65%

（5）结论

2015 年，根据杜邦分析法进行综合分析，由于净资产收益率 = 销售净利率 × 总资产周转率 × 权益乘数 = 2.29% × 85.17% × 1.38 = 2.70%。由分析的公式可知，可以从三个方面提高净资产收益率，即提高销售净利率、加快资产周转和提高企业的财务杠杆。可以引导研究人员根据企业自身情况，从销售净利率入手，并从影响销售净利率的方面进行分析，确定需要提高哪些具体项目。

6. 贝因美与同行业企业财务分析

2015 年是中国乳业整体继续深度调整的一年，进口全脂乳粉价格持续低迷，国内部分含乳饮料、酸奶制品等采用进口全脂乳粉作为原料，国内原料奶价格继续下行，进一步加深了养殖环节和加工环节的产业矛盾。引导研究人员挑选同行业企业进行财务计较，客观分析贝因美的财务状况。以下挑选了辉山、伊利、合生元、蒙牛、现代牧业和光明 6 家乳企，从销售收入、营业成本、净利润、毛利率的 2015 年增长率方面，与贝因美企业进行对比分析。

（1）销售收入

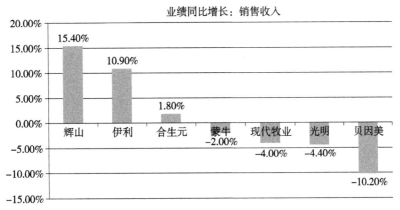

图 7 - 7   贝因美 2015 年与同行业销售收入对比图

（2）营业成本

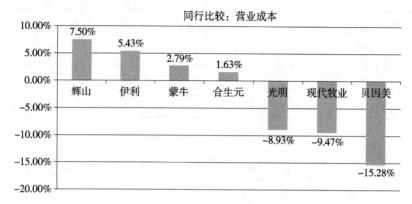

图7-8 贝因美2015年与同行业营业成本对比图

（3）净利润

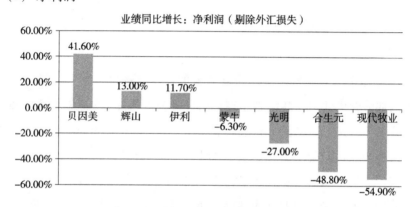

图7-9 贝因美2015年与同行业净利润对比图

（4）毛利率

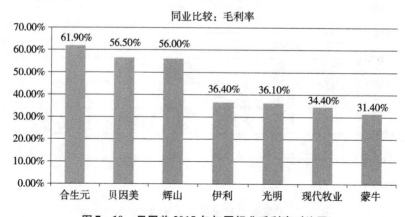

图7-10 贝因美2015年与同行业毛利率对比图

通过以上图表，可以清晰地看到，在 2015 年，乳企的销售收入受到严重的冲击，除辉山、伊利、合生元销售收入有小幅上涨外，大多数企业都比上一年有所减少，贝因美下降尤为明显。而相对来说，营业成本也几乎同步增减。

从盈利角度分析，贝因美企业基本在同行业中处于领先水平，这与贝因美面对竞争，制定全面监测，严格把控生产中任何安全问题，全面防控风险密不可分。

（二）新疆西部牧业公司案例分析

1. 新疆西部牧业公司简介

新疆西部牧业股份有限公司，前身为新疆西部牧业有限责任公司，成立于 2003 年 6 月 18 日，由新疆天融投资（集团）有限公司和新疆西部大众（集团）有限公司共同出资设立。公司主营乳制品加工与销售、自产生鲜乳生产与销售、外购生鲜乳收购与销售、种畜养殖与销售、分割肉加工与销售、饲料生产与销售、油生产与销售、生猪养殖与销售、牧草收割及机耕服务等。

2. 公司产权及控制关系

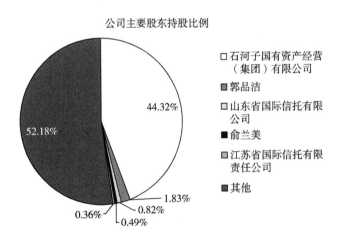

公司主要股东持股比例

- □石河子国有资产经营（集团）有限公司
- ■郭品洁
- □山东省国际信托有限公司
- ■俞兰美
- ▨江苏省国际信托有限责任公司
- ■其他

44.32%
52.18%
1.83%
0.82%
0.36%
0.49%

图 7-11　西部牧业主要股东持股比例图

新疆西部牧业股份有限公司由石河子国有资产经营（集团）有限公司控制，控制比例为 44.32%，共持股 72598593 股。

3. 西部牧业的社会责任会计执行情况

下表以 2015 年西部牧业的财务报表、会计报表附注、董事会报告、可持续发展报告书、社会责任报告书、环境报告书、CSR 报告书、公司官网的叙述为数据来源。评价 0：没有叙述；评价 1：有文字性叙述；评价 2：有数字叙述；评价 3：有货币化金额叙述。对西部牧业社会责任会计进行评分。

表 7–21　西部牧业 2015 年社会责任会计主观评价表

环境责任	环境管理	环境管理体制认证	0
		环境保护投入额	3
	污染处理	污染物排放量	0
		分析污染原因	0
		减少排放的技术措施	0
	能源的使用	使用能源种类	0
		能源使用量	0
		非可再生资源的使用	0
	气候的影响	温室气体排放种类	0
		温室气体排放量	0
员工责任	雇佣关系	员工人数	3
		员工学历构成	3
	员工福利	薪酬水平	1
		五险一金	0
		定期培训	1
		职业规划	0
股东、债权人责任	股东权益	股东所得率	3
		每股股利	3
		利润增长率	3
		股利支付率	3
		资本保值增值率	3
	股权性质	国有为 1，其他为 0	1
	独立董事比例	独立董事人数占董事会总人数的比值	3
	股权集中度	控股股东持股比例	3
	主要股东信息		3
	债权人权益	现金流量比率	3
		资产负债率	3
		利息保障率	3
		流动比率	3

公益慈善责任	公益捐赠总额	0
	志愿者具体活动	0
食品安全责任	制度责任披露	
	是否通过 ISO9000 管理认证	3
	是否通过 HACCP 管理体系认证	3
	是否建立食品安全事故应急机制	1
	是否有确保食品健康与营养均衡的制度或措施	1
	质量监控制度	1
	是否建立可追溯体系	3
	原材料采购披露	
	原材料检验检测设备投资额	1
	对原材料农药、激素、肥料等投入量的描述	0
	生产加工过程披露	
	产品合格率的表述	0
	包装材料和方式的表述	1
	杀菌制冷机、消毒柜等设备投资额	3
	添加剂的使用表述	1
	生产监控的有无和投入金额	0
	员工食品安全教育资金投入	0
	一线员工体检率	0
	物流运输过程披露	
	运输工具的冷冻设备投资	3
	准时运输率	0
	运输中食品过期变质率	0
	运输监控的有无和投入金额	1
消费者责任	售后退货率	0
	食品过期未售率	0
	中毒责任保险金的投入	0
	食品安全事件保险金	0
	食品质量索赔支出	0
总分	消费者投诉	70

通过上表打分得出西部牧业的社会责任会计状况：食品安全责任 22 分，环境责任 3 分，员工责任 8 分，股东和债权人责任 37 分，社区 0 分，消费者责任 0 分，总计 70 分。其中股东和债权人责任分数最高，与其他行业企业保持一致，都最重视股东和债权人的权益。其次是食品安全责任，作为食品企业，重视食品安全责任的履行，是食品行业社会责任会计披露的一大特点。员

工责任从表中可以看出雇佣关系都达到了3分，有数字或货币计量，而员工福利方面就比较欠缺。而西部牧业对于社区公益方面和消费者责任方面没有得分，暴露出其对社区和消费者社会责任的不重视。

4. 西部牧业主营业务财务分析

（1）营业收入构成

表7-22　西部牧业2015年与2014年营业收入对比表

分产品	2015年		2014年		同比增减
	金额	占营业收入比重	金额	占营业收入比重	
畜牧业	223,648,807.49	37.28%	519,397,049.80	67.33%	-30.05%
工业（乳制品加工）	352,491,377.82	58.76%	251,475,593.44	32.60%	26.16%
其他业务	23,761,827.07	3.96%	507,187.42	0.07%	3.89%
营业收入合计	599,902,012.38	100%	771,379,830.66	100%	-22.23%

与2014财年相比，西部牧业2015财年的营业收入减少22.23个百分点，其中乳制品加工营业收入增长了26.16%，增幅最大，且由2014年占营业收入比重32.60%上升到2015年的58.76%。畜牧业下滑30.05%，最为严重，且占比由67.33%骤降为37.28%。

（2）营业成本构成

表7-23　西部牧业2015年与2014年营业成本对比表

分产品	2015年		2014年		同比增减
	金额	占营业成本比重	金额	占营业成本比重	
畜牧业	179,730,414.00	31.72%	475,573,302.30	72.29%	-40.57%
工业（乳制品加工）	363,098,203.85	64.09%	181,833,478.10	27.64%	36.45%
其他业务	23,743,985.68	4.19%	436,819.85	0.07%	4.12%
营业成本合计	566,572,603.53	100%	657,843,600.25	100%	-13.87%

2015年度，西部牧业乳制品加工营业成本同比增长36.45%，畜牧业营业成本同比减少40.57%，这是由于公司吸取2014年的经验，考虑到养殖业投入巨大，短期内难以见效，在2015年度加大了乳制品加工的投入。

（3）总结

从西部牧业 2015 年营业收入与营业成本较 2014 年的变化可以容易得出，公司正在加大乳制品加工的投入力度，削减企业原有畜牧业的比重。

而实际中，2015 年 7 月公司收购原石河子伊利乳业有限责任公司 100% 股权，投资建设液态奶灌装机及奶粉灌装生产设备生产线，推出两款液态奶新产品和各类功能性奶粉新品，计划以"西牧乳业"为平台，加强与国内知名企业的合作，利用西部牧业资源优势与合作伙伴的营销渠道和人才优势，共同打造全国知名的乳制品品牌。

5. 主要财务指标分析

（1）盈利能力指标分析

表 7 - 24　西部牧业 2015 年度盈利能力分析表

评价指标	2012	2013	2014	2015
毛利率	15.18%	16.91%	14.72%	5.56%
销售净利率	6.59%	6.02%	2.92%	3.85%
净资产利润率	5.52%	4.53%	3.61%	3.59%
总资产收益率	2.88%	2.12%	1.29%	1.02%

西部牧业从毛利、销售净利率、净资产利润率、总资产收益率均呈现下滑趋势，尤其毛利率从 2014 年的 14.72% 下降到 2015 年的 5.56%，说明西部牧业总体业绩下滑。

（2）偿债能力指标分析

表 7 - 25　西部牧业 2015 年度偿债能力分析表

评价指标	2012	2013	2014	2015
流动比率	1.23%	1.08%	1.12%	0.80%
速动比率	0.36%	0.31%	0.42%	0.36%
现金比率	18.18%	18.18%	17.20%	13.06%
资产负债率	40.31%	46.36%	56.83%	67.79%
权益乘数	1.68	1.86	2.32	3.10

西部牧业流动比率、速动比率、现金比率均呈下滑趋势，资产负债率由 2012 年的 40.31% 逐步增高到 2015 年的 67.79%。权益乘数逐年升高，说明近

4 年公司负债逐渐增加，这样可能会增加公司的杠杆利益，但是同时也说明公司的财务风险逐年加大。

（3）运营能力指标分析

表 7 - 26　西部牧业 2015 年度运营能力分析表

评价指标	2012	2013	2014	2015
流动资产周转率	97.49%	60.75%	75.77%	54.13%
存货周转率	144.01%	95.84%	137.14%	106.10%
应收账款周转率	990.14%	404.31%	640.95%	948.74%
总资产周转率	40.42%	29.81%	38.38%	26.42%

流动资产周转率、存货周转率逐年降低，应收周转率 2013 年和 2014 年下降，2015 年又恢复到 2012 年同等水平，总资产周转率虽有上升，但总体呈下降趋势，说明公司资产的利用率降低，资产质量下降，运营能力降低。

（4）成长能力指标分析

近 4 年来，西部牧业营业收入增长率曲折下降，2014 年虽有提高，但 2015 年又大幅下降；净资产增长率前 3 年为正，2015 年下降为负数；净利润增长率由前 3 年负数到 2015 年扭负为正，实现了净利润正增长；总资产增长率相对比较平稳，但总体呈下滑趋势。

表 7 - 27　西部牧业 2015 年度成长能力分析表

评价指标	2012	2013	2014	2015
营业收入增长率	52.86%	- 6.15%	70.86%	- 22.23%
净资产增长率	14.05%	4.56%	9.95%	- 3.12%
净利润增长率	- 17.09%	- 14.32%	- 17.25%	2.77%
总资产增长率	32.38%	16.36%	36.61%	29.85%

（5）结论

2015 年，根据杜邦分析法进行综合分析，由于净资产收益率 = 销售净利率×总资产周转率×权益乘数 = 3.85%×26.42%×3.10 = 3.15%。由分析的公式可知，可以从三个方面提高净资产收益率，即提高销售净利率、加快资产周转和提高企业的财务杠杆。而西部牧业实际上销售净利率和总资产周转率都不高的情况下，靠提高财务杠杆拉升了净资产收益率，加大了财务风险。我们可以通过上面的偿债能力分析清晰地看出西部牧业的偿债压力较大，虽然可以让企业提高短期指标，但是不利于企业长远发展。

6. 西部牧业与同行业企业财务分析

以下挑选了辉山、伊利、合生元、蒙牛、现代牧业、光明 6 家乳企，从销售收入、营业成本、净利润、毛利率的 2015 年增长率方面，与西部牧业进行对比分析。

（1）销售收入

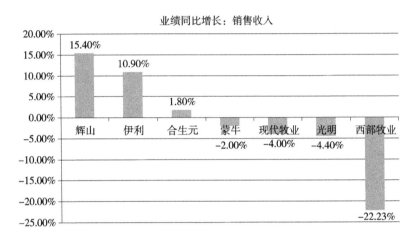

图 7 - 12　西部牧业 2015 年与同行业销售收入对比图

（2）营业成本

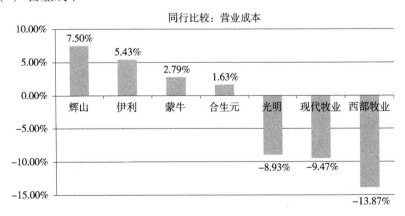

图 7 - 13　西部牧业 2015 年与同行业营业成本对比图

（3）净利率

图 7-14　西部牧业 2015 年与同行业销售净利润对比图

（4）毛利率

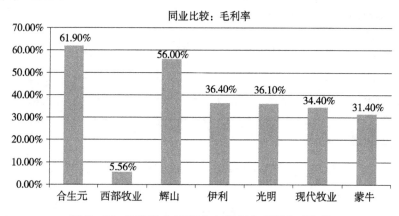

图 7-15　西部牧业 2015 年与同行业毛利率对比图

由以上图表可以看出，在 2015 年度，乳企的销售收入受到严重的冲击，除辉山、伊利、合生元销售收入有小幅上涨外，大多数企业都比上年有所减少，西部牧业下滑 22.23% 最为明显。而相对来说，营业成本相应降低 13.87%。当年净利润有所上涨，但与辉山、伊利相比，上涨幅度不大。

从盈利角度分析，西部牧业毛利率明显低于其他乳企，这与其主营业务有很大关系，西部牧业畜牧业为主营业务，乳制品加工次之，因此导致与其他主营乳品的企业毛利率有一定差距。但总体来说，西部牧业的毛利率与同行业企业相比，还是过低。

五、婴幼儿配方乳粉企业如何应对财务风险

（一）企业财务风险的基本内容

1. 筹资风险

筹资风险是指企业因借入资金而产生的丧失偿债能力的可能性和企业利润（股东收益）的可变性。企业负债的方式、负债期限以及资金使用的方式都会影响企业偿债结果，例如，当成立一个企业或者现有企业扩大生产经营规模时，会考虑向外界筹措资金作为启动资金。企业通常会选择银行或者一些信贷金融机构。此时，企业筹资将面临利率变化、融资产品不稳定、外汇业务汇率变化以及购买货币价值变动等风险。因此，筹资规划应注重筹资金额数目、方式，规避筹资风险。

2. 流动性风险

流动性风险指商业银行虽然有清偿能力，但无法及时获得充足资金或无法以合理成本及时获得充足资金以应对资产增长或支付到期债务的风险，企业资产不能正常和确定性地转移现金，或企业债务和付现责任不能正常履行的可能性。

因此，流动性风险可分别从偿债能力和变现能力两方面分析讨论。变现能力是企业产生现金的能力，它取决于近期变为现金的流动资产。偿债能力是企业即时偿还各种债务的能力。反映企业流动性指标一般可用流动比率和速动比率。

3. 投资风险

投资风险是指投资活动给企业未来财务收益带来的不确定性。当企业投资活动与预期相比出现收益损失甚至是本金损失，企业承担投资风险。投资风险主要根据报酬率来确定，如果利润率大于负债利率，则风险较小；反之，投资风险较大。

4. 信用风险

信用风险又称违约风险，是指交易对手未能履行约定契约中的义务而造成经济损失的风险，即受信人不能履行还本付息的责任而使授信人的预期收益与

实际收益发生偏离的可能性。

信用风险主要是在资金的收回过程中产生的，当交易的对方不愿意或没有能力履行合约时就会产生信用风险。付款方到期不能偿还商品款，造成赊销方的损失，形成应收账款挂账。

（二）婴幼儿配方乳粉企业财务风险的来源

1. 复杂的社会环境因素

（1）受自然环境的影响

我国是世界人口大国，每年新生婴儿 600 万–800 万，对婴幼儿配方乳粉的需求量也日益增长。婴幼儿配方乳企奶源的供应多数受到自然环境的影响，然而我国自然环境状况多样而复杂，加之近年来人类对自然资源的破坏，使得一部分奶源的实际生产数量与预期数量产生较大出入，而且，一旦发生预期外的自然灾害，后果将更加严重。受到自然环境因素的影响，婴幼儿配方乳企的预计生产量面临变化，企业的盈利能力也受到影响，财务预算也随之改变。

（2）受产业链的影响

乳品行业的产业链分别为上、中、下游三部分，上游是奶源，中国目前最主要的奶源模式是分散饲养，企业对奶源很难控制；中游是乳品加工环节；下游则是乳品销售流通环节。近年来我国婴幼儿配方乳粉行业得到发展，但其产业链中各环节的不连贯问题导致企业面临一定的财务风险。上游的奶源供应分散不集中，规模相对比较小，奶源采集环节发展滞后，导致奶源的产量以及质量不稳定，价格也随之波动。中游的乳品加工环节规模大、发展迅猛，带给产业链上游巨大压力。而下游的销售环节流通成本偏高，市场的主导力不足。产业链的不贯通造成婴幼儿配方乳企资源、资金的浪费，无形中导致高成本、低收益的状况。

（3）受食品安全问题与新食品安全法的影响

食品安全事件频发，使同行业受到严重打击，食品行业利润指标骤降。例如 2008 年的三聚氰胺事件，2011 年的双汇瘦肉精事件，都使企业净利润下降约 50%，股价暴跌，对企业造成的财务风险升至最高点。2015 年，我国新《食品安全法》的颁布标志着政府相关部门对食品行业的监管力度加大，行业内部管理成本增加，财务状况产生压力。

（4）受国内品牌形象的影响

就婴幼儿配方乳粉行业来看，我国国内民族品牌与一些国外的大品牌相比仍有一定差距，很多跨国大企业凭借自身品牌知名度优势和充足的资金优势推广自己的产品，在市场上占得先机。而近年来我国多次出现的乳品行业质量事故，如还原奶、假奶粉、三聚氰胺等，影响了广大消费者对国产奶的信任，对整个乳品产业造成极大的不良影响。我国的国内品牌面对激烈竞争无法得到消费者的认可，这也导致国内婴幼儿配方乳粉行业收益不理想，利润增长相对较慢。

2. 宏观经济环境因素

（1）受利率以及外汇汇率变化的影响

我国一些婴幼儿配方乳企为了追求优质奶源，与国外企业建立战略合作关系。融资或对外贸易筹入的资金都会受到货币利率以及外汇汇率浮动的影响。如果企业采取本币融资，协商的利率一定，市面利率低于协商利率，企业将支付较高的利息；当企业采取市面利率时，利率的上升使企业付息压力加大，加大企业的财务风险。如果进出口企业应用外币融资，汇率变动还会影响收益情况。

（2）受筹资政策和筹资渠道的影响

婴幼儿配方乳企经营资金大部分来自于自有资金和对外筹资两种方式。近年来，尽管我国实行积极的财政政策和稳健的货币政策，提倡综合利用政府资助、科技贷款、资本市场、创业投资、发放债券等方式加强对中小企业的融资支持。但仍尚未建立完善的中小企业融资机制。银行信贷作为对外筹资重要的渠道，普遍对中小型企业贷款积极性不高，使得中小型企业筹资难度加大，增加了婴幼儿配方乳企的财务风险。

3. 企业内部经营管理因素

（1）缺乏科学的财务预测、核算、监督方法

财务预算是一系列专门反映企业未来一定预算期内预计财务状况和经营成果，以及现金收支等价值指标的各种预算的总称。很多国内的中小型婴幼儿配方乳企不具备专业的财务预算部门和员工，这导致无法对企业财务进行全面管理，财务决策目标不具体造成决策失误。甚至有一些企业的财务监管不足，在核算企业经营状况的时候对财务报表作假，阻碍了企业发展，造成经济损失。

（2）婴幼儿配方乳企偿债、变现能力不足，出现负债经营

流动比率是流动资产与流动负债的比率，能够衡量企业流动资产变成现金用于偿还负债的能力。流动比率越高，企业资产的变现能力就越强，同时短期偿债能力也越强。一般情况下，流动比率应在2:1以上，表示流动资产是流动负债的两倍，即使流动资产有一半在短期内不能变现，也能保证全部的流动负债得以偿还。

通过表7-10的财务状况分析可以得出13家婴幼儿配方乳企2015年平均流动比率为1.59，说明企业变现能力弱，短期偿债风险较大。

目前我国企业的流动资产比例普遍偏低，即便是在流动资产中，存货的比重相对较大，甚至有一部分超储积压商品。由于存货的变现能力较低，大量的存货不仅增加了企业的管理费用，也降低了流动资金的比重，不利于企业的资金周转。同时，长期持有存货还要承担因存货市场价格下跌而产生损失的风险。

（3）婴幼儿配方乳企盈利水平较弱，投资回报率偏低

企业应对财务风险的能力是由企业的经营业务盈利水平决定的。尽管我国婴幼儿配方乳粉加工业发展速度逐渐加快，但仍处于初步发展阶段，企业盈利水平还不够稳定，盈利成果还不能满足企业资金需求。

由表7-7和表7-8的婴幼儿配方乳企与其他食品企业相关数据进行对比得出：婴幼儿配方乳企平均净利润约为7.71亿元，而其他食品企业平均净利润约为18.35亿元，婴幼儿配方乳企净利润远远低于其他食品企业。投资回报率（ROI）＝年利润或年均利润/投资总额×100%，如果说二者投入相等资产的话，明显婴幼儿配方乳企的投资回报率会远远低于其他食品企业。

（4）应收账款挂账，产生资金回收风险

婴幼儿配方乳企的特点决定了其对流动资产的需求较大，然而应收账款占流动资产的很大一部分，通常一个婴幼儿配方乳企管理应收账款的水平影响到整个流动资产的管理水平。大量的应收账款的长期挂账，坏账损失的可能性加大，财务风险随之加大。

婴幼儿配方乳企所生产的产品部分运往外地进行销售，也包括产品出口销售的企业，整个销售链的周期较长，但是为了满足客户的需求并且保证企业的效益，婴幼儿配方乳企不可能等到收到货款再进行下一个订单的生产。一旦企业应收账款过多，那么就意味着它的产品转化为货币资金的速度变慢，企业周

转受到更大局限，经营的成本增加。

（三）婴幼儿配方乳粉企业财务风险控制的建议

1. 针对社会环境因素角度

我国婴幼儿配方乳粉加工与国外相比，显示出生产粗放、科技含量低的特点，从而导致成品附加值低、溢价水平有限。由于消费者对产品的消费心态转变，最新食品安全法对食品质量的严格要求以及国外食品市场影响下我国婴幼儿配方乳企面临的激烈竞争，国内企业必须加大科研投入，提升产品的竞争力。我国的婴幼儿配方乳企应该对奶源地加强科研投入，进行技术开发，升级产品，科学化管理，创建国内婴幼儿配方乳粉加工业奶源基地，虽然增加了科研经费，但同时也减轻采购风险，控制了采购成本，保证奶源的质量，增加我国婴幼儿配方乳粉品牌的市场占有率，逐渐提高国内婴幼儿配方乳企盈利水平，有效控制财务风险。

2. 针对宏观经济环境角度

（1）利用金融信贷衍生产品应对汇率变化

外汇市场中的远期结售汇业务及相伴而生的金融衍生工具业务也能起到很好的规避风险的作用，如汇率期货、期权、掉期等都是婴幼儿配方乳企可利用的方法，以保证企业的资产收益。例如，企业可采用汇率期货，在远期合同中，承诺在将来指定的日期以规定的汇率买进卖出货币，它包括远期汇率保值买卖及汇率风险买卖，这种期货交易延长交割时间，其性质仍是现货交易，它能起到套期保值的作用，是企业规避财务风险的对冲交易。期权、掉期的使用性更为灵活，可供企业选择。

（2）开拓更多筹资渠道，提供充足资金保障

婴幼儿配方乳企在建立初期和扩张时期都面临资金短缺，为解决资金问题，企业应该在维持现有资金供应的同时拓展更多的筹资渠道。资金筹措可以分为内部、外部两大类，内部筹措即运用公司现有资金，也就是留存收益。外部筹措即寻求其他经济主体筹集资金，一般可以向金融机构筹集，如银行、信贷公司、保险公司；也可以向非金融机构筹集，如向商业公司租赁设备换取长期资金来源；企业还有在金融市场发行有价债券以换取资金。无论是哪一种筹资方式，都要结合企业的自身经营和发展条件，对筹资成本进行预算，理性选

择筹资对象。

（3）针对婴幼儿配方乳企内部经营管理角度

①增强企业防范财务风险意识，采取科学的管理监督决策

在复杂多变的经济背景下，行业竞争压力骤增，婴幼儿配方乳企作为食品加工企业中的重要组成部分，同时又处于初步发展阶段，应该树立应对财务风险的意识，时刻保持面临财务风险的警惕性，提早制定防范婴幼儿配方乳企财务风险的战略。在制定战略时，婴幼儿配方乳企应根据自身企业特点制定多个可选防御财务风险的方案，选择最佳方案执行。在执行战略方案时，企业的财务高层管理者应该结合当时外部经济环境和企业内部实际状况，及时判断、完善、整合应对方案，做出正确的财务决策。

要树立财务风险的监督理念，建立健全婴幼儿配方乳企财务风险的预警和监控机制，对财务状况、财务战略、财务人员进行全面监控和管理。企业结合包含财务与非财务性指标、定量与定向指标的风险指标体系进行风险计量，建立风险档案。应用科学信息技术对财务风险进行预警，在计算机系统上对财务数据进行自动检测和预警。

在对企业内部监控的同时，加强外部监督尤为必要。婴幼儿配方乳企应该重视核算工作，保证会计审计结果不失真，提高从业人员的职业素质，规范财务报表审核工作。这也要求企业对财务人员的权责合理分工，设立独立的财会部门，按照综合能力标准分配职位，明确每一个财务岗位人员的职责，可进行轮岗制，便于员工内部相互监督，保证企业财务信息的真实性和准确性。

②调控流动资产金额，提高婴幼儿配方乳企偿债和变现能力

为保障企业正常运营，加强婴幼儿配方乳企现金流控制工作，应该编制现金预算计划，使企业现金收支达到最佳比例状态，保持最优现金储备量。婴幼儿配方乳企产业链关联性强，企业应该安置分配好每个运营环节，生产线保持顺畅，便于防控财务风险。

加强对存货的日常管理，分配好生产与销售，保证正常生产的同时减少原材料的库存，加大力度出售产成品，尽量防治存货积压，因为存货本身变现能力低，过多会占用资金，直接影响偿债能力。

③提高婴幼儿配方乳企盈利水平，巩固投资回报收益

通过分析营业现金流入量对销售收入的比率，不断优化销售方针，加大收账力度，实现销售收入良性增长，增加婴幼儿配方乳企盈利总额。

科学地进行长期投资、购置资产，投资前应仔细地预测项目的发展趋势、分析投资的风险以及回报情况，避免盲目投资。购置资产时要与企业的实际需要相联系，防止固定资产闲置过多，占用资金。

保证投资的新项目产生的资产利润率高于此项目负债利息率，使企业不因新项目的经营而降低原有项目的利润水平，新项目的投资本金一定要在预期内，甚至是提前收回。

④加强婴幼儿配方乳企应收账款管理，降低资金回收风险

企业应该及时收回应收账款，在合作时事先考察合作单位的信用状况，最大化避免与有拖欠历史、信用缺失的企业合作。控制资金投量，减少资金占用，加速存货和应收账款的周转速度，使其尽快转化为货币资产，提高资金使用率，减少甚至杜绝坏账损失。

应收账款收回的难易程度与逾期长短成正比例关系，企业需要对不同信用、不同逾期程度的客户做出不同的催款方案。企业需要对可能发生坏账的应收账款提前做出准备，充分估计企业可能发生的损失。通过账龄分析，企业可以更好地去分析和制定新的信用政策和收款政策。

第八章　婴幼儿配方乳粉质量安全信息的消费者认知、网络搜寻和评价

一、消费者对婴幼儿配方乳粉质量安全信息的认知——基于信息供需平衡视角

婴幼儿配方乳粉关乎到婴幼儿的生命健康，是婴幼儿成长发育的必需品。自 2008 年三聚氰胺事件之后，婴幼儿配方乳粉被推上风口浪尖，随之而来的是源源不断的毒奶粉和假奶粉事件，还有一系列菌落总数超标、硝酸盐超标、致癌物质黄曲霉毒素超标等不符合婴幼儿配方乳粉安全标准的质检消息，使原本就脆弱的婴幼儿配方乳粉市场再遭"地震"，消费者早已"谈奶色变"。有学者指出，消费领域中生产商和消费者之间的信息不对称是诱发食品安全问题的根本原因①。婴幼儿配方乳粉是包装后的食品，具有信用品特征，对消费者而言，既不能通过人体感观判断色泽、味道等外在质量，也不能利用现成仪器随时检测营养成分、污染物等内在质量，因此质量安全的透明程度非常低。对此，政府加大了监管力度，定期对婴幼儿配方乳粉进行分品牌、分批次抽检，及时通过官方网站发布质检消息，并且鼓励生产商或经销商利用互联网的优势建立良好的信息沟通平台，为消费者提供信息交流的渠道。除此之外，诸如婴幼儿配方乳粉法律法规、生产标准、质量安全认证、安全事故曝光等信息也都能在互联网上搜寻到，并且行业协会、综合性门户网站、社交媒体等会以最快的速度向消费者传播最新的婴幼儿配方乳粉质量安全信息，同时有购买经历的热心消费者也会通过微博、微信、论坛等渠道发表评论，分享与婴幼儿配方乳粉相关经验和体会。然而，一系列婴幼儿配方乳粉质量安全信息的发布和传播

---

① 吴林海、刘晓琳、卜凡. 中国食品安全监管机制改革的思考：安全信息不对称的视角 [J]. 江南大学学报（人文社会科学版），2011.10（5）：118 –121。

能否达到指引消费的目的，关键在于信息是否能满足消费者需求。倘若不清楚消费者需求，盲目发布不相干的信息，那么信息量再大也是徒劳。另外，目前集中探讨消费者网络信息搜寻的文章还很有限，然而随着互联网技术和社会化媒体的发展，食品安全信息更多是通过网络进行发布和传播，研究网络信息搜寻行为更具现实意义。

因此，本节首先运用探索性因子分析挖掘消费者视角下婴幼儿配方乳粉质量安全信息的维度，了解其对各类婴幼儿配方乳粉质量安全信息的认知。其次，基于信息供需平衡视角，聚焦婴幼儿配方乳粉质量安全信息的具体内容，用消费者对婴幼儿配方乳粉质量安全信息的网络搜寻程度作为信息需求的代表变量（搜寻程度越高意味着需求越迫切），用婴幼儿配方乳粉质量安全信息的易获得程度作为信息供给的代表变量（易获得程度越高意味着供给越充分），通过对比网络搜寻程度和信息易获得程度，探究各种婴幼儿配方乳粉质量安全信息的供需匹配情况，揭示供不应求和供过于求的信息，为政府合理分配资源、弥补信息供给漏洞指明方向。最后，对婴幼儿配方乳粉质量安全信息的网络获取渠道进行调查，分析各种渠道的使用频率和可信程度，挖掘消费者使用最频繁和最可信的网络渠道，以便政府合理制定信息传播方案、有效协调各类网络资源，从根本上解决信息供给症结，达到指引安全消费的目的。

（一）文献回顾

1. 食品质量安全信息的维度

食品质量安全信息是指与食品质量安全相关的各类信息，很多学者根据自己的理解划分了食品安全信息的维度。赵学刚（2011）把食品质量安全信息分为管理信息、标准信息、科学技术信息、风险评估信息、检测检验及认证信息、生产供应链质量信息和市场信息共七类。除常识类信息以外，消费者对其余五种信息的了解水平均低于一般水平①。全世文和曾寅初（2013）将食品安全质量信息划分为六种：标准类信息、事件类信息、质检类信息、常识类信息、法规类信息和认证类信息，他们研究了消费者对不同类别食品安全信息的

---

① 赵学刚. 食品安全信息供给的政府义务及其实现路径 [J]. 中国行政管理，2011（7）：38–42。

感知，发现消费者对各类食品安全信息的了解水平都低于需求水平，并且对食品安全常识类和事件类信息的需求程度较高①。孔繁华（2013）将食品质量安全信息分为总体状况信息、日常监测信息、监管工作信息、生产经营许可及信用信息、安全事件信息和舆情信息②。

尽管学者们对食品安全信息进行了多角度划分，但立足于消费者感知视角下的划分微乎其微，并且研究尚未聚焦婴幼儿配方乳粉行业。韩杨等（2014）指出消费者在选购不同食品时关注的质量安全信息类别不同③，所以有必要根据具体的行业特点研究消费者对食品质量安全信息的认知。

2. 婴幼儿配方乳粉质量安全信息的需求和供给

婴幼儿配方乳粉是婴幼儿的口粮，其品质的优劣直接关乎婴幼儿的生命健康，因此选购婴幼儿配方乳粉是每个家庭的头等大事。而三鹿奶粉事件给我国婴幼儿配方乳粉行业乃至整个乳品产业带来了极大的负面影响，致使我国消费者风险感知急剧上升、信任度急剧下降，进而对质量安全表现出强烈的需求④。Beaudoin 等（2011）发现与健康相关性越密切的食品越容易引起消费者搜寻信息的主动性⑤，并且 Mitchell 等（2005）研究表明，消费者对质量安全关注度越高，越会采取多渠道的方式搜寻信息⑥。赵元凤等（2011）发现，消费者在购买乳品时，对生产日期、保质期、安全标志、品牌和营养成分的关注度较高，这些恰是质量安全的外显特征，并且消费者对生产卫生条件是否达标、抽检结果是否合格等政府提供的质量安全信息具有强烈的需求愿望，希望随时能获得这方面的信息⑦。可见，质量安全的不透明化加剧了被动消费问题

---

① 全世文、曾寅初. 消费者对食品安全信息的搜寻行为研究——基于北京市消费者的调查［J］农业技术经济，2013（4）：43－52。

② 孔繁华. 我国食品安全政府信息质量的年度观察［J］. 宏观质量研究，2013，1（3）：33－42。

③ 韩杨、曹斌、陈建先等. 中国消费者对食品质量安全信息需求差异分析——来自1573 个消费者的数据检验［J］. 中国软科学，2014（2）：32－45。

④ Brunel O & Pichon P. Food－related risk－reduction strategies：purchasing and consumption processes［J］. Journal of Consumer Behavior，2004，3（4）：360－374.

⑤ Beaudoin C E & Hong T. Health information seeking，diet and physical activity：an empirical assessment by medium and critical demographics［J］. International Journal of Medical Informatics，2011，80（8）：588－595.

⑥ Mitchell V W，Harris G. The importance of consumers' perceived risk in retail strategy［J］. European Journal of Marketing，2005，39（7/8）：821－837.

⑦ 赵元凤、杜珊珊. 消费者对乳品质量安全信息需求及认知行为分析［J］. 内蒙古社会科学（汉文版），2011，32（5）：113－116。

奶粉的可能性，导致消费者在购买婴幼儿配方乳粉之前会积极搜寻质量安全信息。

近年来，各大食品安全信息发布主体通过多种网络渠道向消费者发布和传播婴幼儿配方乳粉安全信息。国家食品药品监督管理总局已不局限于发布婴幼儿配方乳粉的相关法律法规和政策文件，诸如抽检信息、生产许可信息、预警信息等都有一定程度的发布；食品和育儿方面的网站、论坛，如食品伙伴网、宝宝树、妈妈帮等都设置了婴幼儿配方乳粉的相关板块，供消费者查询；越来越多的消费者通过微博、微信分享选购经验和用后感受，这均表明婴幼儿配方乳粉安全信息受到了各界的高度重视，在信息发布方面有了实质性的提高。但是，有学者认为目前食品质量安全信息无论从广度还是深度上都没有达到法律规定的要求，表现在信息类别模糊、内容狭窄，信息发布主体分散、职责不清等方面，赵学刚（2011）指出了政府在食品安全信息供给方面严重不足，主要是披露内容狭窄、质检信息缺乏系统化、各类信息发布渠道协调性差和权威信息供给欠缺，曾经有某一婴幼儿配方乳粉品牌同时出现在合格和不合格品牌名单中的情况，导致消费者对政府的信任度大打折扣。全世文、曾寅初（2013）通过实证研究发现，消费者在搜寻食品安全信息时，面临信息渠道不畅、信息价值不高、信息量不足和信息真假难辨等问题。

虽然在国家的综合治理下，婴幼儿配方乳粉质量安全信息的发布有了实质性的提高，但多项研究表明信息供给仍然十分有限，不单体现在量的不足，更多表现为质的欠缺，无法满足消费者需求。因此十分有必要从消费者视角探究目前存在的婴幼儿配方乳粉质量安全信息中，哪些信息无关紧要、哪些信息有待加强，以达到供需平衡，既不浪费过多的资源，又能使消费者满意。

（二）数据来源与样本特征

由于本研究针对的是婴幼儿配方乳粉行业，所以调查对象定位于准爸准妈和拥有 3 岁以下孩子的父母，因此应用非概率抽样的方法选取样本，同时采用问卷调查的方式收集数据。问卷发放主要采取两种方式：一是在孕婴实体店、亲子活动中心、幼儿园等调查对象密集地区发放纸质问卷，为促使被调查者认真填写问卷，对每位被调查者赠送了小礼物；二是通过学生、同事、亲友以滚雪球的方式通过网络发放电子问卷。据统计，共发放问卷 800 多份，最终回收有效问卷 642 份，样本基本特征见表 8 - 1。

表8-1 样本基本特征

样本特征	变量值	频数	频率	样本特征	变量值	频数	频率
性别	男	280	43.6%	学历	大专及以下	140	21.8%
	女	362	56.4%		大学本科	325	50.6%
职业	政府机构	154	24.0%		研究生	177	27.6%
	事业单位	179	27.9%	家庭月收入	5000元及以下	92	14.3%
	企业	223	34.7%		5000~10000元	185	28.8%
	无职业	66	10.3%		10000~20000元	256	39.9%
	其他	20	3.1%		20000元以上	109	17.0%

（三）消费者认知下的婴幼儿配方乳粉质量安全信息的维度

1. 消费者认知下的维度

关于婴幼儿配方乳粉质量安全信息，目前尚未形成具体的测量题目。鉴于前人研究，同时结合婴幼儿配方乳粉的产品特征和网上发布的各类质量安全信息的基本情况，本文设计了18种具体的信息，并邀请了食品安全领域的5位专家对信息表述的准确性进行夯实。问卷询问消费者对这18种信息的网络搜寻程度和易获得程度，采用Likert五级量表法进行测量，5代表"经常搜寻"和"非常容易获得"，1代表"从不搜寻"和"非常难获得"，具体问卷形式如表8-2所示。

表8-2 婴幼儿配方乳粉质量安全信息调查表

请在以下婴幼儿配方乳粉质量安全信息中选出您的网上搜寻程度和信息易获得程度（每个题均需回答这两个方面）：

	网上搜寻程度		信息易获得程度	
	经常 从不		容易 难	
1. 鉴别婴幼儿配方乳粉真假的方法（防伪标识）	5 4 3 2 1		5 4 3 2 1	
2. 鉴别婴幼儿配方乳粉优劣的方法	5 4 3 2 1		5 4 3 2 1	
3. 配方成分对成长发育的功效	5 4 3 2 1		5 4 3 2 1	
4. 配方成分对特殊体质的影响（早产儿、过敏体质等）	5 4 3 2 1		5 4 3 2 1	
5. 奶源信息	5 4 3 2 1		5 4 3 2 1	
6. 选购奶粉的经验分享	5 4 3 2 1		5 4 3 2 1	
7. 更换奶粉的经验分享	5 4 3 2 1		5 4 3 2 1	

请在以下婴幼儿配方乳粉质量安全信息中选出您的网上搜寻程度和信息易获得程度（每个题均需回答这两个方面）：

	网上搜寻程度		信息易获得程度	
	经常　　　　从不		容易　　　　难	
8. 冲调奶粉的经验分享（水温、配量、消毒、储存等）	5　4　3　2　1		5　4　3　2　1	
9. 食用奶粉后的体会分享（腹泻、便秘等）	5　4　3　2　1		5　4　3　2　1	
10. 婴幼儿配方乳粉品牌口碑	5　4　3　2　1		5　4　3　2　1	
11. 婴幼儿配方乳粉安全事故（三鹿奶粉、大头娃娃等）	5　4　3　2　1		5　4　3　2　1	
12. 婴幼儿配方乳粉热点事件（羊奶粉、有机奶粉等）	5　4　3　2　1		5　4　3　2　1	
13. 婴幼儿配方乳粉生产许可信息	5　4　3　2　1		5　4　3　2　1	
14. 婴幼儿配方乳粉质检信息	5　4　3　2　1		5　4　3　2　1	
15. 不合格婴幼儿配方乳粉品牌名单	5　4　3　2　1		5　4　3　2　1	
16. 婴幼儿配方乳粉安全标准信息（国标 GB）	5　4　3　2　1		5　4　3　2　1	
17. 婴幼儿配方乳粉认证信息（QS 认证、有机认证等）	5　4　3　2　1		5　4　3　2　1	
18. 相关法律法规、政府文件、政策解读	5　4　3　2　1		5　4　3　2　1	

选取 Cronbach's α 系数对数据的信度水平进行检验，同时采用探索性因子分析挖掘 15 种婴幼儿配方乳粉质量安全信息的结构效度，所用的统计软件为 SPSS 19。经分析，Cronbach's α 系数大于 0.7，表明数据的信度水平良好。KMO 值为 0.785，在 0.6 以上，Bartlett 球形度检验卡方值为 1972.584（p < 0.001），自由度为 66，表明数据适合进行因子分析，具体数值见表 8 – 3。

表 8 – 3　KMO 和 Bartlett 检验

取样足够度的 Kaiser – Meyer – Olkin 度量		0.785
Bartlett 的球形度检验	近似卡方	1972.584
	df	66
	Sig.	0.000

采用主成分分析法抽取因子，并利用最大变异法进行转轴，以清晰显示因子结构，最终得到 4 个特征值大于 1 的因子，有 12 种信息在 4 个因子下有较好的因子载荷，即在所属因子中呈现了较高的相关性（> 0.6），在其他因子中呈现了较低的相关性（< 0.4），累计贡献率为 63.1%。故删除了载荷差的 6 种信息，12 种信息的探索性因子分析结果和 4 个因子的累计方差贡献率分别

见表 8 - 4 和表 8 - 5。

表 8 - 4　探索性因子分析结果

具体信息	因子载荷			
	因子 1	因子 2	因子 3	因子 4
1. 婴幼儿配方乳粉安全标准信息（国标 GB）	**0.820**	0.076	0.150	0.084
2. 婴幼儿配方乳粉质量认证信息（QS 认证、有机认证等）	**0.811**	0.030	0.175	0.085
3. 婴幼儿配方乳粉法律法规、政府文件和政策解读	**0.753**	0.168	0.057	- 0.037
4. 食用奶粉后的体会分享（腹泻、便秘等）	0.101	**0.735**	0.043	0.150
5. 更换婴幼儿配方乳粉的经验分享	- 0.116	**0.713**	0.256	0.015
6. 鉴别婴幼儿配方乳粉优劣的方法	0.267	**0.688**	0.012	0.075
7. 选购婴幼儿配方乳粉的经验分享	- 0.174	**0.686**	0.176	0.085
8. 配方成分对特殊体质（早产儿、过敏体质等）的影响	0.149	**0.612**	0.001	0.327
9. 不合格婴幼儿配方乳粉品牌名单	0.207	0.067	**0.770**	0.158
10. 婴幼儿配方乳粉质检信息	0.303	0.074	**0.709**	0.106
11. 婴幼儿配方乳粉热点事件（羊奶粉、有机奶粉等）	0.088	0.090	0.234	**0.816**
12. 婴幼儿配方乳粉安全事故（三鹿奶粉、大头娃娃等）	- 0.008	0.240	0.050	**0.815**

表 8 - 5　解释的总方差

成分	初始特征值			提取平方和载入			旋转平方和载入		
	合计	方差的%	累计 %	合计	方差的 %	累计 %	合计	方差的 %	累计 %
1	3.601	30.008	30.008	3.601	30.008	30.008	2.188	18.235	18.235
2	1.865	15.538	45.546	1.865	15.538	45.546	2.110	17.587	35.822
3	1.105	9.209	54.755	1.105	9.209	54.755	1.752	14.597	50.419
4	1.004	8.365	63.120	1.004	8.365	63.120	1.524	12.702	63.120
5	0.873	7.276	70.396						
6	0.726	6.046	76.442						
7	0.641	5.342	81.784						
8	0.551	4.596	86.380						
9	0.462	3.852	90.232						
10	0.441	3.678	93.910						
11	0.401	3.338	97.248						
12	0.330	2.752	100.000						

提取方法：主成分分析。

依据探索性因子分析结果，可定义消费者认知下的婴幼儿配方乳粉质量安全信息的 4 个维度：因子 1 为**权威类信息**，是与婴幼儿配方乳粉质量安全相关的法律法规、安全标准、质量认证等信息；因子 2 为**经验分享类信息**，是消费者选购婴幼儿配方乳粉时搜寻的经验心得和食用后的体会，包括对特殊体质的影响；因子 3 为**质检类信息**，是展示质量安全最直接的信息，包括具体的婴幼儿配方乳粉不合格品牌名单和其他质检信息；因子 4 为**事件类信息**，这类信息与新闻和媒体的宣传报道有关，包括与婴幼儿配方乳粉相关的热点事件和安全事故类信息。

2. 消费者认知维度的特点

从探索性因子分析结果来看，消费者认知下的质量安全信息维度与非消费者认知下的维度既有相似也有差异，相似体现在都包括质检信息和事件类信息，差异体现在权威类信息和经验分享类信息上，以下进行具体的阐述。

（1）与非消费者认知维度的相似性

质检信息。质检信息是国家权威部门检测后发布的，对于没有鉴别能力的消费者而言，是最重要的品牌选择依据。非消费者认知下的划分通常把质检信息与质量认证、生产标准等信息区别开来，单独作为食品安全信息的一个维度，以此显示其重要性。研究发现，消费者同样会把质检信息单独列为一个维度，与因子 1 权威类信息有很明显的区别。

事件类信息。事件类信息往往是在某个热点事件或危害性事故发生之后迅速出现，并呈现爆发式、规模化的发展态势，经由政府控制和舆论疏导，在一段时期之后会逐渐减少的信息。此类信息通常被认为是最需要关注的食品质量安全信息，因为它容易引起公众恐慌，导致公众对整个食品行业丧失信心。消费者作为信息的接收者，同样关注此类信息，并把热点事件和安全事故归为一类，展示了对食品安全的关注。

（2）与非消费者认知维度的差异性

权威类信息。非消费者认知下的维度划分通常把政策类信息、标准类信息、认证类信息分开考虑，各成一个维度，而本研究发现，消费者认知下的划分把法律法规、安全标准和质量认证等归为一个维度，说明他们对这些信息的网络搜寻没有明显差异，在消费者看来都是政府相关部门提供的权威信息。由此可见，非消费者认知下的划分并不完全符合消费者的认识规律，据此提出的发布质量安全信息的对策建议可能对消费者行不通，因此应把消费者的认知放在首位，探究消费者的认知维度十分必要。

经验分享类信息。本研究发现了新的质量安全信息维度，即经验分享类信息，这是非消费者认知下的研究没有提及的，也是消费者认知视角下最具特色的维度。消费者把搜寻选购经验、更换经验、食用体会、鉴别方法等归为一类信息，表明他们非常重视来自其他消费者的经验和体会，希望通过搜寻了解更多真实的信息，这类信息其实是网络口碑的范畴，对购买决策有重要影响。政府官方网站很少发布这类信息，而对消费者而言，这类信息至关重要，因此日后在质量安全信息发布上应有所侧重，从消费者认知的角度发布其感兴趣的信息，以达到事半功倍的效果。

（四）婴幼儿配方乳粉质量安全信息的供需匹配程度

本研究不单询问了被调查者对每种婴幼儿配方乳粉质量安全信息的网络搜寻程度，还调查了其对每种信息易获得程度的感知。用网络搜寻程度代表信息需求，易获得程度代表信息供给，两种情况下每种信息的平均值和标准差如表8-6所示。

表8-6　每种信息在网络搜寻程度和信息易获程度下的平均值和标准差

维度与其具体信息		网络搜寻程度（信息需求）		信息易获程度（信息供给）	
		平均值	标准差	平均值	标准差
权威类信息	1. 标准信息	2.97	1.233	2.87	1.164
	2. 认证信息	2.95	1.219	2.82	1.179
	3. 法规信息	2.65	1.167	2.74	1.152
经验分享类信息	4. 体会信息	3.36	1.248	3.34	1.144
	5. 更换经验	3.1	1.255	3.17	1.169
	6. 鉴别方法	3.24	1.257	3.14	1.120
	7. 选购经验	3.17	1.315	3.24	1.196
	8. 特殊信息	3.02	1.353	2.95	1.200
质检类信息	9. 不合格名单	3.23	1.279	2.92	1.203
	10. 质检信息	2.86	1.335	2.65	1.214
事件类信息	11. 热点事件	3.55	1.162	3.43	1.171
	12. 安全事故	3.62	1.191	3.57	1.110

从网络搜寻程度上看：消费者对权威类信息的搜寻程度较低，3个题目的平均值都在3以下；对经验分享类信息和事件类信息的搜寻程度较高，7个题目的平均值都在3以上；质检类信息比较特殊，消费者对不合格品牌的搜寻程度高，对宽泛的质检信息搜寻程度低。

从信息易获程度上看：消费者认为权威类信息和质检类信息易获程度较低，平均值在3以下；除配方成分特殊体质的影响这种信息以外，消费者认为经验分享类信息和事件类信息易获程度较高，平均值在3以上。

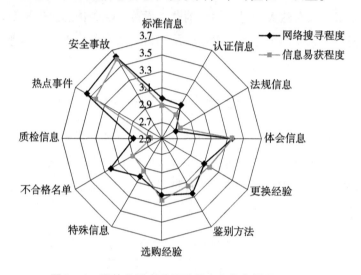

图 8 - 1　婴幼儿配方乳粉质量安全信息供需匹配图

为了更清晰地显示信息的供需关系，绘制了以2.5为最小刻度，3.7为最大刻度的雷达图，远离中心的刻度大，靠近中心的刻度小，并按顺时针方向依次展示了消费者感知的12种信息的供需匹配程度。其中，菱形的点表示网络搜寻程度，即信息需求；方形的点表示信息易获程度，即信息供给。根据图中菱形和方形的位置可以得知4类情况：（1）当菱形在方形外侧时，表示需求大于供给，质量安全信息得不到满足；（2）当方形在菱形外侧时，表示供给大于需求，消费者能获得需要的信息；（3）每条信息轴上的点越靠近中心，表明信息的供给或需求程度越低，消费者越不关心；（4）每条信息轴上的点越靠近外围，表明信息的供给或需求程度越高，消费者越关注。依据此4类情况，以下对12种婴幼儿配方乳粉质量安全信息的供需匹配情况进行系统的分析：

1. 权威类信息的供需匹配情况

权威类信息中的标准信息和认证信息供不应求，无法满足需求，而法规信息供过于求，较容易获得。这与现实情境正好相符，婴幼儿配方乳粉法律法规不仅能在食药监局网站上搜到，而且能在各大综合性门户网站、微博微信上搜到，传播非常广泛，相比之下，标准信息和认证信息的发布渠道较窄，只有在专业渠道下才能搜寻到。但需引起注意的是，消费者对法规信息似乎并不感兴趣，在12个菱形点中它是距离中心最近的菱形点。说明法规信息不是消费者关心的，不用投入较大的力度进行宣传，而应把精力放在拓宽标准和认证信息的发布渠道上。从维度上看，消费对整个权威类信息的关注远不如其他3个维度的信息。

2. 经验分享类信息的供需匹配情况

经验分享类信息的需求和供给程度均较高，分布在中心与外围的中间区域，这与目前网上该类信息的发布状况相符，很多热心消费者会通过各种网络渠道分享选购婴幼儿配方乳粉的经验以及食用后的体会，有购买需求的消费者也愿意搜寻这类信息，把他人的意见作为自己决策的参考。只是就婴幼儿配方乳粉而言，体会信息、鉴别方法和特殊信息供不应求，而更换经验和选购经验信息的供给基本能满足需求，日后应鼓励消费者多交流供给不足的信息，以实现供需匹配。

3. 质检类信息的供需匹配情况

质检类信息中的不合格名单和质检信息表现出了很大的差异性，消费者对不合格名单的需求远大于对其他质检信息的需求，说明消费者倾向搜寻直观、可操作性的信息，不合格名单一目了然，对购买行为的指导作用更强，而其他质检信息可读性差、过于专业，需要花费较高的时间成本才能转化为可操作性的信息。另外从图8-1中也能发现，不合格名单和质检信息上菱形点和方形点之间的距离较大，表明消费者认为质检类信息的供给严重不足。其实国家和各地方食药监局每月都会发布婴幼儿配方乳粉的质检信息，披露不合格奶粉的品牌和批次，但可能仍无法满足消费者的需求，或者消费者对这一信息发布渠道并不熟悉，缺少搜寻的途径。因此，在发布婴幼儿配方乳粉质量安全信息时，应重点关注此维度，多提供操作性强的信息，大力宣传发布渠道，鼓励其他平台和媒体进行转发。

4. 事件类信息的供需匹配情况

事件类信息中的热点事件和安全事故表现出了极强的共性，消费者对这两种信息的关注度非常大，这与媒体的大肆报道密不可分。并且从图上看，信息的供给量还无法满足需求，这可能是由于消费者更想得到的是引发安全事故和热点事件的真实原因，而非网上过分夸大事实、恶意中伤的虚假消息。政府作为最权威的舆论引导者，应及时发布真实信息，打破不实谣言，维护婴幼儿配方乳粉行业乃至整个食品行业的安全稳定。

（五）婴幼儿配方乳粉质量安全信息的网络获取渠道

针对五种婴幼儿配方乳粉质量安全信息的网络获取渠道，调查了消费者对渠道的使用频率和可信程度，均采用 Likert 五级量表法进行测量，5 代表"经常使用"和"非常可信"，1 代表"从不使用"和"非常不可信"，调查内容见表8-7。每种网络获取渠道的使用频率和可信程度的描述性分析如表8-8所示。

表 8-7　婴幼儿配方乳粉质量安全信息网络获取渠道的调查表

请在以下网络渠道选出您的**使用频率**和**可信程度**：	使用频率		可信程度	
	经常　　　　从不		相信　　　　不信	
1. 政府网站（国家或地方食药监网、食品安全网等）	5 4 3 2 1		5 4 3 2 1	
2. 生产商或经销商网站	5 4 3 2 1		5 4 3 2 1	
3. 行业协会、学会、消协等网站	5 4 3 2 1		5 4 3 2 1	
4. 综合性门户网站（新浪、网易、腾讯、百度等）	5 4 3 2 1		5 4 3 2 1	
5. 社交媒体（社交网站、微博、微信、论坛等）	5 4 3 2 1		5 4 3 2 1	

表 8-8　每种网络渠道在使用频率和可信程度下的平均值和标准差

网络获取渠道	使用频率		可信程度	
	平均值	标准差	平均值	标准差
政府网站（国家或地方食药监网、食品安全网等）	2.98	1.209	3.62	1.165
生产商或经销商网站	2.88	1.202	3.09	1.124
行业协会、学会、消协等网站	2.95	1.101	3.45	1.126
综合性门户网站（新浪、网易、腾讯、百度等）	3.61	1.173	3.10	1.005
社交媒体（社交网站、微博、微信、论坛等）	3.79	1.161	3.17	1.039

从使用频率上看：（1）消费者使用最频繁的是社交媒体，然后是综合性门户网站，这两种渠道的平均值都在 3.5 以上，说明消费者非常愿意通过这两种渠道获取婴幼儿配方乳粉质量安全信息，这可能是由于两种渠道的便利性和普遍性使消费者建立了搜寻习惯。（2）消费者对政府网站、行业协会、学会、消协和生产商等网站的使用频率没有明显的区别，平均值在 2.88 ~ 2.98 之间，政府网站和行业协会发布的信息相对公正、权威，而生产商和经销商最了解产品的属性，这三种渠道同样会引起消费者的搜寻兴趣，但从平均值上看，远远不如综合性门户网站和社交媒体频繁。

从可信程度上看：（1）消费者认为最值得相信的是政府网站，其次是行业协会等专业的第三方网站，这也充分体现了这两种渠道的权威性。（2）对于另外三种渠道，消费者认为可信度一般，平均值在 3.09 ~ 3.17 之间。社交媒体和综合性门户网站平台比较开放，谁都能发表评论，网络水军的成分比较大，并且恶意散布谣言引起恐慌的现象也较明显，因此可信度不高。生产商和经销商发布信息的目的主要是宣传产品，因此大多是正面信息，美化、夸大的成分多，往往被认为是可信度最低的渠道。

（六）结论与建议

本文聚焦婴幼儿配方乳粉质量安全信息的具体内容，基于消费者视角进行实证研究，得到以下研究结论：

（1）探索性因子分析结果发现：消费者认知下的婴幼儿配方乳粉质量安全信息包含 4 个维度，分别是权威类信息、经验分享类信息、质检类信息和事件类信息。其中质检类信息和事件类信息与非消费者认知下的维度划分有相同的含义；而权威类信息的界定与非消费者认知下的划分有明显的区别，它涵盖了法律法规、安全标准和质量认证 3 个方面，而非将 3 个方面各成 1 个维度；经验分享类信息是消费者认知下的新维度，最能体现消费者行为，是非消费者认知下未提及的。

（2）基于信息供需平衡视角，以消费者对婴幼儿配方乳粉质量安全信息的网络搜寻程度代表需求，以消费者感知的信息易获程度代表供给，通过数据比较发现 12 种婴幼儿配方乳粉质量安全信息中，只有 1 种权威类信息和 2 种经验分享类信息供过于求，其他 9 种信息均供不应求，呈现出明显的供需不匹配问题。具体结果为：消费者对权威类信息的关注程度较低，对需求和供给的感知远不如其他 3 个维度，其中法规信息的发布基本能满足需求，而认证信息和标准信息的发布供不应求；消费者对经验分享类信息需求和供给的感知均较高，选购和更换奶粉的经验信息能满足需求，而食用体会信息、奶粉优劣的鉴别方法和奶粉对特殊体质影响的信息供给略显不足；消费者对质检类信息的需求远不能得到满足，明显的供不应求，并且消费者对不合格奶粉名单的需求程度远大于对宽泛的质检信息的需求程度；消费者对事件类信息的关注最高，感知的需求和供给处于 4 类信息的首位，但即便如此，信息供给还是无法满足需求。

（3）通过对比 5 种网络信息获取渠道的使用频率和可信程度发现：政府网站、行业协会等可信度高但不常用；社交媒体和综合性门户网站使用频繁但可信度低；生产商和经销商网站无论是使用频率还是可信程度都是 5 种渠道里最低的。

针对本文的研究结论，提出以下对策建议：

（1）针对消费者认知下的维度：消费者作为婴幼儿配方乳粉质量安全信息的直接搜寻者和接收者，政府在发布信息时应充分考虑消费者的认知，把消费者的需求放在首位。挖掘消费者认知的婴幼儿配方乳粉质量安全信息维度，对于把握消费者的感知和关注至关重要，同时有利于指引婴幼儿配方乳粉质量安全信息的发布。

（2）针对信息供需不匹配的问题：对政府而言，发布婴幼儿配方乳粉质量安全信息时，应优先考虑质检信息，其次是安全标准和质量认证信息，最后才是法律法规信息。在质检信息中要倾向发布可读性强、直观的质检结果，如不合格奶粉名单，使消费者一目了然，能清晰地判断出婴幼儿配方乳粉的品质，做出合理的品牌决策。对各大新闻、网络媒体而言，应肩负起监督和净化网络食品质量安全信息的责任，既要拒绝发布无事实根据的虚假信息，又要及时跟踪报道热点事件和安全事故信息，最大限度地满足消费者需求。对于愿意在网络上分享消费经历的热心消费者而言，应多发布食用婴幼儿配方乳粉后的真实体会，与有需求的消费者形成良性互动，增进信息的交流和共享。

（3）针对网络信息获取渠道：政府网站和行业协会一方面要多宣传自己的网站，提高公众知晓度，另一方面要充分利用社交媒体和综合性门户网站的优势，允许转发，通过这些渠道传播政府权威的婴幼儿配方乳粉质量安全信息，扩大信息的影响力。社交媒体和综合性门户网站要在保持自身优势的同时，提高信息可信度，严厉打击网络谣言，有效屏蔽虚假信息，为消费者营造良好的信息交流氛围。生产商和经销商应重塑在消费者心中的形象，不能一味发布正面信息，应积极面对媒体曝光的负面新闻，做出合理回应，维护品牌形象，把网站打造成与消费者沟通交流的平台，起到解答消费疑虑、促进风险交流的目的的，而非简单的公关摆设。

二、消费者对婴幼儿配方乳粉质量安全信息的网络搜寻行为

综观现有研究，集中探讨消费者网络信息搜寻的文章还很有限，然而随着互联网技术和社会化媒体的发展，网络信息相比传统信息，交互性更强、信源更广、信息量更丰富，研究消费者的网络搜寻行为更具现实意义。另外，在传统信息搜寻研究领域，学者们主要关注信息搜寻的努力程度、影响因素、搜寻过程等方面，而对信息搜寻结果的有用性评价鲜有研究。事实上，只有搜寻结果准确有效，才能满足消费者的信息需求，达到减少信息不对称的目的。因此，本节结合婴幼儿配方乳粉的行业现状和产品特征，把感知有用性作为消费者对网络信息搜寻结果的主观评价，构建"网络搜寻影响因素 – 网络搜寻努力程度 – 搜寻结果感知有用性"的研究主线，同时引入信源为调节变量，探究网络搜寻努力程度与感知有用性之间的权变关系。一方面，通过实证研究揭示变量之间的作用路径，厘清消费者对婴幼儿配方乳粉质量安全信息网络搜寻行为的影响因素，丰富信息搜寻理论；另一方面，为提高消费者搜寻结果的感知有用性提供建议，促使消费者养成婴幼儿配方乳粉网络信息搜寻习惯，在互联网环境下实现政府、企业、媒体、消费者之间食品安全信息交流的长效机制。

(一) 文献回顾与研究假设

1. 消费者的网络搜寻行为

消费者信息搜寻行为一直是消费者行为领域研究的重点，在营销学、心理学、信息学和情报学中备受关注。自 20 世纪 60 年代开始，学者们便对消费者信息搜寻行为展开研究。从搜寻渠道上看，消费者的信息搜寻分为内部信息搜寻 (Internal Search) 和外部信息搜寻 (External Search)，内部信息搜寻是对记忆中的知识进行搜寻，而外部信息搜寻是通过网络、媒体、人际关系等渠道获

取信息①。可见，网络信息搜寻属于外部信息搜寻的一种。消费者网络信息搜寻行为即消费者为满足需求而在互联网上进行的信息搜寻行为。信息搜寻强调目的性，按搜寻目的，Engel 等②将消费者信息搜寻分为购买前信息搜寻（Pre－purchase Search）和持续性信息搜寻（Ongoing Search），购买前信息搜寻是以购买为目的的搜寻，持续性信息搜寻则是为增加产品知识③。但在现实生活中，两种信息搜寻很难严格区分④。本研究中的婴幼儿配方乳粉网络信息搜寻既包括购买前信息搜寻又包括持续性信息搜寻。

国内外学者从社会心理学、市场营销学、信息经济学、情报学等不同理论视角对消费者传统渠道下的信息搜寻行为进行了丰富的研究，如基于理性行为理论（TRA）计划行为理论（TPB）技术接受模型（TAM）等心理学模型框架分析消费者信息搜寻的动机和影响因素；基于成本收益框架分析消费者信息搜寻的经济效益；基于信息处理模型分析消费者搜寻和处理信息的过程等。相比之下，现有文献关于消费者网络信息搜寻行为的研究还比较匮乏。有学者整理了消费者网上信息搜寻影响因素的模型，认为网上搜寻动机驱动搜寻行为，而感知收益、感知成本、搜寻能力和情境影响着搜寻动机。孙曙迎（2009）构建了消费者网上信息搜寻行为模型，以网上搜寻努力程度为因变量，分析了网上搜寻动机、网上搜寻能力和传统搜寻能力的影响⑤。也有学者归纳了 11 种网络信息搜寻的影响因素，如感知重要性、感知复杂性、兴趣、网络知识、网络技能等⑥。还有学者从任务、环境、个体等方面进行论述⑦。综上，关于消费者网络信息搜寻行为的研究尚处于起步阶段，需进行更具说服力的实证研究。

---

① Bloch P H, Sherrell D L, Ridgway N M. Consumer Search: An Extended Framework [J]. Journal of Consumer Research, 1986, 13 (6): 119 –126.

② Engel T F, Blackwell R D & Minard P W. Consumer behavior. 5th ed [M]. Chicago: The Driven Press, 1986: 318 –320.

③ Punjgn S R. A Model of Consumer Information Search Behavior for New Automobiles [J]. Journal of Consumer Research, 1983, 9 (3): 368 –380.

④ Schmidt J B & Spreng R A. A Proposed Model of External Consumer information Search [J]. Journal of the Academy of Marketing Science, 1996, 24 (3): 248 –256.

⑤ 孙曙迎. 我国消费者网上信息搜寻行为研究 [D]. 浙江: 浙江大学, 2009。

⑥ 王蕾. 基于信息需求的消费者网络信息搜寻行为研究 [J]. 情报理论与实践, 2013, 36 (7): 90 –93。

⑦ 钱晓东、王蕾. 消费者网络信息搜寻行为研究现状 [J]. 兰州交通大学学报, 2012, 31 (5): 84 –87。

2. 消费者网络搜寻行为的影响因素

有学者指出，消费者在选购不同食品时关注的信息不同，影响信息搜寻的因素也存在差异①。就目前而言，我国学者主要对生鲜食品②和转基因食品③的信息搜寻影响因素进行了研究，而对于婴幼儿配方乳粉行业还未见系统性的分析。本文借鉴孙曙迎的研究，从搜寻性因素和网络性因素两个方面来分析消费者对婴幼儿配方乳粉网络信息搜寻努力程度的影响因素。搜寻性因素是基于环境和产品特性引发的促使消费者信息搜寻的因素，鉴于婴幼儿配方乳粉的行业现状和产品特征，本文选取感知风险和产品卷入作为搜寻性因素的代表变量。网络性因素是互联网情境下独具的影响消费者网络信息搜寻的因素，本文选取网络便利性和网络搜寻效能两个变量进行分析。

（1）搜寻性因素的影响

感知风险（perceived risk）最早由 Bauer 引入市场营销领域，它不是真实存在的风险，而是个体主观认为可能会发生的风险。感知风险的大小取决于两个要素，一是风险发生的可能性，二是风险发生所造成的后果严重性④。消费者在选购商品时通常会考虑感知风险和感知收益，风险可能会带来损失，而收益不会，所以消费者更偏向于风险规避型策略⑤，因此感知风险在解释消费者行为时更加有力。并且有研究表明，消费者越担心后果的不良影响，感知风险越大⑥，对于婴幼儿配方乳粉，相比买到优质奶粉，消费者更担心买到劣质奶粉所带来的严重后果，因此消费者会产生较大的感知风险。很多学者研究发现感知风险对信息搜寻的努力程度有促进作用⑦，如 Williamm

---

① Huang P, Lurie N H & Mitra S. Searching for Experience on the Web: An Empirical Examination of Consumer Behavior for Search and Experience Goods [J]. Journal of Marketing, 2009, 73（2）: 55 - 69。

② 张莉侠、刘刚. 消费者对生鲜食品质量安全信息搜寻行为的实证分析 [J]. 农业技术经济, 2010（2）: 97 - 103。

③ 黄建、齐振宏、朱萌等. 消费者对转基因食品外部信息搜寻行为影响因素的实证研究 [J]. 中国农业大学学报, 2014, 19（3）: 19 - 26。

④ Johnson B B. Testing and Expanding A Model of Cognitive Processing of Risk Information [J]. Risk analysis, 2005, 25（3）: 631 - 650.

⑤ Atkin T & Thach L. Millennial Wine Consumers: Risk Perception and Information Search [J]. Wine Economics and Policy 1, 2012: 54 - 62.

⑥ Cunningham S M. The Major Dimensions of Perceived Risk [M] //Cox D. F. (Ed.), Risk Taking and Information Handing in Consumer Behavior. Boston: Harvard University Press, 1967.

⑦ Mitchell V W, Harris G. The importance of consumers' perceived risk in retail strategy [J]. European Journal of Marketing, 2005, 39（7/8）: 821 - 837.

等（2004）① 研究发现当消费者感知食品添加剂具有高风险时，会在购买前预先搜寻食品添加剂的相关信息。鉴于此，本文提出以下假设：

H1：感知风险正向影响消费者对婴幼儿配方乳粉网络信息搜寻的努力程度。

产品卷入（product involvement）用来反映消费者与产品的关联程度，具体表现在对产品使用程度、关注程度和重要程度的主观评价②。产品卷入程度越高，表明消费者对产品越重视、使用的频率越高。Putis 和 Srinivansan（1994）③ 提出了高卷入产品（如汽车）的信息搜寻模型，认为消费者对高卷入产品会进行广泛的购买前信息搜寻，而对于低卷入的商品，消费者信息搜寻和利用的努力程度非常有限。婴幼儿配方乳粉是婴儿的口粮，每天都要食用，对每个家庭而言无疑是最重要的，因此是高卷入产品。并且奶粉的质量关乎到婴儿的健康，有研究表明消费者对健康的关注程度越高，对食品信息搜寻的主动性和积极性越高④，据此本文提出以下假设：

H2：产品卷入正向影响消费者对婴幼儿配方乳粉网络信息搜寻的努力程度。

（2）网络性因素的影响

网络便利性（internet convenience）是指由于网络的存在给消费者带来的便利性。随着互联网的发展，消费者获取信息的渠道更加多元化，如官方网站、微博、微信、BBS 等都得到了消费者的青睐。然而网络的优势不止于此，网络拥有传统环境下无法匹敌的、丰富的信息量，几乎所有的疑问都能在互联网上找到答案，并且网络信息的低成本优势无形中增加了信息搜寻的便利性⑤，因此本文认为当消费者感觉网络很方便、对生活有重要影响时，会努力从网络中获取更多信息。故提出以下假设：

---

① Williams P, Stirling E, Keynes N. Food fears: a national survey on the attitudes of Australian adults about the safety and quality of food [J]. Asia Pacific Journal of Clinical Nutrition, 2004, 13 (1): 32 –39.
② Lisa R K & Gary T F. Consumer Search for Information in the Digital Age: An Empirical Study of Pre – purchase Search for Automobiles [J]. Journal of Interactive Marketing, 2003, 17 (3): 29 –49.
③ Putsis W P & Srlnlvasan N. Buying or just browsing? The duration of purchase deliberation [J]. J Mark Res, 1994, 31 (3): 393 –402.
④ Acebrón B L, Mangin J P L, Dopico D C. A proposal of the buying model for fresh food products: the case of fresh mussels [J]. Journal of International Food &Agribusiness Marketing, 2000, 11 (3): 75 –95.
⑤ Johnson E J. On the Depth and Dynamics of Online Search Behavior [J]. Management Science, 2004, 50 (3): 299 –308.

　　H3：网络便利性正向影响消费者对婴幼儿配方乳粉网络信息搜寻的努力程度。

　　网络搜寻效能（internet search efficacy）是个体对自己在网络环境下搜寻信息能力的主观判断。此概念源于心理学的自我效能理论，自我效能强调情境性，特定情境下的效能比一般自我效能的预测性更强。有研究表明，搜寻能力与搜寻努力程度正相关[1]，当消费者具有较高的网络信息搜寻效能时，会产生强烈的内在激励和自信，促使他们通过网络搜寻信息，鉴于此，提出以下假设：

　　H4：网络搜寻效能正向影响消费者对婴幼儿配方乳粉网络信息搜寻的努力程度。

　　3. 网络搜寻努力程度与搜寻结果感知有用性的关系

　　感知有用性（perceived usefulness）指消费者在搜寻婴幼儿配方乳粉网络信息的过程中，所形成的对信息质量的有用性评价。如果消费者通过网络信息搜寻满足了信息需求，达到了预期目的，就会产生较高的感知有用性。感知有用性与个体对目标行为的态度有关，为满足特定目的的经常性信息搜寻通常比漫无目的的信息搜寻更能获得有价值的信息[2]。消费者对婴幼儿配方乳粉相关信息的搜寻属于有特定目的的搜寻，因此本文认为消费者搜寻得越努力，对搜寻结果的感知有用性越高，故提出以下假设：

　　H5：消费者对婴幼儿配方乳粉网络信息搜寻的努力程度正向影响感知有用性。

　　然而，搜寻的努力程度与感知有用性之间或许并非简单的正向影响关系，其中可能存在复杂的调节机制，为进一步揭示两者之间的关系，引入信源作为两者之间的调节变量。

　　4. 信源的调节作用

　　信源（information source）强调信息的来源，与信息本身并无关系，信源可以直接影响个体对信息价值的判断[3]，由具有专业知识的权威人士和官方机

---

① Zhang J J, Fang X & Sheng O L. Online Consumer Search Depth: Theories and New Findings [J]. Journal of Management Information Systems, 2007, 23 (3): 71 –95.

② Li C Y. Persuasive message on information system acceptance: a theoretical extension of elaboration likelihood model and social influence theory [J]. Computers in Human Behavior, 2013, 29 (1): 264 –275.

③ Lee W K. An elaboration likelihood model based longitudinal analysis of attitude change during the process of IT acceptance via education program [J]. Behaviour & Information Technology, 2012, 31 (12): 1161 –1171.

构提供的信息通常被认为是高度可靠的。在营销领域，信源通常被分为非营销信源和营销信源①。非营销信源不以营销为目的，信息来源比较多元化，包括政府、协会、官方网站、新闻媒体、网友评论等；营销信源指信息来源于生产商或经销商，他们通过网络、媒体、网站发布信息，目的是进行产品宣传和推销。从消费者角度看，营销信源营利性目的过强，而非营销信源提供的信息更客观，因此非营销信源更可靠。从可靠性高的信源获得的信息，个体倾向于进行简单的思考即给予信息肯定性的评价②。因此本文认为两种信源在信息搜寻努力程度和感知有用性的关系中起着不同的调节作用，故提出以下假设：

H6：非营销信源正向调节网络信息搜寻的努力程度与感知有用性的关系。即消费者搜到的婴幼儿配方乳粉网络信息越多源于非营销信源，信息搜寻的努力程度对感知有用性的正向影响越强。

H7：营销信源在网络信息搜寻的努力程度与感知有用性的关系中不起调节作用。即无论消费者搜到多少营销信源信息，都不会影响信息搜寻的努力程度和感知有用性之间的关系。

综上所述，本文构建了如图 8 - 2 所示的研究模型，以"搜寻性因素和网络性因素 - 网络搜寻努力程度 - 感知有用性"为研究主线，同时考虑非营销信源和营销信源的调节作用。

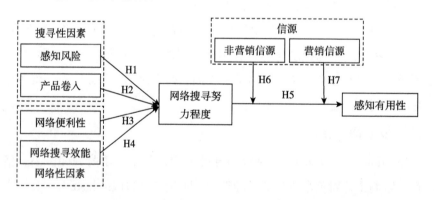

图 8 - 2 "影响因素 - 网络搜寻努力程度 - 感知有用性"的研究模型

---

① 刘春年、刘宇庆、刘孚清. 应急产品消费者信息搜寻行为研究 [J]. 图书馆学研究，2015 (9)：63 - 73。

② Tam K Y & Ho S Y. Web personalization as a persuasion strategy：an elaboration likelihood model perspective [J]. Information Systems Research，2005，16 (3)：271 - 291。

（二）研究方法

1. 问卷设计与变量测量

采用问卷调查的方式收集数据，在参考国内外已有文献的基础上，结合婴幼儿配方乳粉行业的特点进行了初步测量题目的设计，经过预调查删除了语意不明和信效度低的测量题目，形成了最终的调查问卷。最终问卷共涉及 8 个研究变量，每个变量 3 个测量题目，共 24 个测量题目，每个测量题目均采用 Likert 五级量表法，5 代表"非常符合"，1 代表"非常不符合"。

感知风险的测量借鉴范春梅等（2013）[①] 的研究，从风险发生的可能性和严重性设计题目，得分越高表明感知风险越大；产品卷入参考薛强等（2003）[②] 的研究设计题目，得分越高表明产品卷入程度越高；网络便利性借鉴 Rha（2003）[③] 的研究，得分越高表明消费者感知的网络便利性越高；网络搜寻效能参考自我效能的概念，同时结合孙曙迎（2009）的研究设计题目，得分越高表明消费者感知自己的网络信息搜寻能力越强；网络信息搜寻的努力程度借鉴 Zha 等（2013）[④] 的研究，从搜寻频率、搜寻时间、搜寻量 3 个方面设计测量题目，得分越高表明搜寻的越努力；感知有用性从信息质量的角度测量消费者对搜寻结果的感知，参照 Cheung 等（2008）[⑤] 的研究设计测量题目，得分越高表明对信息搜寻结果的有用性感知越高；非营销信源和营销信源参考刘春年等（2015）研究的概念阐述设计题目，得分越高表明搜寻到相应信源的信息量越多。具体的测量题目如表 8 - 9 所示。

① 范春梅、李华强、贾建明. 食品安全事件中公众感知风险的动态变化——以问题奶粉为例 [J]. 管理工程学报，2013，27（2）：17 - 22。

② 薛强、朱远、李颖. 影响消费者购前信息搜寻因素的主成分分析 [J]. 大连海事大学学报（社会科学版），2003，2（2）：45 - 48。

③ Rha J Y. Consumers in the Internet Era: Essays on the Impact of Electronic Commerce from a Consumer Perspective [J]. Consumer Interests Annual，2003，49：1 - 2.

④ Zha X J, Li J & Yan Y L. Information self - efficacy and information channels: decision quality and online shopping satisfaction [J]. Online Information Review，2013，37（6）：872 - 890.

⑤ Cheung C M K, Lee M K O & Rabjohn N. The impact of electronic word - of - mouth: the adoption of online opinions in online customer communities [J]. Internet Research，2008，18（3）：229 - 247.

表 8 – 9　测量题目

测量变量	测量题目	来源
感知风险 3 个题目	被动消费到问题奶粉的可能性很大。	范春梅等（2013）
	问题奶粉会对婴儿健康造成很大伤害。	
	一旦消费了问题奶粉，会带来巨大的损失。	
产品卷入 3 个题目	婴幼儿配方乳粉对婴儿的健康非常重要。	薛强等（2003）
	婴幼儿配方乳粉是婴儿的必需品。	
	婴幼儿配方乳粉的购买频率非常高。	
网络便利性 3 个题目	通过网络搜寻信息很方便。	Rha（2003）
	网络能跨越时空限制，更便捷。	
	网络对人们有重要影响，使生活变得很方便。	
网络搜寻效能 3 个题目	我清楚如何使用网络搜寻信息。	孙曙迎（2009）
	我熟悉各种网上信息搜寻技能。	
	我总是可以在网上找到所需要的信息。	
网络搜寻努力程度 3 个题目	我经常使用网络搜寻婴幼儿配方乳粉信息。	Zha 等（2013）
	我在网上花很长时间搜寻婴幼儿配方乳粉信息。	
	我在网上搜到很多婴幼儿配方乳粉信息。	
感知有用性 3 个题目	我搜到的信息很有价值。	Cheung 等（2008）
	我搜到的信息准确性高。	
	我搜到的信息对决策是有帮助的。	
非营销信源 3 个题目	我搜到的信息多数是由政府官网提供的。	刘春年等（2015）
	我搜到的信息多数是由大众媒体提供的。	
	我搜到的信息多数是由有经验的消费者提供的。	
营销信源 3 个题目	我搜到的信息多数是由企业网站提供的。	刘春年等（2015）
	我搜到的信息多数是由企业通过各种渠道发布的。	
	我搜到的信息多数是由企业在线推销员提供的。	

2. 数据收集

问卷发放主要采取两种形式：一是通过研究生和本科生发放纸质问卷，为促使被调查者认真填写问卷，对每位被调查者赠送了小礼物；二是设计电子版问卷，通过滚雪球的方式在微信上发放。调查持续了 1 个月，样本涉及天津、北京、河北、河南等地的消费者。据统计，最终回收有效问卷 310 份，其中纸质版 217 份，电子版 93 份，面对面渠道下的有效回收率明显优于网络渠道。样本的基本特征见表 8 – 10。

表8-10　样本基本特征

表8-10　样本基本特征

样本特征	变量值	频数	频率	样本特征	变量值	频数	频率
性别	男	110	34.4%	学历	大专及以下	44	13.7%
	女	210	65.6%		大学本科	182	56.9%
职业	政府机构	66	20.6%		研究生	94	29.4%
	事业单位	107	33.5%	家庭月收入	5000元及以下	46	14.4%
	企业	130	40.6%		5000~10000元	87	27.2%
	无职业	17	5.3%		10000~20000元	128	40.0%
	其他	0	0%		20000元以上	59	18.4%

（三）数据分析

首先对数据进行信效度分析，在此基础上进行假设检验。假设检验包括两部分：第一部分是运用结构方程模型检验 H1－H5；第二步是运用阶层多元回归分析检验 H6 和 H7。涉及的分析软件为 SPSS 19 和 AMOS 19。

1. 信效度检验

本文采用 Cronbach's α 来评估各个测量变量的信度水平。如表8-11所示，每个测量变量的 α 系数均超过了0.8，表明数据的信度水平较好。本文从聚合效度和区分效度两个方面来检验数据的效度水平。表8-11列出了验证性因子分析结果中的标准化因子载荷λ，以及组合信度 CR 和平均方差萃取量 AVE，每个指标均超过了可接受的水平（$\lambda > 0.71$，$CR > 0.7$，$AVE > 0.5$），表明数据的聚合效度良好。

表8-11　信效度检验结果

测量变量	测量题目	α系数	λ	CR	AVE
感知风险	Item1	0.875	0.801	0.874	0.698
	Item2		0.862		
	Item3		0.842		
产品卷入	Item1	0.884	0.863	0.884	0.719
	Item2		0.884		
	Item3		0.794		

测量变量	测量题目	α系数	λ	CR	AVE
网络便利性	Item1	0.870	0.861	0.869	0.688
	Item2		0.807		
	Item3		0.820		
网络搜寻效能	Item1	0.851	0.785	0.851	0.656
	Item2		0.815		
	Item3		0.829		
网络搜寻努力程度	Item1	0.841	0.774	0.842	0.639
	Item2		0.829		
	Item3		0.795		
感知有用性	Item1	0.810	0.736	0.811	0.589
	Item2		0.785		
	Item3		0.781		
非营销信源	Item1	0.828	0.788	0.829	0.619
	Item2		0.745		
	Item3		0.825		
营销信源	Item1	0.840	0.828	0.841	0.638
	Item2		0.825		
	Item3		0.741		

区分效度如表 8-12 所示，各测量变量 AVE 的平方根大于该测量变量与其他测量变量的相关系数，表明各个测量变量之间区分度较好。综上，整个测量体系题目设计合理，信度和效度均达到了较好的水平，可以进行后续的假设检验。

表 8-12　测量变量的均值、标准差和区分效度检验结果

	均值	标准差	1	2	3	4	5	6	7	8
1 感知风险	4.53	0.77	**0.835**							
2 产品卷入	4.66	0.56	0.24 **	**0.848**						
3 网络便利性	4.32	0.88	0.21 **	0.33 **	**0.829**					
4 网络搜寻效能	4.06	0.51	0.16 *	0.23 **	0.41 **	**0.809**				
5 搜寻努力程度	4.20	0.78	0.64 **	0.51 **	0.65 **	0.45 **	**0.799**			
6 感知有用性	3.19	1.23	0.33 **	0.29 **	0.49 **	0.48 **	0.55 **	**0.767**		

续表

	均值	标准差	1	2	3	4	5	6	7	8
7 非营销信源	4.05	0.43	0.20**	0.32**	0.21**	0.10	0.28**	0.48**	**0.787**	
8 营销信源	3.11	0.94	0.19*	0.15	0.22**	0.13	0.31**	0.42**	0.15*	**0.799**

注：对角线上的粗体字为各测量变量 AVE 的平方根，** 表示显著性水平为 0.01，* 表示显著水平为 0.05。

2. 描述性统计分析

8 个研究变量的平均值、标准差及 Pearson 相关系数见表 8 - 12。由于本文采用 Likert5 级量表，"3"表示基本符合，高于 3 表明符合的程度较高，低于 3 表明符合的程度较低。搜寻努力程度的均值是 4.2，表明消费者对婴幼儿配方乳粉信息的搜寻具有较高的水平；两个搜寻性因素的均值都高于 4.5，表明消费者对婴幼儿配方乳粉的感知风险和产品卷入很高；消费者对网络性因素的感知也比较高，均值都超过了 4；而对于搜寻结果的感知有用性没有预期的理想，均值为 3.19，处于一般水平；搜寻到的非营销信源信息略高于营销信源信息（4.05 > 3.11）。除了感知有用性以外，其他测量变量的标准差均小于 1，偏离均值的程度较小，消费者的选项较为集中。从相关系数来看，研究变量之间呈低度或中度正相关，相关系数均低于 0.7。

3. 结构方程模型分析

运用结构方程模型对感知风险、产品卷入、网络便利性、网络搜寻效能、网络食品安全信息搜寻努力程度和感知有用性之间的假设关系进行检验。模型的适配度检验结果为：$\chi^2/df = 2.77$（< 3），RMSEA = 0.07（< 0.08），GFI = 0.93（> 0.9），AGFI = 0.92（> 0.9），CFI = 0.91（> 0.9），NFI = 0.90（> 0.9），IFI = 0.91（> 0.9），各项指标均达到测量学标准，表明模型的整体拟合度较好。

变量之间的路径分析结果如表 8 - 13 所示：搜寻性因素（感知风险和产品卷入）与网络性因素（网络便利性和网络搜寻效能）对消费者网络信息搜寻努力程度均存在显著的正向影响，其中感知风险（β = 0.41，p < 0.001）的正向影响最强，然后依次是网络便利性（β = 0.29，p < 0.001）、产品卷入（β = 0.18，p < 0.001）和网络搜寻效能（β = 0.16，p < 0.01）；网络信息搜寻努力程度对感知有用性的正向影响也达到了显著水平（β = 0.32，p < 0.001）。因此假设 H1 - H5 均得到实证数据的支持。

表 8 - 13　路径分析结果

假设	路径	路径系数	结果
H1	感知风险→网络信息搜寻的努力程度	0.41 ***	显著
H2	产品卷入→网络信息搜寻的努力程度	0.18 ***	显著
H3	网络便利性→网络信息搜寻的努力程度	0.29 ***	显著
H4	网络搜寻效能→网络信息搜寻的努力程度	0.16 **	显著
H5	网络信息搜寻的努力程度→感知有用性	0.32 ***	显著

注: ** 和 *** 分别表示显著性水平为 0.01 和 0.001。

4. 阶层多元回归分析

运用阶层多元回归方法对非营销信源和营销信源的调节作用进行验证，涉及的自变量为网络信息搜寻努力程度，因变量为感知有用性，控制变量为性别、学历和月收入。由于控制变量均为间断变量，所以带入模型之前进行了虚拟变量转换。另外，为避免多重共线性，将自变量和调节变量进行中心化处理，构建了 2 个两两相乘的交互项，以检验调节作用。具体检验结果如表 8 - 14 所示，共包括 4 个模型，每个模型的方差膨胀因子（VIF）都小于 2，可认为变量之间不存在严重的多重共线性问题。

表 8 - 14　分层回归分析结果

变量		感知有用性			
		模型 1	模型 2	模型 3	模型 4
控制变量	女性 & 男性	0.03	0.00	0.00	0.00
	研究生 & 大专及以下	0.17 **	0.14 *	0.15 *	0.14 *
	大学本科 & 大专及以下	0.05	0.06	0.01	0.02
	10000 元以上 &5000 元以下	0.11 *	0.08	0.05	0.05
	5000 - 10000 元 &5000 元以下	0.09 *	0.11 *	0.13 *	0.11 *
自变量	搜寻努力程度		0.26 ***	0.20 ***	0.19 **
调节变量	非营销信源		0.32 ***	0.31 ***	0.28 ***
	营销信源		0.21 ***	0.16 **	0.18 **
交互项	搜寻努力程度×非营销信源			0.23 ***	
	搜寻努力程度×营销信源				0.15 *
R^2		0.10	0.26	0.35	0.32
$\triangle R^2$			0.16 ***	0.09 ***	0.06 **

注: *、**、*** 分别表示 $p < 0.05$、$p < 0.01$、$p < 0.001$。

模型 1 检验控制变量对因变量的影响:女性 & 男性(β = 0.03,p > 0.05)的影响不显著,表明男性与女性对信息搜寻结果的感知有用性不具统计学意义上的差异;研究生 & 大专及以下(β = 0.17,p < 0.01)的影响显著,表明相比学历为大专及以下的消费者,具有研究生学历的消费者对信息的感知有用性更高,而大学本科和大专及以下不具有显著差异(β = 0.05,p > 0.05);从收入上看,相比月收入在 5000 元以下的消费者,10000 元以上和 5000 - 10000 元两个组的消费者对信息的感知有用性均较高(β = 0.11,p < 0.05;β = 0.09,p < 0.05)。

模型 2 检验自变量和调节变量的主效应:搜寻努力程度、非营销信源和营销信息源对感知有用性的正向影响均达到了 0.001 的显著性水平,与预期相符。

模型 3 检验搜寻努力程度与非营销信源的两两交互效应:"搜寻努力程度 × 非营销信源"的回归系数为 0.23(p < 0.001),表明非营销信源对网络信息搜寻努力程度和感知有用性之间的关系起正向调节作用,并且乘积项解释了 9% 的方差变异量,$\triangle R^2$ 显著,假设 H6 得到验证。

模型 4 检验搜寻努力程度与营销信源的两两交互效应:"搜寻努力程度 × 营销信源"的回归系数也达到了显著水平(β = 0.15,p < 0.05),$\triangle R^2$ 显著,表明营销信源也能起到正向调节作用,假设 H7 没有得到验证,但是从数据上看,营销信源的调节作用低于非营销信源(0.15 < 0.23)。

为清晰地展示调节效果,按均值加减一个标准差对调节变量分组,分别将样本划分为高非营销信源组和低非营销信源组、高营销信源组和低营销信源组,绘制的调节效果图如图 8 - 3 和图 8 - 4 所示:

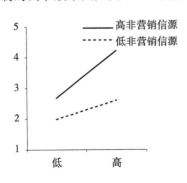

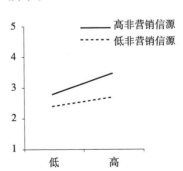

图 8 - 3　非营销信源的调节作用　　图 8 - 4　营销信源的调节作用

图 8 - 3 展示了非营销信源的调节效果，虽然两组数据都显示网络信息搜寻努力程度与感知有用性正相关，但高非营销信源组的直线更陡峭，表明了非营销信源的正向调节作用。图 8 - 4 为营销信源的调节效果，直观上看两条直线的走势相差不大，但高营销信源组的斜率略高一些，也展示营销信源的正向调节作用。

（四）结论与启示

以婴幼儿配方乳粉行业为例，研究了消费者网络搜寻努力程度的影响因素，以及消费者对网络搜寻结果的感知有用性，提出了 7 个研究假设，通过实证分析，除 H7 以外，其他假设均得到数据支持。主要研究结论和启示如下：

（1）搜寻性因素（感知风险、产品卷入）和网络性因素（网络便利性、网络搜寻效能）对婴幼儿配方乳粉网络信息搜寻的努力程度均存在显著的正向影响。其中，感知风险的影响最强，表明即便在网络渠道下感知风险依然是导致消费者信息搜寻最重要的因素，这一点与传统渠道下的研究结果没有本质区别；影响次强的是网络便利性，可见当消费者认为网络越便利时，越愿意通过互联网搜寻信息，体现了网络独特的魅力；产品卷入和网络搜寻效能的影响与前两个因素相比较弱，但仍然对网络信息搜寻的努力程度具有解释力，也就是说消费者感知的产品卷入程度越高、网络搜寻效能越高，相应的网络信息搜寻的努力程度也会提高。

（2）网络信息搜寻的努力程度与搜寻结果的感知有用性，不但具有简单的正向影响关系，而且存在复杂的调节机制，其中两类信源均起到了正向调节作用，即不论是营销信源还是非营销信源，只要消费者能搜到相关信息，就能提高信息的感知有用性。这一研究结果与假设不符，可能是由于在婴幼儿配方乳粉领域，消费者对安全信息的需求比较大，认为能搜寻到的信息就有一定的可靠性，所以不会刻意区分营销信源和非营销信源。鉴于此，婴幼儿配方乳粉企业应积极进行信息交流，发布真实的产品信息，实现与消费者的良性互动。另外，对比图 8 - 3 和图 8 - 4 可以发现，两类信源虽都起到正向调节作用，但调节的程度不同，非营销信源的正向调节效果更明显。表明消费者还是认为非营销信源更可靠、提供的信息更有用，所以政府、媒体等非营销信源应加强对安全信息的披露力度，及时有效地把最准确的信息公布给消费者，丰富消费者的知识。

三、消费者对婴幼儿配方乳粉质量安全信息的评价与持续搜寻行为——基于信息质量评价视角

虽然从信息供给的角度看，婴幼儿配方乳粉质量安全信息的网络发布渠道丰富多样，涵盖范围相比以前也有了实质性的提高，但判断信息质量高低的标准不应站在信息供给的视角，而应立足于信息使用者的感知。消费者作为婴幼儿配方乳粉质量安全信息的最终使用者，对信息质量的评价有绝对的主导权。倘若信息无法满足消费者的需求，即使量再大，也是徒劳。早在 1996 年就有学者指出，能满足用户需求，对用户有用的信息才是高质量的信息，信息的有用性应作为衡量信息质量最重要的标准①。那么，具备什么特征的婴幼儿配方乳粉质量安全信息才能促进消费者的感知有用性是一项值得探究的重要问题。另外，网络食品安全信息的发布能否达到指引消费的目的，很大程度上取决于消费者的信息搜寻程度，只有搜寻意愿高、持续性久，才能实现良好的食品安全信息交流，降低信息不对称的风险。综观现有研究，很少有学者从婴幼儿配方乳粉质量安全信息质量的角度研究消费者的持续搜寻行为。因此，本文基于信息质量评价视角，以感知有用性为桥梁，搭建婴幼儿配方乳粉质量安全信息质量对消费者持续搜寻行为的影响模型，探索哪些信息特征会对感知有用性产生影响，以及感知有用性如何将这些影响传递到消费者的持续搜寻行为上，以揭示三者之间的关系，为合理发布婴幼儿配方乳粉质量安全信息、有效提高信息质量提供决策支持。

（一）文献回顾与理论模型

1. 信息质量的评价

Hilligoss 和 Rieh（2008）从主观视角出发，认为信息质量是人们在与期望比对后做出的关于信息有用性的主观判断②。Cheung 等（2008）研究了口碑的信息质量，认为信息质量是说服他人接受自己观点的强度，包括丰富度和完整

---

① Wang R Y & Strong D M. Beyond accuracy: what data quality means to data consumers [J]. Journal of Management Information Systems, 1996, 12（4）: 5 – 33.

② Hilligoss B & Rieh S Y. Developing a unifying framework of credibility assessment: construct, heuristics, and interaction in context [J]. Information Processing and Management, 2008, 44（4）: 1467 – 1484.

性。Gorla 等（2010）从客观的角度界定信息质量的范围，将信息质量定义为满足公众需求的信息特征的总和，认为信息质量应包含信息内容和信息形式两部分，即完整性、准确性、相关性、及时性和易理解性①。Chen（2010）指出应从资讯性和准确性两个方面来评价信息质量②。张建彬（2012）探讨了政府信息质量的评价标准，认为应从内容质量和形式质量两个角度考察③。Zheng 等（2013）研究了信息质量对用户持续使用意愿的影响，发现信息的可靠性、客观性、及时性、丰富性和表现形式是衡量信息质量的重要特征④。杨峰等（2015）以政府社交媒体中的信息为研究对象，认为政务微博信息的质量应从信息表达、信息内容和信息效用 3 个层面综合分析⑤。查先进等（2015）研究了微博环境下学术信息的质量，从准确性、完整性、及时性、相关性、范围和易理解性 6 个角度评价信息质量的优劣⑥。

综述，国内外学者关于信息质量评价指标的选取还没有达成共识，但毋庸置疑，信息质量是一个多维概念。针对不同研究领域的特点，信息质量的评价指标可能有所差异，但都没有超出 Wang 和 Strong 最初界定的指标范畴。他们认为信息质量应从 4 个方面进行评价：（1）信息内在质量，即判断信息内容的好坏，包括客观性、准确性、完整性、丰富性等；（2）信息形式质量，指信息的展示形式、表达方式和信息的前后一致性，通常用可理解性和一致性来表征；（3）信息获取质量，主要强调信息的获取渠道，用易获取性衡量；（4）信息情境质量，指信息供给与需求的相关程度和信息的时效性，包括相关性和及时性两个方面。现有研究对信息质量的评价大多延续了此种分类方法，只是根据不同的研究主题进行了适当的修改。本文也借鉴 Wang 和 Strong 的研究，从

---

① Gorla N, Somers T M & Wong B. Organizational impact of system quality, information quality, and service quality [J]. The Journal of Strategic Information Systems, 2010, 19 (3): 207 – 228.

② Chen C W. Impact of quality antecedents on taxpayer satisfaction with online tax – filling system: an empirical study [J]. Information & Management, 2010, 47 (5/6): 308 – 315.

③ 张建彬. 政府信息公开的信息质量研究 [J]. 情报理论与实践, 2012, 35 (11): 29 – 33。

④ Zheng Y M, Zhao K & Stylianou A. The impact of information quality and system quality on users' continuance intention in information – exchange virtual communities: an empirical investigation [J]. Decision Support Systems, 2013 (56): 513 – 524.

⑤ 杨峰、史琦、姚乐野. 基于用户主体认知的政府社交媒体信息质量评价——政务微博的考察 [J]. 情报杂志, 2015, 34 (12): 181 – 185。

⑥ 查先进、张晋朝、严亚兰. 微博环境下用户学术信息搜寻行为影响因素研究——信息质量和信源可信度双路径视角 [J]. 中国图书馆学报, 2015 (5): 71 – 86。

上述 4 个方面考虑食品安全信息的质量。

2. 食品安全信息质量的评价

近几年，随着食品安全问题的日益严重，开始有学者关注食品安全信息质量。赵学刚（2011）认为目前公布的食品安全信息内容狭窄，多以通报工作为主，即使涉及质检信息也比较笼统，难以作为决策依据。孔繁华（2013）研究了政府发布的食品安全信息质量，认为国家食品药品监督管理总局对食品安全信息的公开无论从广度上还是深度上都不尽如人意，表现为信息发布主体职责不明确、公布的信息与消费者需求有较大差距、信息发布滞后、信息量窄（偏重食品安全标准和法规类信息的发布，缺少预警类、舆情类和热点事件类信息的发布）等。陈煦江（2013）认为政府对食品安全信息的公开存在不准确、不客观的问题，而食品安全信息质量应是客观的、及时的、易理解的[1]。王可山和苏昕（2013）指出政府发布的食品安全信息在权威性和可信性上存在问题，信息发布的口径与内容不一致的情况比较常见，如不同执法部门发布的合格与不合格产品名单中，个别企业的名字同时出现在两个名单中[2]。全世文和曾寅初（2013）通过实证研究发现信息质量不高是消费者对食品安全信息的总体感知，具体表现在食品安全事件类信息真假难辨、常识类信息数量不足、法规及认证类信息过于专业化等方面。

综上，目前关于食品安全信息质量的研究还集中在理论探讨阶段，缺少更具说服力的实证研究，并且没有提炼出具体的评价指标，缺乏系统性的、专门性的研究，因此本文基于各大网络渠道发布的食品安全信息现状，依据 Wang 和 Strong 的信息质量评价类型，提出了 7 个评价指标，指标与评价类型的从属关系为：信息内在质量（客观性和单一性）、信息形式质量（易理解性和冲突性）、信息获取质量（易获得性）和信息情境质量（相关性和及时性）。其中单一性和冲突性是从反面评价食品安全信息质量的，其他 5 个因素均从正面评价信息质量。客观性是指信息源于事实，不带主观偏见的程度；单一性是相对内容丰富性而言的，由于多数学者指出食品安全信息涵盖范围狭窄，所以用单

---

① 陈煦江. 我国食品安全信息公布框架：基于系统观的探构 [J]. 食品工业科技，2013，34（6）：20。

② 王可山、苏昕. 制度环境、生产经营者利益选择与食品安全信息有效传递 [J]. 宏观经济研究，2013（7）：84 – 89。

一性取代丰富性从反面评价信息质量，更容易得到真实的结果；易理解性是指信息表现形式和专业术语的可理解程度；冲突性是相对一致性而言的，即信息先后表述不一致或不同主体发布的信息内容不一致性的程度，冲突性比一致性更能描述消费者对目前食品安全信息的感知；易获得性用来描述信息的易获得程度；相关性指信息供给与需求的相关程度；及时性用来评价信息发布是否具有实效性。

3. 感知有用性

感知有用性的概念源于技术接受模型（Technology Acceptance Model，TAM），是判断用户持续使用意愿的决定性因素。TAM 的提出者 Davis 把感知有用性定义为个体认为某个特定系统能提高工作效率的程度[1]。感知有用性越高，个体的持续使用意愿越高。随着 TAM 的推广，感知有用性不再局限于对某个系统或平台的评价，而是被应用到了许多其他领域，尤其是信息科学领域，用来评价用户对信息有用性的感知。如 Mudambi 和 Schuff（2010）将用户对在线评论信息的感知有用性定义为对信息使用者有帮助的评论[2]，王军和丁丹丹（2016）运用实验法进一步研究了在线评论有用性的影响因素[3]。具体到本研究，感知有用性是指消费者认为网上发布的食品安全信息给自己带来利益的程度，这种利益通常表现为有帮助的购买决策或食品安全信息量的增加。

4. 持续搜寻行为

信息搜寻一直是消费者行为领域研究的重点。搜寻强调目的性，Engel 等按搜寻目的将消费者信息搜寻分为购买前信息搜寻和持续性信息搜寻，购买前信息搜寻是以购买为目的的搜寻，而持续性信息搜寻不仅仅以购买为目的，更多是为了增加产品知识而保持搜寻的持续性。绝大部分研究信息搜寻的学者主要关注购买前信息搜寻，探讨其影响因素和搜寻过程，而对于持续性信息搜寻的关注度不够，呈现出一边倒的局面。持续性搜寻的时间点不发生在购买前，只要有知识的需要、有兴趣，任何时间都可以搜寻。食品是消费者生存的必需

---

[1] Davis, F. D. Perceived usefulness, perceived ease of use, and user acceptance of information technology [J]. MIS Quarterly, 1989, 13 (3): 319 – 340.

[2] Mudambi S M & Schuff D. What makes a helpful online review? A study of customer reviews on amazon. com [J]. MIS Quarterly, 2010, 34 (1): 185 – 200.

[3] 王军、丁丹丹. 在线评论有用性与时间距离和社会距离关系的研究 [J]. 情报理论与实践, 2016, 39 (2) 73 – 77.

品，每天都要接触，并且随着社会化媒体的发展，消费者对网络食品安全信息的搜寻不局限于购买前搜寻，他们更希望通过持续不断的信息搜寻形成日积月累的食品安全知识，掌握鉴别食品真假和优劣的方法，为将来更好的决策做准备，因此研究持续搜寻更适合食品安全信息的特征和消费者的需求。

5. 信息质量、感知有用性与持续搜寻之间的关系

（1）信息质量对感知有用性的影响

已有多项研究表明，信息质量会影响感知有用性。Cheung 等（2008）发现信息的综合性和相关性是影响信息质量最重要的因素，并且间接影响使用者对信息的采纳程度。孙春华和刘业政（2009）在研究网络口碑时发现，口碑信息的长度和数量会影响消费者对信息有用性的感知[1]。严建援等（2012）通过实证研究发现，信息深度和信息完整性能正向影响消费者对在线评论信息有用性的感知[2]。Korfiatis 等（2012）指出在线评论的易理解性对用户的感知有显著影响，容易理解的信息可以省去对语句的琢磨，能加深对信息的理解，会让消费者感觉更有用[3]。综上，本文认为，网络食品安全信息的质量同样会影响消费者对信息的感知有用性，倘若信息客观性、易理解性、易获得性、相关性和及时性的程度高，则会提升消费者的感知有用性，而内容单一的、冲突的信息则会降低消费者的感知有用性，故提出以下假设：

H1：客观性、易理解性、易获得性、相关性和及时性正向影响消费者对网络食品安全信息的感知有用性；

H2：单一性和冲突性负向影响消费者对网络食品安全信息的感知有用性。

（2）感知有用性对持续搜寻的影响

很多学者探讨了感知有用性与持续性行为的关系。在技术接受模型中，感知有用性能促进用户持续使用意愿这一假设已经在很多情境中得到了验证。Liu 和 Zhang（2010）在研究消费者对网络反馈信息的反应时发现，当他们认

① 孙春华、刘业政. 网络口碑对消费者信息有用性感知的影响［J］. 情报杂志，2009，28（10）：51－54。

② 严建援、张丽、张蕾. 电子商务中在线评论内容对评论有用性影响的实证研究［J］. 情报科学，2012，30（5）：713－719。

③ Korfiatis N, Garcfa - Bariocanal E & Sanchez - Alonso S. Evaluating content quality and helpfulness of online product reviews: The interplay of review helpfulness vs. review content［J］. Electronic Commerce Research and Applications，2012，11（3）：205－217。

为信息越有用，就越会采纳信息，进而持续的搜寻反馈信息以获得帮助①。我国学者查先进等（2015）经实证研究发现，当用户认为微博发布的学术信息能丰富知识，带来较高的感知有用性时，会激发他们通过微博搜寻知识的意愿，产生强烈的、频繁的信息搜寻行为。据此，本文认为消费者对网上食品安全信息的感知有用性越强，则持续搜寻行为越强。故假设：

H3：消费者对网络食品安全信息的感知有用性正向影响持续搜寻行为。

（3）信息质量对持续搜寻的影响

网络食品安全信息可能不需要通过感知有用性，就能直接对消费者持续搜寻行为产生影响。如果信息的客观性强、及时、容易理解、与需求相关，并且容易获取，不需要花费过多的搜寻成本，则会使消费者对信息本身产生兴趣，愿意阅读和搜寻；而如果信息内容涵盖范围不全、比较单一，或是不同渠道下的信息缺乏统一口径、信息的参考标准不一，存在矛盾、冲突的地方，则会令消费者对信息失望，大大降低消费者的持续搜寻行为。因此本文假设：

H4：客观性、易理解性、易获得性、相关性和及时性正向影响消费者对网络食品安全信息的持续搜寻行为；

H5：单一性和冲突性负向影响消费者对网络食品安全信息的持续搜寻行为。

（4）感知有用性的中介作用

按照 Baron 和 Kenny 提出的中介变量选取原则，中介变量必须与自变量和因变量都较强相关。如上所述，消费者对网络食品安全信息的感知有用性会受到信息质量的影响，同时感知有用性又对持续搜寻行为有预测作用，因此本文认为感知有用性是信息质量与消费者持续搜寻行为之间的中介变量，故假设如下：

H6：感知有用性在信息质量（客观性、单一性、易理解性、冲突性、易获得性、相关性和及时性）与持续搜寻行为之间的关系中起中介作用。

综上所述，本文构建了如图 8－5 所示的研究模型：

---

① Liu R R &Zhang W. Informational influence of online customer feedback：an empirical study［J］. Journal of Database Marketing & Customer Strategy Management，2010，17（2）：120－131.

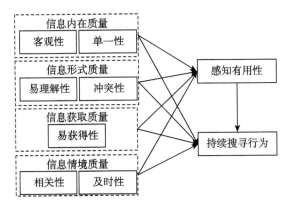

图8-5　"信息质量-感知有用性-持续搜寻行为"的研究模型

(二) 问卷设计与变量测量

本节与第二节为同一份调查问卷，有效问卷数量与样本的基本特征相同。在参考国内外已有文献的基础上，结合网络食品安全信息的特点，共设计了25个观察变量（具体题项）来测量模型中的9个潜在变量。客观性、易理解性、易获得性、相关性和及时性改编自 McKinney 等（2002）[1]、Zheng 等（2012）和查先进等（2015）的研究，得分越高表明消费者感知的信息质量越高；单一性改编自 Gorla 等（2010）对信息完整性和 Moores（2012）[2] 对信息范围的描述，冲突性改编自一致性的测量题目和王可山、苏昕（2013）的研究，得分越高表明消费者感知的信息质量越低；感知有用性的测量题目源于 Cheung（2008）的研究，得分越高，感知有用性越高；持续搜寻借鉴 Davis（1989）和查先进等（2015）的研究，得分越高，持续搜寻行为越强。所有的题项均采用 Likert 五级量表法，5 代表"非常符合"，1 代表"非常不符合"。初步完成问卷设计后，随机邀请了 20 位消费者进行预调查，根据他们的反馈修改了问卷中语意模糊的地方，以确保正式调查过程中消费者能准确地理解测量题目的含义，最终的测量题目如表 8-15 所示。

---

①　McKinney V, Yoon K & Zahedi F M. The measurement of web-customer satisfaction: an expectation and disconfirmation approach [J]. Information Systems Research, 2002, 13 (3): 298-315.

②　Moores T T. Towards an integrated model of IT acceptance in healthcare [J]. Decision Support Systems, 2012, 53 (3): 507-516.

表 8 – 15   测量题目

测量变量	测量题目	来源
客观性 3 个题	网上大部分婴幼儿配方乳粉质量安全信息比较客观、源于事实。	McKinne 等（2002）
	网上大部分婴幼儿配方乳粉质量安全信息没有主观偏见。	Zheng 等（2012）
	网上大部分婴幼儿配方乳粉质量安全信息是由非营销主体（政府、消协）提供的客观信息。	查先进等（2015）
单一性 2 个题	网上的婴幼儿配方乳粉质量安全信息种类少，缺乏广度。	Gorla 等（2010）
	网上的婴幼儿配方乳粉质量安全信息内容单一，不够全面。	Moores（2012）
易理解性 3 个题	网上的婴幼儿配方乳粉质量安全信息容易理解。	McKinney 等（2002）
	网上的婴幼儿配方乳粉质量安全信息语意明确，通俗易懂。	Zheng 等（2012）
	网上的婴幼儿配方乳粉质量安全信息过于专业化，可读性差。（反向）	查先进等（2015）
冲突性 3 个题	网上婴幼儿配方乳粉质量安全信息多乱杂，缺乏统一口径。	王可山、苏昕（2013）
	网上经常出现关于同一婴幼儿配方乳粉质量安全事件的不同说法。	
	经常在不同网站上搜到不一致的婴幼儿配方乳粉质量安全信息。	
易获取性 3 个题	通过简单的搜寻即可在网上获得婴幼儿配方乳粉质量安全信息。	McKinney 等（2002）
	可以通过多种网络渠道获得婴幼儿配方乳粉质量安全信息。	Zheng 等（2012）
	可以随时在网上获得婴幼儿配方乳粉质量安全信息。	查先进等（2015）
相关性 3 个题	网上的婴幼儿配方乳粉质量安全信息能满足我的需求。	McKinney 等（2002）
	网上提供的婴幼儿配方乳粉质量安全信息与我的需求相关。	Zheng 等（2012）
	我需要的婴幼儿配方乳粉质量安全信息能在网上搜到。	查先进等（2015）
及时性 2 个题	网上的婴幼儿配方乳粉质量安全信息更新快。	查先进等（2015）
	网上有最新的婴幼儿配方乳粉质量安全信息。	
感知有用性 3 个题	网上的婴幼儿配方乳粉质量安全信息很有价值。	Cheung（2008）
	网上的婴幼儿配方乳粉质量安全信息准确性高。	
	网上的婴幼儿配方乳粉质量安全信息对我很有帮助。	
持续搜寻行为 3 个题	我经常在网上搜寻婴幼儿配方乳粉质量安全信息。	Davis（1989）
	我会持续在网上搜寻婴幼儿配方乳粉质量安全信息。	查先进等（2015）
	我会推荐其他人在网上搜寻婴幼儿配方乳粉质量安全信息。	

（三）数据分析

采用结构方程模型进行数据分析，具体包括两步：第一步是检验测量模型的信度和效度，探究潜在变量和测量变量之间的关系；第二步是检验结构模型中9个潜在变量之间的假设关系。所使用的数据分析软件为 SPSS 19 和 AMOS 19。

1. 测量模型的信效度检验

本文通过潜在变量的内部一致性系数 Cronbach's α 和组合信度 CR 来检验测量模型的信度水平，一般认为 Cronbach's α 和 CR 的值超过 0.7 就满足信度要求。由表 8 – 16 可知，Cronbach's α 和 CR 均满足要求，测量模型具有较好的信度。测量模型的效度主要从内容效度、聚合效度和区分效度 3 个方面衡量。由于本文的所有测量题目均是在已有量表基础上进行的适当改编，因此内容效度可以得到保证。聚合效度的考察指标包括验证性因子分析下的标准化因子载荷 λ 和平均方差萃取量 AVE，分别可接受的水平是 0.71 和 0.5。从表 8 – 16 可以看出，这两项指标的数值均大于各自可接受的最低值，因此聚合效度良好。

表 8 – 16　信效度检验结果

测量变量	测量题目	α 系数	CR	λ	AVE
客观性	Item1	0.873	0.874	0.840	0.698
	Item2			0.905	
	Item3			0.755	
单一性	Item1	0.861	0.865	0.863	0.763
	Item2			0.884	
易理解性	Item1	0.940	0.942	0.857	0.845
	Item2			0.935	
	Item3			0.962	
冲突性	Item1	0.874	0.873	0.814	0.697
	Item2			0.919	
	Item3			0.765	
易获取性	Item1	0.869	0.870	0.918	0.693
	Item2			0.830	
	Item3			0.739	

2

续表

测量变量	测量题目	α 系数	CR	λ	AVE
相关性	Item1	0.927	0.929	0.954	0.814
	Item2			0.933	
	Item3			0.814	
及时性	Item1	0.845	0.847	0.888	0.735
	Item2			0.825	
感知有用性	Item1	0.902	0.905	0.957	0.762
	Item2			0.839	
	Item3			0.817	
持续搜寻行为	Item1	0.804	0.809	0.750	0.586
	Item2			0.776	
	Item3			0.771	

区分效度通过比较各潜在变量 AVE 的平方根与潜在变量之间相关系数的大小决定,前者大则表明潜在变量之间区分度较好。如表 8 - 17 所示,AVE的平方根均大于各自的相关系数,所以区分效度良好。综上,整个测量体系题目设计合理,信度和效度均达到了较好的水平,可以进行后续的假设检验。

表 8 - 17 测量变量的均值、标准差和区分效度检验结果

	1	2	3	4	5	6	7	8	9
1 客观性	**0.835**								
2 单一性	0.242	**0.873**							
3 易理解性	0.478	0.550	**0.919**						
4 冲突性	0.492	0.718	0.434	**0.835**					
5 易获得性	0.624	0.096	0.469	0.240	**0.832**				
6 相关性	0.177	0.323	0.444	0.142	0.144	**0.902**			
7 及时性	0.369	0.313	0.547	0.154	0.500	0.147	**0.857**		
8 感知有用性	0.674	0.285	0.738	0.456	0.662	0.242	0.543	**0.873**	
9 持续搜寻行为	0.443	0.337	0.602	0.567	0.508	0.511	0.368	0.631	**0.765**

注:对角线上的粗体字为各测量变量 AVE 的平方根。

2. 结构模型的假设检验

在检验假设关系之间,需先考察模型的整体适配情况,具体检验结果为:

$\chi^2/df = 2.06$（<3），RMSEA $= 0.06$（<0.08），GFI $= 0.91$（>0.9），AGFI $= 0.90$（>0.9），CFI $= 0.91$（>0.9），NFI $= 0.91$（>0.9），IFI $= 0.91$（>0.9），各项指标均达到测量学标准，表明模型的整体拟合度较好。

（1）直接作用检验

潜在变量之间的路径分析结果如表 8 – 18 所示：客观性（$\beta = 0.232$，$p < 0.001$）、易理解性（$\beta = 0.321$，$p < 0.001$）、易获得性（$\beta = 0.406$，$p < 0.001$）和及时性（$\beta = 0.193$，$p < 0.01$）对感知有用性存在显著的正向影响，冲突性（$\beta = -0.295$，$p < 0.001$）对感知有用性存在显著的负向影响，单一性（$\beta = -0.105$，$p > 0.05$）和相关性（$\beta = 0.093$，$p > 0.05$）对感知有用性的影响未达到 0.05 的显著水平，假设 H1 和 H2 得到部分验证；感知有用性对持续搜寻有显著的正向影响（$\beta = 0.208$，$p < 0.001$），假设 H3 得到数据支持；易理解性（$\beta = 0.271$，$p < 0.001$）、易获得性（$\beta = 0.288$，$p < 0.001$）和相关性（$\beta = 0.186$，$p < 0.01$）对持续搜寻的正向影响显著，冲突性（$\beta = -0.303$，$p < 0.001$）对持续搜寻的负向影响显著，客观性（$\beta = 0.062$，$p > 0.05$）单一性（$\beta = -0.087$，$p > 0.05$）和及时性（$\beta = 0.104$，$p > 0.05$）对持续搜寻的影响未达到 0.05 的显著水平，假设 H4 和 H5 被部分验证。

表 8 – 18　路径分析结果

路径	标准化系数	结果	路径	标准化系数	结果
客观性→感知有用性	0.232 ***	显著	客观性→持续搜寻	0.062	不显著
单一性→感知有用性	−0.105	不显著	单一性→持续搜寻	−0.087	不显著
易理解性→感知有用性	0.321 ***	显著	易理解性→持续搜寻	0.271 ***	显著
冲突性→感知有用性	−0.295 ***	显著	冲突性→持续搜寻	−0.303 ***	显著
易获得性→感知有用性	0.406 ***	显著	易获得性→持续搜寻	0.288 ***	显著
相关性→感知有用性	0.093	不显著	相关性→持续搜寻	0.186 **	显著
及时性→感知有用性	0.193 **	显著	及时性→持续搜寻	0.104	不显著
感知有用性→持续搜寻	0.208 ***	显著			

注：** 和 *** 分别表示显著性水平为 0.01 和 0.001。

（2）中介作用检验

采用不需正态分布假设的 bootstrap 方法检验感知有用性的中介作用，AMOS 软件提供了相应的计算功能，选择 bootstrap 的样本数为 1000，置信区间为 95% 的检验结果如表 8 – 19 所示。感知有用性在客观性、易理解性、冲突性、易获得性和及时性与持续搜寻之间的中介作用显著，达到了 0.05 的显著水平，而在单一性、相关性与持续搜寻之间的中介作用不显著。假设 H6 得到部分验证。

表 8 - 19　中介作用检验结果

路径	中介效应值	P 值	95% 置信区间	
			下界	上界
客观性→感知有用性→持续搜寻	0.048 *	0.033	0.037	0.441
单一性→感知有用性→持续搜寻	- 0.022	0.238	- 0.113	0.206
易理解性→感知有用性→持续搜寻	0.067 *	0.024	0.167	0.641
冲突性→感知有用性→持续搜寻	- 0.061 *	0.027	0.203	0.411
易获得性→感知有用性→持续搜寻	0.084 *	0.019	0.105	0.521
相关性→感知有用性→持续搜寻	0.021	0.184	- 0.177	0.216
及时性→感知有用性→持续搜寻	0.040 *	0.042	0.135	0.579

（四）结论与启示

本文从信息质量的角度出发，探索了消费者对网络食品安全信息的感知，系统地分析了客观性、单一性、易理解性等 7 个信息质量指标对感知有用性和持续搜寻的影响机理，得到以下研究结论与启示：

1. 对持续搜寻具有双重影响的信息质量指标：易理解性、冲突性和易获得性。这 3 个指标既对持续搜寻存在显著的直接影响，又可以通过感知有用性对持续搜寻产生显著的间接影响，因此称为双重影响指标，在提高消费者对网络食品安全信息搜寻行为中起主导作用。发布食品安全信息时，首先要注意保证信息通俗易懂、不使用过多专业用语，以免使消费者因枯燥难懂而产生厌恶感；其次应建立合理的食品安全信息发布制度，树立权威部门的形象，协调各个信息发布主体的权责，统一发布口径，避免出现前后不一致、褒贬不一的情况；再者应充分利用互联网的优势建立健全信息发布渠道，扩大信息传播的途径，使消费者可以通过多种途径轻松获得食品安全信息。

2. 对持续搜寻仅具有间接影响的信息质量指标：客观性和及时性。这类指标对消费者的持续搜寻不产生直接影响，只能通过感知有用性对持续搜寻产生间接影响，因此称为间接影响指标。网络食品安全信息的客观性越高，就越真实可信，只有源于客观实际不带主观偏见的信息才有可能让消费者认为是准确的、有帮助的，进而会持续的搜寻信息。另外，倘若消费者能第一时间在网上搜到感兴趣的或与切身利益相关的食品安全信息，便会认为信息是有用的，因为具备时间优势的信息本身就有不可小觑的价值。客观性和及时性对持续搜寻的作用均要通过感知有用性进行传递，因此在发布食品安全信息时一定要有凭有据、不能空虚来风，并且要随时关注最新的、热点的食品安全问题，建立预警机制和快速响应机制，第一时间为消费者答疑解惑。

3. 对持续搜寻仅具有直接影响的信息质量指标：相关性。消费者感知的网络食品安全信息与自己需求的相关程度能直接影响持续搜寻行为，而不需要通过感知有用性的中介作用，这意味着相关性是导致消费者持续搜寻的直接原因，故称为直接影响指标。相关性越高，消费者搜寻食品安全信息的持续性越久，但是高相关性并不代表信息一定是有用的，换言之，能满足需求的信息不一定准确，也不一定对决策有帮助，它仅表明求知欲得到满足的程度。那么如何使相关的信息变得有用就是信息发布者应重点考虑的问题之一。

4. 对持续搜寻和感知有用性均无显著影响的信息质量指标：单一性。单一性是指网络食品安全信息内容狭窄，不够全面，它是唯一对感知有用性和持续搜寻的影响都不显著的指标，这一结论虽然与假设相悖，但可能更符合现实情境。对消费者而言，他们倾向于搜寻常识类和事件类信息，如食品的营养成分、添加剂、食品安全事故、事故危害源和热点事件等，而对法规类、标准类、质检类、认证类和预警类食品安全信息的认知度和关注度比较低，所以提及食品安全信息只能与常识类和事件类信息相联系，没有搜寻其他类别食品安全信息的意识，自然不会感知到信息的单一性。尽管如此，也不能忽视食品安全信息的单一性，因为一旦消费者的意识有所提升，搜寻的广度和深度逐渐增加，单一性的问题就会凸显，因此在发布食品安全信息时既要有所侧重，又要不偏不倚照顾全面，防患于未然。

综述，政府、媒体、消协和其他相关主体通过网络渠道发布食品安全信息时，首当其冲要考虑的是双重影响指标，先保证信息具备易理解性和易获得性，避免冲突性，以达到事半功倍的效果；其次使信息满足客观性和及时性，以进一步增加消费者的有用性感知，提高搜寻程度；再次要考虑信息的相关性，尽量从需求的角度发布信息，提升信息的供需匹配关系，促进持续搜寻；最后，在上述指标都满足的前提下，适时丰富信息种类，提高消费者对食品安全信息的整体认知。

第九章 婴幼儿配方乳粉质量安全网络舆情

随着互联网应用的快速普及，网络已成为公开透明的利益表达和利益博弈场所，成为各种突发事件和热门话题及其重要的信息集散地，成为反映社会舆情的主要载体之一。网络应用的迅猛发展和自媒体时代的到来使互联网成为各种热点事件及其相关信息的集聚中心，成为社会舆情产生的重要源头，对我国的传媒生态和社会舆论环境产生了难以估量的影响①。

食品安全是最重大、最基本的民生问题，直接关系公众的身体健康和生命安全，始终并一直处于网络舆情的风口浪尖，形成富有特色的食品安全网络舆情。在食品安全领域中，婴幼儿配方乳粉安全事故频发，严重威胁婴幼儿的生命健康，家长对此更是"零容忍"态度，保障婴幼儿配方乳粉的质量，已成为社会关注的焦点，也是网络舆情热点内容。

中国产业调研网发布的 2016 年中国婴幼儿配方乳粉市场现状调研与发展趋势预测分析报告认为，目前我国乳企共有 1500 家左右，婴幼儿配方乳粉在企业生产的奶粉总量中，占到了三分之一以上。婴幼儿配方乳粉质量安全一直是网络舆论中热度较高的话题，婴幼儿配方乳粉只要涉及质量安全问题，立刻会引发舆论的强烈关注。本章从中国婴幼儿配方乳粉质量安全网络舆情总体状况、中国婴幼儿配方乳粉质量安全网络舆情典型事件、婴幼儿配方乳粉质量安全网络舆情构成要素及特点、婴幼儿配方乳粉质量安全突发事件网络舆情的分析模型、婴幼儿配方乳粉质量安全事件网络舆情的演变机理研究、婴幼儿配方乳粉质量安全网络舆情困境及引导策略等五个方面对中国婴幼儿配方乳粉质量安全的网络舆情综合分析，期望从公众在网络上的舆论表现这一侧面观察中国

---

① 洪巍、吴林海. 中国食品安全网络舆情发展报告（2014）[M]. 北京：中国社会科学出版社，2014。

婴幼儿配方乳粉的质量安全。

一、中国婴幼儿配方乳粉质量安全网络舆情总体状况

网络舆情是舆论在网上的表现，刘毅[①]、曾润喜、王来华[②]、GuyMichael[③]等学者都曾对网络舆情进行定义。综合而言，网络舆情是因事件的刺激通过互联网传播而形成的人们对该事件的所有认知、态度、情感和行为倾向的集合。而涉及食品安全网络舆情，比较受学界认可的为洪巍和吴林海[④]的定义，食品安全网络舆情是指通过互联网所表达和传播的，公众对自己关心或与自身利益密切相关的食品安全事务所持有的多重情绪、态度和意见交错的总和。

网络舆情的形成和演化是一个复杂的过程，食品安全领域的网络舆情问题又通常兼具突发性、传播快速性、影响范围广、容易引发群体极化等特点，网络信息源的混乱与网络舆论场的无序可能直接导致食品安全舆情方向的偏离[⑤]。食品安全网络舆情具有信息不对称、波及面广、突发性、极化现象明显、交互分布不均等特征。婴幼儿配方乳粉安全事故严重威胁婴幼儿的生命健康，家长对此更是"零容忍"态度，保障婴幼儿配方乳粉的质量，已成为社会关注的焦点，也是网络舆情热点内容之一。

乳品安全尤其是婴幼儿配方乳粉质量安全一直受到网民的重点聚焦。虽然自三鹿三聚氰胺事件以后，国产乳业品牌并未出现重大质量安全问题，但是"烧碱保鲜牛奶""婴幼儿配方乳粉含反式脂肪"等网络传言依然引发了社会各界的广泛关注，洋奶粉质量安全也形成了多个关注热点。与此同时，政府部门相关工作部署也受到舆论的高度聚焦。

本节以百度指数为数据来源，从网民的搜索量看网民对婴幼儿配方乳粉这一关键词的关注度，以期宏观角度总结中国婴幼儿配方乳粉质量安全网络舆情的总体状况。百度指数是以百度海量网民行为数据为基础的数据分享平台。百

① 刘毅. 网络舆情研究概论［M］. 天津：天津人民出版社，2007：143。
② 王来华. 论网络舆情与舆论的转换及其影响［J］. 天津社会科学，2008，（4）：66－69。
③ GuyMichael C. ACross－jurisdictional andMulti－agencyInformation Model for Emergency Management［D］. Manitoba：University of Manitoba，2000.
④ 洪巍、吴林海. 中国食品安全网络舆情发展报告（2013）［M］. 北京：中国社会科学出版社，2013。
⑤ 任立肖、张亮. 食品安全突发事件网络舆情的分析模型——基于利益相关者的视角［J］. 图书馆学研究，2014（1）：65－69。

度指数可以辅助研究关键词搜索趋势、洞察网民兴趣和需求、监测舆情动向、定位受众特征。采用百度指数基于单个词的趋势研究（包含整体趋势、PC 趋势还有移动趋势），关键词选用"婴幼儿配方乳粉"，得出相应的结果来分析中国网络舆情的总体状况。

（一）"婴幼儿配方乳粉"总体搜索指数

选取 2011 年 11 月 1 日至 2016 年 11 月 18 日时段内，以"婴幼儿配方乳粉"为关键词的搜索，得到这一段时间的百度指数，如图 9 - 1 所示，反映了近 6 年来，网民对于"婴幼儿配方乳粉"的关注热度变化，由图可见，2013 年是一个关注高点，2016 年网民的关注度达到新高。

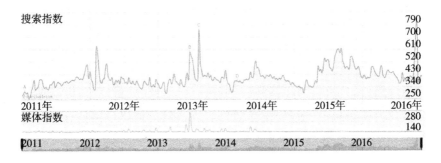

图 9 - 1　2011—2016 年"婴幼儿配方乳粉"百度指数

2013 年被称为中国乳业的变革年，以婴幼儿配方乳粉为突破口的乳品质量安全保障成为国计民生的重大问题，受到中央的高度重视。媒体指出，乳业改革风暴席卷全国，相关政府部门密集出台相关政策，大幅提高安全准入门槛，清理落后产能，引发业内强震。据中国乳制品工业协会发布的 2013 年行业报告称，"在政府有关部门的领导下，在行业全体员工的努力下，原料基地建设、企业管理升级、产品质量安全有了显著提升，消费者信心、乳制品市场得到了恢复，乳制品生产、销售取得了较好成绩。我国乳制品行业走出了低谷，进入新的良性发展时期。"2013 年热点话题主要集中在乳品质量安全、奶粉限购、液态奶涨价等方面。其中，乳品质量安全仍是乳业的焦点话题。

由于"后羊年"和"二胎放开"，2016 年婴儿出生潮再现，婴幼儿配方乳粉市场总容量超常规增长，以及 2016 年内出现的制售冒牌婴幼儿配方乳粉的"假奶粉"和国内奶粉冒充国外进口奶粉的"假洋奶"等事件再遭大曝光，所以引发 2016 年"婴幼儿配方乳粉"网民关注度的再度提高。

（二）"婴幼儿配方乳粉"搜索人群地域及省份分布

不同地域人群对"婴幼儿配方乳粉"的关注度也有所差别，百度指数的搜索人群省份数据可以显示关注该关键词的用户所属省份的分布。算法说明：根据百度用户搜索数据，采用数据挖掘方法，对关键词的人群属性进行聚类分析，给出用户所属的省份、城市及城市级别的分布及排名。图 9 - 2 和图 9 - 3 分别是 2013 - 11 - 01 至 2016 - 11 - 18 时间段，"婴幼儿配方乳粉"搜索人群省份和地域分布图，图中省份颜色越深表示搜索指数越高；图 9 - 4 则是"婴幼儿配方乳粉"搜索人群城市分布图，图中气泡越大表示该城市网民搜索指数越高。

省份 | 区域 | 城市
1. 广东
2. 江苏
3. 浙江
4. 北京
5. 山东
6. 上海
7. 河南
8. 四川
9. 河北
10.湖北

图 9 - 2　2013 - 2016 年"婴幼儿配方乳粉"搜索人群省份分布图

省份 | 区域 | 城市
1. 华东
2. 华北
3. 华南
4. 华中
5. 西南
6. 东北
7. 西北

图 9 - 3　2013 - 2016 年"婴幼儿配方乳粉"搜索人群地域分布图

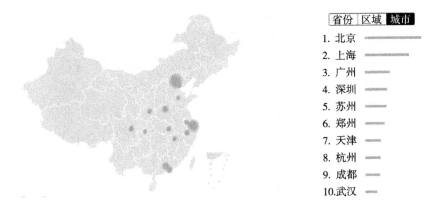

图 9 – 4 2013 – 2016 年"婴幼儿配方乳粉"搜索人群城市分布图

"婴幼儿配方乳粉"关键词的搜索人群、搜索指数最高的前 10 个省份分别为广东、江苏、浙江、北京、山东、上海、河南、四川、河北、湖北,搜索指数的区域排名为华东、华北、华南、华中、西南、东北、西北,而搜索人群城市分布前 10 大城市分别为北京、上海、广州、深圳、苏州、郑州、天津、杭州、成都、武汉。由以上数据再结合国内经济发展状况,可粗略得出结论,婴幼儿配方乳粉搜索与关注程度与地区经济发展有重要相关关系。

(三)"婴幼儿配方乳粉"搜索人群性别及年龄分布

百度指数"婴幼儿配方乳粉"搜索人群的性别、年龄如何分布?根据百度用户搜索数据,采用数据挖掘方法,对关键词的人群属性进行聚类分析,给出用户所属的年龄及性别的分布及排名。

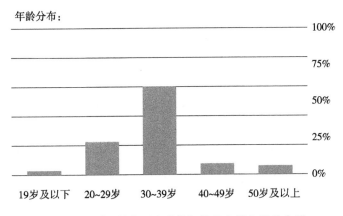

图 9 – 5 "婴幼儿配方乳粉"搜索人群年龄分布图

图 9 – 5 为"婴幼儿配方乳粉"搜索人群年龄分布图，由年龄结构分布可见，30～39 岁年龄段搜索"婴幼儿配方乳粉"人数最多，占到总搜索人数的 50%，其次为 20～29 岁年龄段，占比 27% 左右。根据《第 38 次中国互联网络发展状况统计报告》[①] 显示，截至 2016 年 6 月，我国网民仍以 10～39 岁群体为主，占整体的 74.7%，其中 20～29 岁年龄段的网民占比最高，达 30.4%，30～39 岁群体占比 24.2%。据第六次全国人口普查结果显示，我国女性平均生育年龄为 29.13 岁，相对于普通网民年龄结构而言，30～39 岁和 20～29 岁年龄段关注"婴幼儿配方乳粉"的比例更高，可能与这两个年龄段网民正是婴幼儿父母最多的年龄段有关。

性别分布：

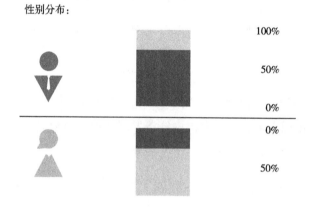

图 9 – 6　"婴幼儿配方乳粉"搜索人群性别分布图

图 9 – 6 为"婴幼儿配方乳粉"搜索人群性别分布图，由性别分布可见，男性占比 3/4 左右，而女性占比 1/4 左右。根据《第 38 次中国互联网络发展状况统计报告》显示，截至 2016 年 6 月，中国网民男女比例为 53∶47。相对于普通网民比例而言，关注"婴幼儿配方乳粉"的网民男女比例明显更高，反映了男性搜索"婴幼儿配方乳粉"比例更高。

二、中国婴幼儿配方乳粉质量安全网络舆情典型事件

伴随着我国经济的迅速发展，2000 年以后我国乳制品市场逐渐成为一个大规模市场，消费群体巨大，婴幼儿配方乳粉质量安全一直是网络舆论中热度

---

① 中国互联网络中心（CNNIC）. 第 38 次中国互联网络发展状况统计报告［R］. 2016 年 7 月。

较高的话题，婴幼儿配方乳粉只要涉及质量安全问题，立刻会引发舆论的强烈关注。当婴幼儿配方乳粉出现质量问题时，网民对聚焦涉事奶粉品牌的意见、看法、情绪等会迅速在网络上形成并发酵，最终形成婴幼儿配方乳粉质量安全舆情热点事件。本节重点讨论几个中国婴幼儿配方乳粉质量安全网络舆情典型事件，事件选取标准为：事件影响较大，造成较严重的损失；有政府或企业正式消息确认事件。暂无定论的事件不在选取范围内。

（一）2003 年安徽阜阳"大头娃娃"事件

2003 年安徽阜阳的劣质奶粉引起的"大头娃娃"事件是国内第一起重大的婴幼儿配方乳粉质量安全事件，面临如此大面积的受害者，奶粉安全问题第一次为国内的消费者所重视。

1. 事件简介

从 2003 年起，安徽阜阳 100 多名婴儿陆续患上一种怪病，脸大如盘，四肢短小，当地人称之为"大头娃娃"，同时安徽阜阳地区相继出现婴幼儿因饮用劣质奶粉而腹泻，重度营养不良的情况。2004 年 3 月，有关媒体报道使安徽阜阳"空壳奶粉害人"事件引起社会关注，阜阳当地电视台连续 7 天报道了当地大量婴幼儿食用劣质奶粉后变成"大头娃娃"的消息，消息经广泛报道后，全国由此开始围剿劣质奶粉。通过调查证实，不法分子用淀粉、蔗糖等价格低廉的食品原料全部或部分替代乳粉，再用奶香精等添加剂进行调香调味，制造出劣质奶粉。婴儿生长发育所必需的蛋白质、脂肪以及维生素和矿物质含量远低于国家相关标准。长期食用这种劣质奶粉会导致婴幼儿营养不良、生长停滞、免疫力下降，进而并发多种疾病甚至死亡。据统计，2003 年 5 月以来，因食用劣质奶粉出现营养不良综合征的共 171 例，死亡 13 例。

2. 利益相关者分析

（1）政府

中央领导迅速做出批示，要求各有关部门成立调查组，彻底清查。2004年 4 月 19 日下午 6 时，由国家质检总局、卫生部、国家工商总局组成的调查组奔赴安徽阜阳，就此事进行调查。国家食品药品监督管理局指示相关部门立即赶赴现场进行调查，查清事件的来龙去脉，查清各部门的责任。2004 年 4月 18 日晚，安徽省召集工商、质监、卫生等有关部门，研究组织打假，彻底消除隐患。4 月 19 日上午，召开了由安徽省工商局、食品药品监督局、质量技术监督局、卫生厅主要负责人参加的专题会议，由 4 部门组成的联合调查组赶到阜阳市开展调查工作。

（2）企业

初步调查，阜阳市查获的 55 种不合格奶粉共涉及 10 个省（自治区、直辖市）的 40 家企业，既有无厂名、厂址的黑窝点，也有盗用其他厂名的，还有证照齐全的企业。中国国家质量监督检验检疫总局于 8 月 12 日正式公布了全国奶粉监督抽查结果，全国 496 家奶粉生产企业全部接受了检查，54 家生产劣质奶粉企业被列入首批"黑名单"。

（3）消费者

2004 年，我国网民总数 9400 万人，网络渗透率还较低，而且事件发生区域及受害人多为安徽省阜阳地区的贫困农村人口，所以该事件虽然影响巨大，首次引发国人对婴幼儿配方乳粉的关注和重视，但是在网络上并未引起强烈反响。

（4）媒体

事件由媒体首先曝出，并且事件曝出以后，引发中央电视台、省级电视台、阜阳电视台等多家媒体相继报道。

（二）2008 年三鹿奶粉事件

2008 年，老牌乳制品企业三鹿被曝出质量问题，成为了中国奶粉安全问题的标志性事件。该事件首先曝光出现在网络上，是典型的网络舆情事件。作为一次全国范围的社会突发性公共事件，三鹿"毒奶粉"事件影响范围广、患者人数多、牵涉整个奶粉行业，暴露了我国公共政策领域的诸多问题，引发了社会各界对食品、对名牌企业、对政府、对媒体公信力的关注与思考。

1. 事件简介

2008 年 3 月河北石家庄三鹿集团股份有限公司接到消费者投诉产品质量问题。随后，南京、甘肃等相继出现婴儿肾结石病例。8 月 1 日，三鹿集团查明不法奶农在原料奶中掺入三聚氰胺，官方对外公布消息。随后，全国多地发现因食用三鹿奶粉而导致的婴儿泌尿结石病例。根据我国官方公布的数字，截至 2008 年 9 月 21 日，因食用婴幼儿配方乳粉而接受门诊治疗咨询且已康复的婴幼儿累计 39965 人，正在住院的有 12892 人，此前已治愈出院 1579 人，死亡 4 人，另截至 2008 年 9 月 25 日，香港有 5 人，澳门有 1 人确诊患病。事件引起各国的高度关注和对乳制品安全的担忧。中国国家质检总局公布对国内的乳制品厂家生产的婴幼儿配方乳粉的三聚氰胺检验报告后，事件迅速恶化，包括伊利、蒙牛、光明、圣元及雅士利在内的 22 个厂家 69 批次产品中都检出三聚氰胺。该事件亦重创中国制造商品信誉，多个国家禁止了中国乳制品进口。

2. 利益相关者分析

（1）政府

从中央到地方政府，都在第一时间做出了明智的反应：一是立即启动国家重大食品安全事故 I 级响应，成立由卫生部牵头、质检总局等有关部门和地方参加的国家处理三鹿牌婴幼儿配方乳粉事件领导小组；二是全力开展医疗救治，对患病婴幼儿实行免费救治，所需费用由财政承担；三是全面开展奶粉市场治理整顿，由质检总局负责会同有关部门对市场上所有婴幼儿配方乳粉进行全面检验检查，对不合格奶粉立即实施下架；四是尽快查明婴幼儿配方乳粉污染原因，组织地方政府和有关部门对婴幼儿配方乳粉生产和奶牛养殖、原料奶收购、乳品加工等各个环节开展检查；五是在查明事实的基础上，严肃处理违法犯罪分子和相关责任人；六是有关地方和部门认真吸取教训，举一反三，建立完善食品安全和质量监管机制，切实保证人民群众的食品消费安全。

（2）企业

2008 年 3 月最初接到消费者投诉，三鹿集团回复称奶粉送检并未发现问题。2008 年 5 月，网民揭露奶粉质量问题，被三鹿集团地区经理以价值 2476.8 元的新奶粉作为赔偿，换取了用户的账户密码并删除网上帖子。9 月 11 日，甘肃发现 59 名婴儿患病，1 人死亡。当日上午，三鹿集团传媒部负责人表示，无证据显示这些婴儿是因为吃了三鹿奶粉而致病。当日晚，三鹿集团承认经公司自检发现日前出厂的部分批次三鹿婴幼儿配方乳粉曾受到三聚氰胺的污染。9 月 12 日，三鹿集团辩称不法奶农掺入三聚氰胺。直到 9 月 13 日，国务院启动国家重大食品安全事故 I 级响应机制处置该事件。回顾事件过程，面对危机，三鹿集团并未积极应对，而是采取消极回避、瞒报、隐瞒、欺骗消费者等手段处理，使得三鹿集团仅 3 个多月时间，从一家年销售额超过 100 亿元、在中国奶粉市场的占有率连续 15 年位居第一、国内的奶粉巨头的大型奶制品企业，迅速走向了衰亡。

（3）消费者

2008 年 5 月，一位网民揭露三鹿奶粉的质量问题。该奶粉令他女儿小便异常。后来他向三鹿集团和县工商局交涉不果。为此，该网民以网上发文自力救济，并以"这种奶粉能用来救灾吗?!"为题提出控诉，不过该控诉遭三鹿集团地区经理以价值 2476.8 元的 4 箱新奶粉为代价，取得该网民的账户密码以请求删除网上有关帖子。后有消费者在国家质检总局食品生产监管司留言，举报三鹿奶粉质量问题。然后各地医院相继发现三鹿奶粉导致的婴幼儿肾结石病例。

（4）媒体

从 2008 年 3 月份三鹿集团收到消费者投诉，至 9 月上旬媒体曝光三鹿牌婴幼儿配方奶粉中检测出三聚氰胺，在长达半年的时间里，众多的主流媒体似乎都并未关注此事，而是采取了漠然置之的态度。因各种媒体均未能及时真实反映当时的社会舆论，媒体对企业早期的过失行为没有起到应有的纠偏作用。

（三）2013 年恒天然肉毒杆菌事件

国内婴幼儿配方乳粉事故频出，伤透消费者的心，洋品牌同样不能幸免。2013 年 8 月，恒天然事件被曝出，众多奶粉品牌受到殃及，纷纷下架。国内奶粉行业又进入了一次大的震荡期，再一次考验着消费者的底线。

1. 事件简介

2013 年 8 月 2 日，新西兰乳制品巨头恒天然集团向新西兰政府通报称，其 2012 年 5 月生产的 3 个批次浓缩乳清蛋白中检出肉毒杆菌，影响包括 3 个中国企业在内的 8 家客户。3 日，新西兰初级产业部发表声明，5 个批次"可瑞康"牌婴儿配方奶粉使用含有肉毒杆菌的浓缩乳清蛋白粉。3 日晚，恒天然中国给《北京晚报》发出的说明称，这些批次原料一部分以产品原料的形式销售给客户，另外一部分由恒天然使用受到影响的浓缩乳清蛋白生产为成品后再销售给客户。8 月 5 日，恒天然集团在京召开发布会，正式就其产品受到肉毒杆菌污染向中国消费者道歉。据其介绍，此次受到污染的原料浓缩乳清蛋白部分被销售给两家奶制品生产商，其中一家为达能公司，该公司旗下奶粉品牌多美滋和可瑞康，受到污染产品的影响。还有众多其他品牌奶粉受到影响。

2. 利益相关者分析

（1）政府

新西兰政府最高监管结构、新西兰初级产业部进驻恒天然，积极公布所有与此事件相关的疑问并及时解决问题。

2013 年 8 月 3 日，中国食品药品监督管理总局发出紧急通知，要求立即开展对新西兰浓缩乳清蛋白粉肉毒杆菌问题调查，布置进行系列检验检测，做好风险防范工作。并公布娃哈哈、上海市糖业烟酒（集团）有限公司、多美滋、可口可乐等企业产品在受污染之列。

（2）企业

恒天然集团首席执行官西奥·史毕根思专程赶赴北京向中国消费者道歉，并开始了相关召回工作，并宣布对下游公司损失负责。同时还委托在美国和新西兰的第三方实验室共进行总计达 195 次测试的无毒测试。自恒天然肉毒杆菌奶粉事件爆发后，该公司立即发声明道歉、全面召回产品、相关岗位管理人员辞职、政府监管部门进驻调查、委托第三方进行多次检测，整个过程透明发布。恒天然在食品安全上"宁可虚惊、不要放纵"的态度最终赢得了消费者的认同，实现了舆情方向大逆转。

娃哈哈集团董事长宗庆后表示，娃哈哈进口的乳清蛋白用于"钙好喝"等酸性产品中，未发现肉毒毒素。相关产品已销售完毕，目前正要求销售人员核查是否还有该批号所涉产品，一旦发现将立即召回。

上海市糖业烟酒（集团）有限公司相关负责人表示，公司进口代理的问题批次产品用于生产个别批次的美汁源果粒奶优，其余 4.775 吨尚未投入生产，已被安全隔离。

可口可乐（中国）确认，受恒天然事件影响的原材料仅用于生产的"果粒奶优"菠萝口味产品，产品的追查和召回工作还在进行中。

多美滋婴幼儿食品有限公司发布声明称，已查明部分优阶贝护和多领加二阶段产品有可能受到影响，共涉及 12 个批次。其中部分已经被迅速封存，未流入市场。声明还附有召回产品的具体名称和批号。多美滋已启动召回程序，将对以上产品实施预防性召回，并全部销毁。如消费者已购买相关产品，建议立刻停止使用。

雅培公司发布声明，称决定主动召回相关产品并销毁，原因为在恒天然公司包装线上实施包装，而该包装生产线在使用有问题原料后未经彻底清洗即开始包装雅培产品。

（3）消费者

恒天然集团 2013 年 8 月 2 日向新西兰政府通报产品中检出肉毒杆菌一事，当日此事尚未引起媒体和网民的关注。第二天，国家食品药品监督管理总局发出紧急通知，要求立即展开对肉毒杆菌问题的调查，关于此事的新闻和微博数量明显增多。第三天，微博数量达到最高峰值，涉事企业娃哈哈、上海糖业烟酒、多美滋纷纷作出回应，引发网民的高度关注和激烈争论。第四天，新闻报道数量达到最高峰值，恒天然集团在京召开发布会向中国消费者道歉，吸引了无数媒体目光。另外，雅培发布主动召回产品并销毁的声明，令媒体一度认为雅培就是西奥·史毕根斯所说的那家希望隐瞒名字的公司，不过雅培对此坚决否认。此事也在一定程度上推高了媒体的关注热度。第五天后，由于此次肉毒杆菌污染产品和流向已逐步清晰明朗，加之恒天然集团自揭伤疤、态度诚恳，中国官方和涉事企业积极及时应对，此事的舆情热度开始降温，相信如果恒天然、中国官方、涉事企业应对措施继续完善，相关舆情较快消散。

截至 2013 年 8 月 7 日 11 时，以百度搜索引擎检索"恒天然 肉毒杆菌"的关键词，搜到相关结果 229000 个，谷歌搜索引擎则检索到 1140000 条结果。国内用户活跃度较高的微博平台新浪微博相关评论 226100 条，腾讯微博 120000 条。

（4）媒体

新华网 8 月 6 日刊文《遭受非议的"洋奶粉"正在走下"神坛"》指出，对于"洋奶粉"频现"价高质忧"问题，业内人士认为这将使以恒天然为代表的"洋奶粉"在中国遭受重创，对于中国乳业来说，是收复失地的极佳机遇。上海大学教授顾骏认为，事实警示中国的乳制品企业，需要潜下心来重建信心体系，同时通过透明化生产过程等手段向国人证明自己产品的品质。

《澳门日报》指出，洋奶粉跌下"神坛"，给了中国奶粉企业一个巨大商机，只要通过严格的生产管理、透明化生产运作，积极发展自主奶源，监管部门严格履行职责，中国奶粉定能重振雄风。

《金陵晚报》8 月 6 日刊文《洋奶粉有毒难道就可以宽恕》指出，这些年，国外食品的负面新闻若非大事，国内消费者很难知道。而国内的食品只要有事，必定是大肆炒作。这种对国外产品宽容，对国内产品狂批的做法，不利于培养安全的消费环境。食品问题没有国界之分，是沙子都会迷眼睛。消费者的眼里容不下沙子，哪怕是最好的企业，只要出了丑闻，就得承受消费者用脚投票，就得为错误付出代价。

以上我们分析了3个典型事件，都是影响巨大的事件，安徽阜阳事件由于时间较早的原因，引发的网络舆情不明显；三鹿奶粉事件是迄今为止最为严重的婴幼儿配方乳粉事件，也是彻底粉碎消费者信心的事件，引起网络舆情的轩然大波；恒天然事件因涉及企业较多，在网络也引起沸沸扬扬的讨论，同时也证明洋奶粉并不一定安全。除此之外，婴幼儿配方乳粉网络舆情事件数量较多，例如圣元奶粉女婴性早熟事件、雅培奶粉出现性早熟事件、惠氏婴幼儿配方奶粉中检测出香兰素等相关事件，但由于企业都否认以上消息，没有严格证据证明以上事件，但是这些事件也引发了消费者的思考，给中国乳企的公信力造成重创。

三、婴幼儿配方乳粉质量安全网络舆情构成要素

要素通常是指构成一个事物的必要的单位，结合前人研究以及对具体实例的分析，本文将婴幼儿配方乳粉质量安全网络舆情构成要素分为：主体、客体、载体、时空因素，见图9-7所示。

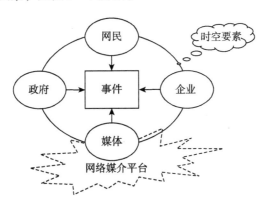

图9-7　食品安全网络舆情构成要素图

主体由网民、政府、企业、媒体组成，客体即食品安全婴幼儿配方乳粉质量安全事件，载体是舆情发生的媒介，而事件所发生的时间和空间要素也是重

要组成要素①。

（一）主体

1. 网民

网络舆论传播的主体是指所有能够连入互联网，并可自主发表意见、参与主题讨论以及转发有价值观点的自然人与实体机构。以我国目前的网络发展程度及应用水平，普通网民构成了舆论传播主体。根据中国互联网络信息中心对网民术语的定义：过去半年使用过互联网的 6 周岁及以上中国公民即为网民。很显然，基于该定义的网民范畴十分广泛，覆盖了几乎各年龄段、各阶层、各地域、各上网途径等。根据中国互联网络信息中心（CNNIC）在 2016 年 7 月发布的《第 38 次中国互联网络发展状况统计报告》，截至 2016 年 6 月，我国网民规模达 7.10 亿，我国互联网普及率达到 51.7%，与 2015 年底相比提高1.3 个百分点，超过全球平均水平 3.1 个百分点。我国手机网民规模达 6.56亿，网民中使用手机上网的人群占 92.5%，网民上网设备进一步向移动端集中。网民规模不断增长，上网频率逐渐提高，上网方式也逐渐多样，网络成为网民信息获取和发布的最重要的渠道。

根据在网络舆论传播中扮演的角色和承担的作用，网民类型可以分为：潜水型、转发型、附和型、争论型以及领袖型等。

潜水型网民的行为表现与典型特征是：无论在何种网络环境下，均选择沉默式浏览，不愿发表自己的观点与意见，不愿成为议题信息的提供者。沉默、无表态和隐身透明是其特征。这种网民类型严格意义上不是舆论传播者，更贴切的称呼应是舆论接收者。

转发型网民的行为表现与典型特征是：以网页内容浏览为主，在发现有价值信息、有独到见解观点以及与自身价值观高度一致的见解时，通过技术手段对其进行转贴或转发，但不掺杂自己的意见，单纯地作为一个中转者。选择性转发和不直接表态是其特征。这种网民类型已经承担舆论传播的作用，但不对舆论本身提供任何帮助。

附和型网民的行为表现与典型特征是：发表附和性但毫无建设性内容的言

---

① 任立肖、张亮．我国食品安全网络舆情的研究现状及发展动向［J］．食品研究与开发，2014，18：166 - 169。

论，没有自己的主张，对他人观点表示简单的赞同或反对。附和性和无创意是其特征。这种网民类型承担舆论传播作用，并对舆论传播有一定的推动壮大功能。

争论型网民的行为表现与典型特征是：此类网民在年龄段上以中青年为主，具有一定知识素养，思维敏捷，对特定事物有自己见解。在行为上，不再满足作为旁观者或附和者，而是用带有明显个人特色的文字表明自己的观点，他们是网络舆论的主要发动者和推动者之一。

领袖型网民的行为表现与典型特征是：如同传统媒体中的特约评论员和知名撰稿人，网络媒体中也有类似的专家博客、学者专栏以及论坛版主等。他们在网络舆论的营造和传播过程中起到领头羊作用，尤其对于网络舆论传播的导向产生重要影响。面对每件能够吸引足够眼球的曝光事件和社会现象，这些舆论领袖总是近似于第一时间发表言论，表明立场，试图获得大众认同和支持。此类网民构成网络舆论的另一个主要发动者和推动者，与争论型网民共同决定网络舆论传播的方向与基调，是主体中的主体。

2. 政府

新媒体时代，政府要了解民意，掌握民情，网络成为非常重要的渠道之一。网络舆情一定程度上反映了社会民意，甚至会引发公共危机事件，是政府需要特别关注的信息渠道，同时政府作为最大的信息资源拥有者，参与到网络舆情中，能正确引导舆情走向，避免危机发生，所以政府也是网络舆情的重要组成主体。

政府要争取成为舆情事件的"第一定义者"。第一时间积极回应网络舆情，可以起到议程设置的作用，可以通过提供信息和安排相关议题来有效地左右公众和媒体对事件关注的焦点和对社会环境的认知。通过主动设置议题，能够巧妙引导舆论视线，同时放大正面声音，从而促进各方意见均衡表达，引导事件朝良性方向发展。而不是因为官方（舆情涉事方）的失语、缺位，从而产生官民之间的隔阂、对峙甚至相当程度的误判，继续撕裂共识，扩大两个舆论场分歧，在加剧社会各阶层分裂的同时，也在削弱政府的公信力和党的执政基础。

为了提高党和政府的议程设置能力，国家从 1983 年开始设立新闻发言人制度，迄今已有 30 多年，新闻发言人制度一路走来已算成熟和完善。然而新媒体时代需要新闻发言人制度再进一步，从讲台走上网络，从官方走向民间。特别是移动互联网迅猛来袭的当下，舆情事件的传播速度变得越来越快，急需官方在第一时间进行发声，传递官方"政"能量，稀释网络舆论场，及时扼杀谣言的生存空间。在突发舆情事件中，来自政府的消息具有天然的权威性，也是民众最想要知道的，各级政府只有主动出击才能占得引导舆论的先机。如果丧失了先机，政府再想引导或重新塑造舆论，则要付出高昂的代价。因此，政府要争取主动成为舆情事件的"第一定义者"。

政府要尽量做到以下几点：（1）政府领导干部首先要主动触网、知网、懂网和用网。在用网过程中，熟悉网络生态规则，知晓网络氛围，培育网络舆情素养。鼓励各级官员在社交网络上开通认证账号，并积极将官员账号打造成网络版的"新闻发言人"和"外宣办"平台。（2）政务微博、官方媒体微博要继续深化运营，积极传递主流价值，凝聚社会共识，争取打造微博"国家队"。特别是政务微博，在突发舆情事件中要敢于亮剑，主动发声，不回避，不脱节，发挥中国"政"能量。（3）各级政府要创新舆情管理机制，从舆情监测、研判、分析、处置应对到总结反馈等，要有一支管理完善、权责明晰、运转高效的舆情处置机制和队伍。

3. 企业

婴幼儿配方乳粉质量安全事件，必然涉及奶粉企业，企业在面对舆情事件时，如何善用网络媒体，积极引导于己有利的社会舆论，预警和应对突发舆情危机，提升企业美誉度已经成为企业长远发展的重要因素。而目前中国企业应对突发事件的经验普遍不足，舆情信息工作尚处于初级发展阶段，例如三鹿集团面对事件爆发时采取消极回避、瞒报、隐瞒、欺骗消费者等手段处理，严重影响了企业信誉，使其迅速从诚信企业跌落至无良商家，所以网络舆情监测与应对是目前中国企业急需补上的重要一课。

由于互联网发展迅猛，从最早的论坛、博客，到现在的微博、微信等新媒体应用，各种媒介通道不断涌现，舆情分析的难度也不断增加，专业化的要求越来越高，难度也越来越大。企业在网络舆情危机应对方面，表现为事前研判监管能力不足导致被动应对、与公众沟通能力欠缺，不善化解舆论压力、新旧媒体联动不力导致信息引导效果不佳现象，在危机应对方面的能力还有待加强。

企业应该加强网络舆情应对的措施。第一，加强官方媒体建设，建立具有快速反应能力的信息发布机制，重视官方微信公众号、网站、报纸、杂志的传播价值，发挥其信息公开的作用。第二，不断提升与媒体沟通能力。一旦出现有关企业的敏感不实信息，企业可与媒体有效沟通，控制虚假、涉密等信息的扩散；同时与媒体的良好关系也保证企业的正面形象可以通过各类媒体向社会传播。第三，组建专业舆情引导和管理机构。补充相关专业人才，建立舆情分析、舆情引导、舆情调控等专业部门，遇到舆情风险的时候可以提前介入，将风险控制在较低的水平上，在无重大舆情时，这些部门也可以通过议程设置，为企业营造良好的舆情环境。

4. 媒体

媒体既是主体的组成部分，也是事件发生发展的重要载体，详细介绍在后面的载体部分。

（二）客体

网络舆论传播的客体从狭义内涵上来看，是指网络舆论传播的对象；从广义外延上来看，还应包括网络舆论传播的社会根源和社会心态。婴幼儿配方乳粉质量安全舆情客体即食品安全婴幼儿配方乳粉质量安全事件，以及事件所引发的社会风气、社会矛盾以及社会心态的代表性反映，在表性层面上传播的虽然是针对婴幼儿配方乳粉事件的舆论批判，在深性层面上传达的却是普通民众对当前社会环境风气的意见和心态。

根据网络舆论传播对象的来源，可以把网络舆论传播的客体分为：新闻报道型客体和互联网曝光型客体。新闻报道型客体是指由新闻媒体发布的社会重大事件和热点现象信息，在网络中所引发的舆论及传播，具有公开性、透明性和权威性等特点。如三鹿奶粉事件就是新闻报道的突发性事件的典型课题代表。

互联网曝光型客体是指任何个人、组织或机构借助互联网发布的揭发曝光信息，在网络中所引发的舆论及传播，具有开放性、自由性、民间性和原生态性等特点。该类客体目前在网络舆论传播方面已与新闻报道型客体不相上下，但在网络舆论监督方面却已明显超越，占据相对主导地位。由于网络舆论导向具有特殊的精神力量和道义力量，可以发挥政治、法律等所不能发挥的作用，对网络受众这群最为活跃的社会群体进行引导，为他们提供符合社会目标的价值观和行为模式，可以促进社会的良性整合。婴幼儿配方乳粉质量安全事件很多是在网络上曝光的，例如奶粉中添加香兰素事件、奶粉中含异物事件等，这类客体类型众多，但是鱼龙混杂，真假难辨，需要消费者积累婴幼儿配方乳粉相关知识，正确判断事件真假。

乳品安全尤其是婴幼儿配方乳粉质量安全一直受到网民的重点聚焦。虽然自三鹿三聚氰胺事件以后，国产乳业品牌并未出现重大质量安全问题，但是"烧碱保鲜牛奶""婴幼儿配方乳粉含反式脂肪"等网络传言依然引发了社会各界的广泛关注，洋奶粉质量安全也形成了多个关注热点。与此同时，政府部门相关工作部署也受到舆论的高度聚焦。媒体对此发出的大篇幅报道以及网民进行的高密度传播，表明了公众对乳品质量安全保障举措的强烈支持和对美好愿景的热烈期待。

（三）载体

媒体既是舆情传播的媒介，同时也是舆情信息报道的构成主体。媒体主要分为新媒体和传统媒体两种类型。新媒介借助数字化、多媒体、交互式、超文本链接、多功能等技术优势在网络舆情事件的报道中往往先发制人；而报纸、广播、电视等传统媒介凭借其丰富的资源、固定的受众及其一定的议程设置功能展开报道。随着事件的发展，网络媒介和传统媒介会继续跟进，网络舆情不仅在网络空间发生作用，也会介入到传统媒介的报道之中，并发生互动，形成推动力，引发更加强烈的网络舆情。在媒体融合的背景下，新媒体和传统媒体界限已经模糊，传统主流媒体、SNS 社交网站与自媒体等逐渐成为重要的网络舆情传播媒介。

主流媒体发挥舆论监督和引导功能，知名论坛仍是引爆乳品质量安全热点话题的重要平台。从近年来婴幼儿配方乳粉质量安全热点话题的首发媒体看，人民网、新华网、中国新闻网、中央电视台等主流媒体具有明显的传播优势。人民网、新华网等媒体对相关政策举措进行积极报道，全面展示政府部门在保障乳品质量安全、提振乳品行业发展方面的决心和魄力，与社会期待紧密契合，为政府部门进一步开展工作汇聚了强大的舆论支持。中央电视台在舆论监督方面发挥了重要作用，利用《焦点访谈》《每周质量报告》等权威栏目，对洋奶粉贴牌生产问题予以集中曝光后引发社会高度关注，再次强化了客观、理性地看待和选择奶粉品牌的消费理念。同时，新浪、搜狐、腾讯、网易、凤凰网等5大门户网站在热点事件专题发布、热点话题网民调查方面都具有很高的活跃度。上述网站拥有庞大的用户群，对相关报道的二次传播可引发数万网民的跟帖评论，影响力不可小觑。此外，天涯、猫扑的热点问题首曝功能和网民话题设置功能也很强劲，相关网帖的当月点击量可达数十万次，舆情影响力广泛。例如网民爆料雅培奶粉质量安全问题的相关网帖，在猫扑和天涯两个论坛上当月创下共计90余万次的点击量，成为媒体跟进报道的重要信息源。

SNS社交媒体拥有巨大的客户群，其传播信息形态独特、传播速度快捷、传播内容多样，随时随地影响着社会和个人，其广泛的公开性和参与性正在不断改变社会和个人的价值判断。随着Web3.0时代的到来，大众借助互联网和手机作为载体，不受时间地点的限制，以任何方式访问网络，随时发布和分享信息。

自媒体正日益成为热点事件曝光的主要平台和舆论的独立源头，特别是微博、微信等社交媒体的超常规发展，使得很多旧有的信息传播与舆论引导方式已无法发挥效能。

（四）时空要素

婴幼儿配方乳粉质量安全事件在现实中发生的时间和空间要素，以及在网络中曝光、传播、演化等的时间要素等都是构成网络舆情事件的重要组成部分，影响事件的发生发展过程。

四、婴幼儿配方乳粉质量安全网络舆情的分析模型

网络舆情成为公众认知和参与食品安全突发事件管理的重要平台，但是信息不对称容易造成虚假信息广泛传播及大众错误认知的形成，如膨大剂引发西瓜爆炸、兰州拉面所含蓬灰是有毒重金属等，都是在网络上广泛传播，但是被曲解的食品安全事件。这类事件应对机制中的一个关键环节是相关角色的判定，借助利益相关者理论构建分析模型，以期能快速准确地分析出相关角色，有效处理和引导食品安全突发事件的网络舆情传播。

（一）利益相关者理论

利益相关者（stakeholder）理论起源于20世纪60年代，由斯坦福研究院

最早提出。目前利益相关者概念的表述众多，目前的学术文献中已存在数百种定义①。虽尚没有得到普遍认可的定义，但弗里曼（R. Edward Freeman）于1984 年在其书籍《战略管理：利益相关者方法》（Strategic Management: A Stakeholder Approach）中提出的利益相关者定义最具有代表性②，他认为："利益相关者是能够影响一个组织目标的实现，或者受到一个组织实现其目标过程影响的所有个体和群体。"虽然利益相关者理论发源和广泛应用于企业管理领域，故尝试应用于公共管理的食品安全突发事件研究，构建食品安全网络舆情的分析框架。

1. 利益相关者管理步骤

利益相关者管理能够支持组织战略目标的实现，通过适当的管理其期望与目标，来建立与组织内外部环境中利益相关者的积极关系③。可将利益相关者管理概括为 4 大步骤。

（1）利益相关者识别。认清组织内外部的利害关系人，可通过利益相关者图来实现。

（2）利益相关者矩阵。调查利益相关者的需求、关注、期望、权利、公共关系等，根据利益相关者可能带来或受到的影响程度，将其正式定位到矩阵相应位置。

（3）利益相关者啮合。这一阶段主要聚焦于在各利益相关者互相认识和理解的基础上，通过讨论协商达成一致的预期，或者至少所有利益相关者恪守同样的价值观和原则。

（4）利益相关者信息沟通。建立各利益相关者共同认可的信息沟通方式，包括信息接收者何时、以何种方式沟通信息，信息沟通的细节程度等。

2. 利益相关者分析框架

互联网和 Web2.0 技术飞速发展，网络成为最重要的信息发布和传播的载体，网络舆情成为学术界和产业界共同的关注热点，刘毅将网络舆情定义为通

① Miles, Samantha. "Stakeholder Definitions: Profusion and Confusion" [C]. EIASM 1st interdisciplinary conference on stakeholder, resources and value creation, IESE Business School, University of Navarra, Barcelona. 2011.

② Freeman R E. Strategic Management: A strategic approach [M]. Pitman, Boston, MA, 1984.

③ Fassin Y. Stakeholder management, reciprocity and stakeholder responsibility [J]. Journal of business ethics, 2012, 109 (1): 83 – 96.

过互联网表达和传播的各种不同情绪、态度和意见交错的总和。近年来，由网络舆情传播引发的食品安全突发事件频繁发生，毒奶粉、毒豆芽、瘦肉精、地沟油等食品安全事件等一经网络传播，就在极短的时间内迅速放大并引起社会普遍关注，而这些事件能否及时正确地处理直接关系到社会的稳定。食品安全突发事件在网络上发生和传播的特点与传统方式有较大区别，具有传播和演化速度快、规模大、范围广等特点，需要重点分析和关注①。在食品安全危机事件发生时，有哪些利益相关者可能与该事件存在重要关系，并且可能会影响到事件发展走势，这个分析过程便是利益相关者识别的过程。

（二）基于利益相关者的食品安全网络舆情分析模型

1. 利益相关者识别

（1）传统事件的利益相关者

食品安全涉及多部门、多层面、多环节，是一个复杂的系统工程。通过对食品安全突发事件由诱发过程，到发展中的反应者，再到受害者及旁观者的过程分析，得出食品安全突发事件的利益相关者7类，分别为消费者、食品生产经营者、政府部门、检验机构、非政府组织（Non - Governmental Organization，简称NGO）、媒体、社会公众等②，见图9 - 8。

图9 -8　传统食品安全事件的利益相关者

消费者是食品安全突发事件的直接参与者和直接当事者。

---

① 高承实等. 网络舆情几个基本问题的探讨［J］. 情报杂志，2011. 30（11）：52 -56。
② 刘文、李强. 食品安全网络舆情监测与干预研究初探［J］. 中国科技论坛，2012（7）：44 -49。

　　食品生产经营者是食品安全事件的源头，《食品安全法》已明确生产经营者是食品安全的第一责任人，从法律角度要求生产经营者对食品安全问题引起高度重视，从源头控制食品安全问题。

　　政府部门对于食品安全突发事件起到不可替代的主导地位①。首先，食品与人的身体健康和生命财产的息息相关性，以及其后验式（食用之后才能体验和了解）产品特点，导致食品市场存在安全隐患。食品安全若只靠市场主体自律来规范，根据"柠檬理论"，质量低劣价格便宜的食品很轻易就能将质量好价格高的食品挤出市场，这更加重了食品安全隐患，所以食品安全监管要依靠政府的强制力量来规范。但政府管制存在不足，失灵的状况需要多元化合作共同解决。

　　检验机构是食品安全突发事件的权威信息发布机构，起到检测和监督、信息发布的作用。

　　非政府组织在公共食品安全管理中应发挥积极作用，承担起政府和企业并不擅长的职能，例如快速的资源汇集、专业的职能（如红十字会的伤病救助）、高效的组织运转等。

　　媒体是一股重要的社会力量，介于政府和社会公众之间，发挥着巨大作用。在食品安全突发事件发生时，社会公众渴望从媒体获取准确信息，媒体成为提供基本事实的载体，同时成为政府和企业形象的主要传递者。另一方面，当食品安全突发事件引起社会愤怒时，媒体需要承担起纾解和引导的作用。

　　社会公众是事件的间接参与者和关注者，如若事件处理不当，有可能激怒公众情绪，引发大规模的社会事件。

　　（2）网络舆情事件的利益相关者

　　在网络环境下，前文所述的利益相关者除了本来的责任和义务以外，也会通过网络发声，各种渠道的信息都会传播到网络环境中，在网络环境下得到迅速的传播和扩散。在前文识别出的7类利益相关者中，消费者、食品生产经营者、政府部门、检验机构、非政府组织的角色定位变化不大，而媒体和社会公众的职责和行为方式都会发生较大变化。

　　在网络环境下，媒体形式更加多样，除了传统媒体以外，以网络平台为基础的网络媒体起到更加明显的作用，他们成为信息发布的最快途径，也成为提

---

① 费威. 不同食品安全监管主体的行为抵消效应研究［J］. 软科学，2013.27（3）：44－49。

供网络舆情传播演化的平台，如新浪微博、腾讯微博等，而从食品安全网络舆情事件的利益相关者视角来分析，媒体不再是一个利益相关者，而是事件的载体，是分析主体不可分割的一部分，所以不再作为一类利益相关者来分析。

另一个变化较大的是社会公众，一部分会由原来的间接参与者变成直接参与者，需重点提出和关注的是事件信息的原创者（包含首先发布的网络用户）、转发者、评论者，他们是事件最直接的发起和推动者，决定着事件的发生发展变化的走向，成为最直接的利益相关者。在这些参与者中，要重点关注和引导意见领袖的言论，因此这类用户通常有较多的关注者和较大的影响力，可能对事件的发展起到决定性作用。同时仍有一些社会公众作为旁观者，既没有评论和转发的动作，也没有其他反应，但可能点击或者浏览了相关信息，也在默默关注事件的发展变化过程，随时可能变化为事件的参与者。

所以，结合网络环境，分析得出的利益相关者有9类，分别是消费者、食品生产经营者、政府部门、检验机构、非政府组织、网络舆情原创者、网络舆情转发者、网络舆情评论者、旁观者，他们之间的互动关系见图9-9。同时，各利益相关者之间也有其他互动，网络舆情监督政府部门工作，NGO与网络用户互动等未在图中标示。

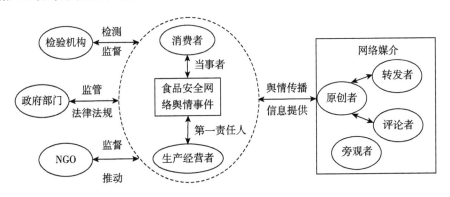

图9-9　食品安全网络舆情事件与利益相关者互动关系图

2. 利益相关者矩阵

利益相关者分析是利益相关者管理的核心部分，是将识别出的利益相关者按影响程度（积极或消极影响）分组的过程。从不同角度出发，学者得出过不同的利益相关者分类方式。Freeman 于1984提出，从所有权、经济依赖性和社会利益三个不同的角度对利益相关者进行分类。Savage 将利益相关者分为三

261

种类型：主要利益相关者（无论是从正面或负面，最终会影响组织行为）、次要利益相关者（中介相关者，即通过其他人或组织的间接影响组织行为）、关键利益相关者（也可以划分到前两组，对组织有重大影响或非常重要，需重点关注）。1997 年，美国学者 Mitchell 提出了一种评分法，根据利益相关者 3 个必备属性——合法性、权力性和紧急性，对潜在利益相关者评分，分值高低决定某个人或群体是否利益相关者及相关类型。Mitchell 指出，利益相关者的认定（Stakeholder Identification）和利益相关者的特征（Stakeholder Salience）是利益相关者理论的核心问题。陈宏辉根据利益相关者的主动性、重要性和紧急性，将其分为 3 类，分别为核心利益相关者、蛰伏利益相关者、边缘利益相关者[1]。沙勇忠将利益相关者分为核心利益相关者、边缘利益相关者和潜在利益相关者 3 类[2]。

在前人研究成果的基础上，结合食品安全突发事件的特点，根据相关度、紧急性、影响力 3 个维度的属性对利益相关者进行了分类和矩阵排列，结果见表 9 - 1。

表 9 - 1　食品安全突发事件网络舆情的利益相关者矩阵

类型	利益相关者	相关度	紧急性	影响力
核心利益相关者	食品生产经营者	高	高	高
	消费者	高	高	中→高
	政府部门	中→高	高	高
	网络舆情原创者	高	高	中→高
边缘利益相关者	检验机构	中	中→高	中→高
	非政府组织	中	低→中	中→高
	网络舆情转发者	中	中	中
	网络舆情评论者	中	中	中
潜在利益相关者	旁观者	低	低	低

3. 利益相关者啮合

正如所有的齿轮需要互相啮合在一起才能有效的运转一样，利益相关者需相互配合，共同协商，达成某种程度上的一致。食品安全突发事件的网络舆情

---

[1]　陈宏辉. 企业的利益相关者理论与实证研究 [D]. 杭州：浙江大学，2003。
[2]　沙勇忠、刘红芹. 公共危机的利益相关者分析模型 [J]. 科学经济社会，2009，27（1）：58 - 61。

利益相关者较多，如果各自为政，互不买账，则事件的发展将不受控制。根据上一阶段对利益相关者的分类，应在核心利益相关者的引导下，边缘利益相关者起到辅助作用，同时应随时关注潜在利益相关者。

4. 利益相关者信息沟通

英国的危机公关专家杰斯特（M. Regester. Michael）强调了危机信息沟通的重要性，他提出面向突发事件信息沟通的"3T"原则，分别为：以我为主提供情况（Tack your own take）、提供全部情况（Tack it ask）、尽快提供情况（Tack it fast）。应建立完善的信息沟通机制，建立利益相关者的联动应对机制。因为这类事件的处理不是一两个部门或人员能够完成的，必须加强信息沟通才能更好合作，政府部门作为主导角色，应该尽快制定和启动应对策略，联系事件中涉及的利益相关者，了解全部事实真相，通报已掌握信息。借力电子政务平台，传播和反馈相关信息，实现上下级政府部门间的纵向等级协调的信息沟通的和平级政府之间的横向信息共享。通过不断的信息沟通和反馈，了解公众所思、所需，也让公众理解其他利益相关者的愿望和需要，以此来化解危机。

（三）模型的启示

1. 区分对待不同类型的利益相关者

利益相关者可分为核心利益相关者、边缘利益相关者和潜在利益相关者3种类型，应该正确的区分和合理的应用这个分类，避免眉毛胡子一把抓。高度重视核心的利益相关者，他们是决定舆情走向的重要主体；积极引导边缘的利益相关者，使其成为食品安全突发事件的协助者而不是阻碍者或旁观者；密切关注潜在的利益相关者，避免其因不满而使事件恶化。

2. 准确定位利益相关者角色，加强自身行为规范

（1）生产经营者。企业是事件的第一责任人，是食品安全突发事件的源头。企业应加强食品安全信用体系建设，增强企业自律意识，从根本上预防食品安全突发事件，保障人民群众的生命安全。案例中的企业首先缺乏自我检验的诚信意识，其次在被曝光后也集体失语，未及时利用网络平台化解危机。

（2）政府部门。政府是监管的主体，理应担当起随时监管和制定法律法规来规范食品安全市场的作用。

（3）网络舆情原创者。网络舆情的原始发布者是事件的信息源头，通常对事件较为了解，掌握一手资料。发布者应加强自我规范意识，本着客观真实的原则发布信息，不造谣不隐瞒不夸大事实，避免造成虚假舆情。

（4）非政府组织。NGO 应是政府和社会公众的沟通桥梁，对社会基层的食品安全风险信息反应敏感，善于整合和调动民间资源，能够发挥公众的志愿精神，促进公众的参与意识。

3. 利益相关者协同机制的建立

事件涉及的大量利益相关者应互相配合，进行完善的信息沟通，但本案缺乏良好的利益相关者啮合与信息沟通。老酸奶事件发端于网络微博的意见领袖，该意见领袖并未通过投诉或申请检验等手段求证事实真相，而是直接将不确定消息发布导致公众恐慌，给老酸奶及果冻行业的大量生产经营者造成不可估量的损失。毒胶囊事件曝光以后，相应生产经营者并未主动配合政府部门的调查检验，甚至河北学洋明胶蛋白厂因故意纵火而导致厂房销毁，延缓了事件真相的调查。

所谓协同，就是指协调两个或两个以上个体，共同一致地完成某一目标的过程或能力。协同的结果是各个获益，整体加强。尽管食品安全网络舆情事件的利益相关者数量众多，且各自的类型和角色定位不同，但是应该本着快速平稳的解决食品安全事件的原则，在认知、目标和行动 3 个方面建立利益相关者协同机制。在事件事实认知准确的基础上，追求的最终目标一定是最大限度地减少人员伤亡，使得人民群众的生命或财产利益不受到伤害，尽量减少企业的经济损失，将食品安全事故的影响降到最低，具体到行动层面，网络舆情也伴随事件的解决进程，起到信息发布和告知的作用。

五、婴幼儿配方乳粉质量安全网络舆情困境及引导策略

国内婴幼儿配方乳粉问题已经超越了单纯的食品安全问题范畴，而逐步上升到了关系到公共安全、国家安全乃至执政能力的政治高度。这一领域已经成为非常明显的"监管政策高地"，也成为新一届政府治理食品安全问题的政策试验和重点突破领域。另一方面，说明新一届政府正逐步改变以往对国内婴儿奶粉领域单纯保护，或"打补丁"的态度，转而以系统的行政政策方式倒逼产业实现转型。

奶粉问题无小事，民众敏感神经极易挑动。三聚氰胺问题奶粉事件之后，中国乳业遭受重创，近年来在乳企的努力下，国产奶粉开始有所起色，但公众的信任度极度脆弱，一旦发生任何质量问题，质疑和斥责之声都会蜂拥而至，问题奶粉已经给中国乳企的公信力造成重创。

（一）婴幼儿配方乳粉质量安全网络舆情困境

虽然自 2013 年以后，婴幼儿配方乳粉的负面网络舆情有所减少，舆情大环境整体好转。但是，婴幼儿配方乳粉质量安全网络舆情仍然面临着许多困境。

1. 事件的突发和偶然性，使得网络舆情控制与引导难度较大

由于发生迅速、传播快、强度大，当参与食品安全事件网上讨论的网民人数超过一定数值时，食品安全事件网络舆情爆发形式就如雪崩，一旦形成基本不受控制。婴幼儿配方乳粉网络舆情的另一个突出特点是局部问题全局化，区域性事件等一经网络传播，就在极短的时间内迅速放大而引起社会普遍关注。

2. 传统理论的嬗变与发展对现有理论研究的冲击

由于网络舆情的传播载体由电视、报纸、杂志、广播等传统的媒体转向互联网，舆情传播所依赖的基础理论受到了前所未有的挑战。传统媒体信息发布都是在"把关人"（gate keeper）的控制下进行的，也就是说，传播者决定了传播的信息类型。而网络传播的网状结构，任何人都可以发布信息，信息以非线性的方式流入网络，"把关人"已不能达到把关的效果。所以，政府或者官方的消息被削弱，话语垄断现象消失，取而代之的是信息来源的多样性。因为大众传播的单向性，传统媒体的议程设置是有效的，可以显著影响受众对所得信息重要性的判断。对于开放的互联网络而言，信息获得不再受时空限制，网民可以随时随地进行信息获取和观点交流，舆情形成是每一个普通网民观点的力量的叠加。这就导致传统"议程设置"在网络环境中很难产生预期效果。

3. 网络媒体环境的不断更新和演进，加大了舆情监测和预警的难度

传统 Web1.0 网络环境下，"把关人"仍能起到关键作用，对信息进行质量控制。Web2.0 时代已经是"能说能写的网络"，每个人都能发布信息，都可能是信息的中心。而现在的 3G、4G 网络时代，手机和平板电脑等便携终端的使用，网络信息的发布更是随时随地，并且传播速度更是一日千里，极短的

时间就能席卷整个网络。舆情控制和预警对于企业和政府来说都是极大的考验。

4. 网民的思维定式影响了婴幼儿配方乳粉质量安全事件的网络舆情发展

婴幼儿配方乳粉质量安全问题仍然牵动舆论敏感神经，但是早期事件影响了网民的思维，形成了一些固定的思维模式，影响了舆论的判断和走向。例如虽然"洋奶粉"质量问题频现，但民众对国产奶粉的信任度依然低于"洋奶粉"。国产奶粉质量劣于"洋奶粉"的刻板印象依然存在，消解此类偏见任重而道远。再如网络舆论场和媒体舆论场在质量安全问题上的倚重度有所不同，网民对于乳粉企业的国际化、兼并重组、电商之路等的关注度只限于泛泛了解，他们的关注都最终归于这些策略能否有助于保障奶粉产品质量安全的提升。

5. 婴幼儿配方乳粉质量安全事件网络舆情的负面效应逐步体现

食品安全网络舆情作为公众参与食品安全管理的重要平台，对推动政府食品安全监管具有重要意义。然而，也需要看到，在食品安全网络舆情中，不乏具有煽动性的虚假言论，容易引起社会恐慌，危害社会稳定[①]。奶粉香兰素事件、蒙牛纯牛奶检出强致癌物与相关报道、DQ奶浆门等都是由夸大、虚假信息所引发的食品安全网络舆情事件。在这些事件中，一方面由于媒体的失实报道，另一方面由于人们的偏见、愤怒情绪以及对食品安全相关知识的缺乏，加之网络平台的广泛性、自由性以及隐蔽性，夸大、虚假信息甚至谣言便有机可乘，社会风险得以放大。此外，夸大与虚假的舆情信息还会导致民众对政府的不信任，严重影响政府的领导力和执行力。

（二）引导食品安全网络舆情发展的策略

1. 防止虚假信息的发布和传播

虚假信息是许多食品安全事件发生的源起，而网络的匿名性是一些虚假信息发布者的"遮羞布"，使其可以肆无忌惮的发布虚假信息，更有网络推手对敏感话题恶意炒作，制造"奶粉导致婴儿早熟""深海鱼油"等事件。所以应

---

① 王可山. 食品安全管理研究：现状述评、关键问题与逻辑框架 [J]. 管理世界，2012（10）：184-185。

逐步实施实名制网络，从信息源头避免虚假信息的发布和传播。

2. 加强信息透明度，提升政府公信力

食品安全网络舆情本质上考验的仍是公众对政府的信赖程度。只有政府部门加强信息公开，提高信息透明度，赢得公众的理解和认可，才能真正避免谣言、噪声的传播与蔓延。政府部门应该充分利用各类新媒体环境，广泛开辟新闻发布的渠道，加强与网民的互动交流，同时提高对食品安全事件的反应速度，从根本上提高公信力，引导舆情发展方向。

3. 规避"沉默的螺旋"，鼓励多元化观点的出现

沉默的螺旋效应是指如果人们觉得自己的观点是公众中的少数派，他们将不愿意传播自己的看法，而媒体通常会关注多数派的观点，轻视少数派的观点。于是少数派的声音越来越小，多数派的声音越来越大，形成一种螺旋式上升的模式。沉默的螺旋效应掩盖了一些少数派观点，但"真理往往掌握在少数人手里"，所以应采取适当措施，将多样化和多元化观点传达给公众，让网络舆情逐渐回归理性。

4. 运用意见领袖的力量，传播正向信息

在网络社群中，存在一些网络意见领袖，他们的言论受到众多网民的关注，并对网民的认知与行为产生较大影响。虽然网络信息的发布和传播有"去中心化"趋势，但意见领袖通常拥有众多粉丝，而且意见领袖的言论在粉丝中比较有分量，所以如新浪微博的"大V"等意见领袖若能不偏信、不传谣，以审慎的态度和科学的视野发布信息，则可以辅助引导食品安全事件向正确方向发展。网络意见领袖由于行为的非功利性而获得其他网民的信任，这种信任不涉及权力、利益等外界因素，从而更加真实、更加本性、更加天然、更加深入人心。因此，需要培育具有正确价值观以及专业知识特长的网络意见领袖，以引导网民的舆情参与行为。主流媒体更应主动担起"意见领袖"的角色，用权威的声音压制不良信息，引导舆情。

5. 发挥传统媒体的权威作用

虽然新媒体不断出现，由微博到微信，网络舆情的平台和媒介更新换代的速度很快，但是网络信息鱼龙混杂，缺乏权威性和可信性。传统媒体虽然受众数量有所减少，但可凭借其权威地位，尽快融入新媒体环境，发挥领军作用，

正确引导舆情走向。

　　主流媒体积极解读国家政策，努力获取舆论共识。奶粉行业一系列的政策和法规陆续出台深刻影响着奶粉行业的格局。有关奶粉行业的政策得到了主流媒体的积极宣传和推广，也展现了政府重拳整治奶粉行业，提升乳粉品质的决心。在我国食品安全事件频发的社会背景下，众多专业的食品安全网站应运而生。这些专业网站凭借自身专业知识的优势，通过对食品安全事件的跟踪、报告和解答，为网民获取食品安全专业知识、了解食品安全事件状况提供了专业的平台。因此，需要进一步加强食品安全专业网站建设，提高公众的知识与认识水平，使其能够更加理性地参与食品安全网络舆情。

　　中国经济正面临着转型升级的关口，如何认识新常态、适应新常态、引领新常态，也应该搬到婴幼儿配方乳粉企业的桌面上来。新常态下，依托互联网，婴幼儿配方乳粉企业迎来了发展新机遇。电商消费模式使得乳企摆脱了经销商和零售终端的束缚，可以通过搭建平台直接与消费者实现对接。伊利股份已经提出了互联网的行业构想，而三元奶粉在与各大网络销售平台签订战略合作协议的基础上，还将在今年进一步拓展企业电子商务发展，成为新常态下奶粉行业的领跑者。中国奶粉市场迎来利好，抓住契机方能成为优胜者。随着"两孩"政策效应的逐步扩大，国家政策促使行业标准提升，"洋奶粉"出现的众多问题使得自身形象受损，为国产奶粉抢占市场提供了机会。机遇期到来，对于乳粉企业来说，提升国产乳粉质量、重振消费信心是根本。

后　记

经过一年多的努力，本书终于可以付梓出版了。这本书是集体智慧的结晶，组织了来自天津科技大学、食品伙伴网和天津市食品安全检测技术研究院等多家单位的科研力量，共同撰写。

全书由毛文娟负责整体框架设计和统编校稿，华欣、廖振宇负责部分章节的统编校稿。各章的具体分工如下，第一章由毛文娟、华欣、杨秀旗、罗继芳撰写，第二章由天津市食品安全检测技术研究院廖振宇、曹东丽撰写，第三章由食品伙伴网杨雪、窦晓凤、赵蕾、孙国梁、何桂芬撰写，第四章由杨芳撰写，第五章由郑健翔撰写，第六章由毛文娟、张丽贤、何柳撰写，第七章由仇淑平、李娜、薛慧娟撰写，第八章由王仙雅撰写，第九章由任立肖撰写。未特别注明作者单位的都来自天津科技大学团队。

本书的出版得到了教育部人文社会科学研究一般项目青年基金（15YJC790075）、天津市宣传文化"五个一批"人才基金、天津科技大学"十三五综投"青年学术团队基金的资助和支持，感谢天津科技大学食品安全战略与管理研究中心和经济与管理学院的工作支持。衷心感谢路福平副校长、乔洁教授、王艳萍教授、杜海燕书记等对本书出版的支持，衷心感谢中国农业大学安玉发教授、中国人民大学王志刚教授、北京工商大学冯中越教授和周清杰教授、天津科技大学生物工程学院贾士儒教授和食品工程与生物技术学院赵征教授的指导和帮助，衷心感谢在研究道路上一直指引方向、激励前行的导师魏大鹏教授，感谢在研究过程中提供帮助和指导的所有老师们。在此，一并表示感谢。

校青年学术团队是一支很有活力的研究队伍，短短的两年时间很多老师都取得了丰硕的成绩，为本书的写作做出了很大的贡献。没有你们，我可能没有勇气写一本婴幼儿配方乳粉质量安全发展研究报告。谢谢仇淑平、王仙雅、杨芳、纪巍、任立肖、代文彬、于淼，谢谢在生完孩子后马上归队战斗的何柳。

我一直很庆幸的是我有一支战斗力很强、总是带来惊喜的、团结友爱的研究生团队，他们是罗继芳、杨秀旗、张丽贤、王俊俊、张楠、马淼和王家俊。谢谢你们！

教学、科研、带学生和行政工作占据了我大量的时间，幼儿园的点点总是希望有妈妈更多的陪伴，谢谢点点的理解和在幕后默默支持的家人。

特别要感谢本书的编辑经济日报出版社的张莹老师，她总是积极地帮助我们推进各项工作，耐心等待我们的修改稿，给予了很多建设性的意见。她乐观积极的合作态度让我感觉出书是一件很愉快的事情，希望今后有更多更好的合作！

毛文娟

2017 年 6 月